Lars Chittka

Im Cockpit der Biene

LARS CHITTKA

IM COCKPIT DER BIENE

WIE SIE DENKT, FÜHLT UND PROBLEME LÖST

Aus dem Englischen übersetzt
von Karin Fleischanderl

folio

Inhalt

1

Einleitung

> Glaubt man etwa, ein Bewohner des Mars oder der Venus, der von einem Berggipfel herab die kleinen schwarzen Punkte, die wir im Raume sind, durch die Straßen und Plätze hin- und herwimmeln sähe, könnte sich … eine genaue Vorstellung von unserem Verstand, unserer Moral, unserer Art zu lieben, zu denken und zu hoffen, kurz unserem inneren und wirklichen Wesen machen? Er würde sich damit begnügen, gewisse erstaunliche Thatsachen festzustellen, ganz wie wir es im Bienenstock thun, und daraus würde er wahrscheinlich ebenso unsichre und irrige Folgerungen ziehen wie wir.
>
> „Wohin gehen sie?" würde er sich fragen, wenn er uns Jahre und Jahrhunderte lang beobachtet hätte. „Was thun sie? Welches ist der Mittelpunkt und der Zweck ihres Lebens? … Ich sehe nichts, was ihre Schritte lenkt. Heute scheinen sie allerhand Kleinigkeiten aufzuhäufen und aufzubauen, und morgen zerstören und zerstreuen sie sie. Sie kommen und gehen, sie versammeln sich und gehen auseinander, aber man weiß nicht, was sie eigentlich wollen.
>
> **Maurice Maeterlinck, 1901**

Das Denken außerirdischer Wesen ist gewiss nicht einfach zu verstehen, doch um sich darauf einzulassen, muss man nicht unbedingt ins All fliegen. Lebewesen mit völlig fremdartigen Bewusstseinsformen sind mitten unter uns. Man findet sie zwar nicht bei den mit großem Gehirn ausgestatteten Säugetieren, deren Psyche manchmal nur untersucht wird, um menschliche Eigenschaften in leicht modifizierter Form zu entdecken. Doch bei Insekten wie Bienen gibt es keine derartige Versuchung. Weder die Staaten der Bienen noch die

Abb. 1.1. Fremdartige Bienenwelt. Viele Aspekte im Leben einer Biene oder der Bienenstaaten haben keine Entsprechung in der menschlichen Welt. Aufgrund spezieller Formen der Sinneswahrnehmung, instinktivem Verhalten, Erkenntnisvermögen und sozialer Interaktion entstehen Strukturen wie die in mathematischer Hinsicht optimalen Honigwaben, die in ihrer Regelmäßigkeit und Funktionalität einzigartig in der Tierwelt sind.

Psyche ihrer Individuen sind im Entferntesten mit denen der Menschen (Abb. 1.1) zu vergleichen. Tatsächlich unterscheidet sich ihre Wahrnehmung vollkommen von unserer, wird von völlig anderen Sinnesorganen beherrscht, und ihr Leben steht im Zeichen ganz anderer Prioritäten, sodass man sie durchaus als irdische Aliens bezeichnen kann.

Der Insektenstaat erscheint uns auf den ersten Blick mitunter als ein gut geschmiertes Getriebe und das einzelne Insekt als Rädchen in diesem Getriebe. Doch dem Bewohner einer anderen Welt würde sich die menschliche Gesellschaft möglicherweise auch nicht anders darstellen. Ich möchte mit diesem Buch zu der Überzeugung beitragen, dass jede einzelne Biene ein Bewusstsein hat – dass sie sich ihrer Umwelt bewusst ist und Kenntnis von diesem Wissen hat, wozu auch autobiografische Erinnerungen gehören; dass sie weiß, was sie mit ihren Aktionen bewirkt, und zu einfachen Emotionen und

Intelligenz fähig ist. Dieses Bewusstsein wird von einem wunderbar komplexen Gehirn getragen. Wie wir noch sehen werden, sind Insektenhirne alles anderes als einfach. Im Vergleich zum menschlichen Gehirn mit seinen 86 Milliarden Nervenzellen besitzt ein Bienenhirn zwar nur ungefähr eine Million, doch jede Zelle ist so komplex verzweigt, dass man ihre Struktur mit der einer ausgewachsenen Eiche vergleichen könnte. Jede einzelne Nervenzelle kann 10.000 Verschaltungen mit anderen Nervenzellen haben – deshalb gibt es in einem Bienenhirn möglicherweise mehr als eine Milliarde Synapsen – und jede ist zumindest potenziell plastisch bzw. kann durch individuelle Erfahrung verändert werden. Diese eleganten Mini-Gehirne sind viel mehr als Input-Output-Maschinen; sie sind biologische Prognosemaschinen, die über Optionen nachdenken. Und sie sind auch ohne äußere Reize, sogar nachts, spontan aktiv.

Wie es sich anfühlt, eine Biene zu sein

Um herauszufinden, wie man sich als Biene fühlt, sollte man die Ich-Perspektive einer Biene übernehmen und sich überlegen, welche Aspekte der Welt in diesem Fall wichtig wären und auf welche Weise. Ich fordere Sie auf, sich vorzustellen, wie es wäre, eine Biene zu sein. Gleich zu Beginn stellen Sie sich bitte vor, ein Exoskelett – eine Art Ritterrüstung – zu tragen. Darunter ist keine Haut: Ihre Muskeln kleben direkt an der Rüstung. Sie bestehen aus einer harten Schale und einem weichen Kern. Unter der Schale befindet sich auch eine chemische Waffe, eine Art Injektionsnadel, die jedes Tier, das gleich groß ist wie Sie, töten und Tieren, die tausendmal größer sind als Sie, enorme Schmerzen zufügen kann – doch der Einsatz dieser Nadel ist die Ultima Ratio, denn auch Sie können bei ihrem Gebrauch draufgehen. Und nun stellen Sie sich vor, wie die Welt aus dem Cockpit einer Biene aussieht.

Sie besitzen ein Gesichtsfeld von 300° und Ihre Augen können Informationen viel schneller verarbeiten als die der Menschen. Ihre Nahrung ist rein vegetarisch, doch jede Blüte liefert nur eine winzige

Menge, deshalb müssen Sie oft kilometerweit zwischen einzelnen Blüten hin- und herfliegen – und Sie haben Tausende Konkurrenten, die ebenfalls auf Leckerbissen aus sind. Sie sehen eine größere Bandbreite an Farben als Menschen, sogar UV-Licht, und Sie spüren die Schwingungsrichtung des Lichts. Sie haben sensorische Superkräfte, etwa einen magnetischen Kompass. Sie haben Antennen auf dem Kopf, die so lang wie ein Arm sind und mit denen Sie schmecken, hören und Magnetfelder fühlen können (Abb. 1.2). Und Sie können fliegen. Wie wirkt sich das auf Ihr Bewusstsein aus?

Die Aufgaben einer Blütenbesucherin

Im Bewusstsein eines Tieres (auch des Menschen) sind unterschiedliche Informationen aus dessen evolutionärer Geschichte gespeichert; Informationen, die durch die im Lauf der Evolution entwickelten Sinnesorgane gefiltert werden, Informationen, die es aufgrund von Erfahrung gespeichert hat, und Dinge, die es sich vielleicht vorstellen oder voraussehen kann. Um sich eventuelle Bewusstseinsinhalte vorzustellen, sollte man darüber nachdenken, was für das fragliche Tier im Alltag wichtig ist. Mit ziemlicher Sicherheit kann man zum Beispiel sagen, dass Sex nicht ganz oben auf der Liste der Prioritäten von Bienenarbeiterinnen steht: Sie ist unfruchtbar, Fortpflanzung ist der Königin vorbehalten. Andererseits haben Blumen in der Wahrnehmung einer Biene eine ganz andere Bedeutung als in unserer. Pflanzen verwandeln Sonnenenergie in einen Energydrink – Nektar –, deshalb sichern sie das Überleben der einzelnen Biene und ihrer Familie. Auch Pollen – das Sperma der Pflanze – muss gesammelt werden, denn er ist sehr proteinreich.

Um noch tiefer in das Bewusstsein eines Wesens einzudringen, für das Blumen Leben bedeuten, stellen Sie sich eine junge Biene bei ihrem ersten Flug vor. Die Aufgabe besteht darin, sich die Lage ihres Stocks und die Landmarken in dessen unmittelbarer Umgebung einzuprägen und üppige Nahrungsquellen zu finden. Außerdem erwartet man von der Biene, dass sie schon nach ihren ersten Ausflü-

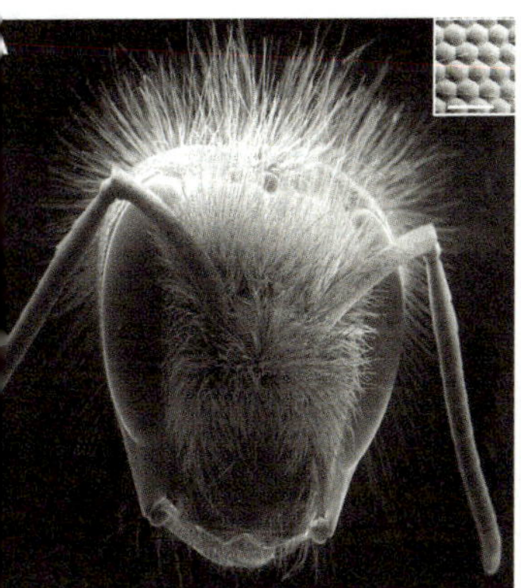

Abb. 1.2. Porträt einer Biene und wie sie eine Blume sieht. A. Elektronenmikroskopische Aufnahme eines Bienenkopfes. Die Antennen können Oberflächen abtasten und Luftströmungen fühlen, nehmen Geschmäcker, Gerüche, Temperaturen und elektrische Felder wahr. Die großen gekrümmten Augen auf beiden Seiten des Kopfes können gleichzeitig in alle Richtungen (außer nach hinten) schauen und reagieren auf UV-Licht und polarisiertes Licht. Die sogenannten Facettenaugen bestehen aus Tausenden „Mikroaugen" (sogenannten Ommatidien), die alle eine sechseckige Linse besitzen (siehe Kasten rechts oben; Maßstableiste 50 µm) und einem Pixel eines Bildes entsprechen. **B** und **C.** So könnte eine typische sternförmige Blume aus einer Entfernung von 4 cm von einer Biene gesehen werden. Beachten Sie die geringe optische Auflösung und das aus dieser Perspektive stark verzerrte Bild.

gen einen Nahrungsüberschuss nach Hause bringt, sonst würden die jüngeren Geschwister verhungern. Auf jeden Fall besitzt unsere junge Biene auf Erkundungsflug einen großen Schatz an evolutionärem Wissen – das Fliegen zum Beispiel muss sie nicht lernen, und sie weiß instinktiv, dass bunte, duftende Punkte in der Landschaft wahrscheinlich Blüten sind.

Doch die Evolution hat die Biene nicht so ausgestattet, dass sie alle Informationen von vornherein deuten kann, denn vieles verändert sich von Generation zu Generation. Die Biene weiß nicht von Geburt an, wo genau sich die Blumen befinden oder wie genau sie aussehen; wie sie sie öffnen soll, ob sie Nektar oder Pollen enthalten, ob es sich um eine gute oder eine schlechte Quelle handelt; nicht einmal, ob sie im Augenblick ergiebig sind, denn möglicherweise sind sie schon von Konkurrentinnen ausgebeutet worden. All das muss jede einzelne Biene in Erfahrung bringen. Anders gesagt, eine Biene muss in drei Wochen – der kurzen Lebensspanne als erwachsenes

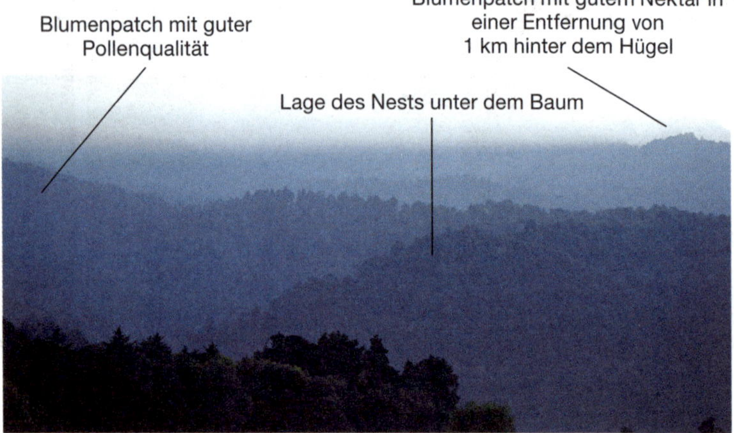

Abb. 1.3. Die Aufgaben eines nestgebundenen Insekts in einem natürlichen Habitat. Im Gegensatz zu urbanen Landschaften (in denen es oft einzigartige Landmarken gibt, die als Orientierungspunkte dienen) weisen natürliche Habitate oft ähnliche Silhouetten und Muster ohne erkennbare Merkmale auf. Doch Bienen legen auch in solchen Umgebungen erfolgreich viele Kilometer zurück und erinnern sich nicht nur an die Lage ihres Nests, sondern auch an die vieler Blumenpatches, die zu unterschiedlichen Tageszeiten ergiebig sind. Viele Menschen, die sich ohne moderne Technik, ohne Karten oder Hilfe von kundigen Führern in einer solchen Umgebung zurechtfinden müssten, würden kläglich scheitern.

Tier – viel lernen, oder sie wird niemals mehr zum Stock zurückfinden und keine erfolgreiche Blütenbesucherin werden.

Der erste Flug einer Biene ist der gefährlichste. Bis zu zehn Prozent aller Hummeln kehren von ihrem Jungfernflug nicht zu ihren Geburtskolonien zurück. Manche schaffen es nicht, sich die Lage ihres Stocks einzuprägen; andere fallen insektenfressenden Vögeln oder Lauerjägern wie der Krabbenspinne zum Opfer. Stellen Sie sich Menschenkinder in dieser Situation vor und Sie ahnen, wie schwierig die Aufgabe ist. Um ungefähr einzuschätzen, wie eine gerade mal ein paar Tage alte Honigbiene ausgestattet ist, stellen wir uns vor, unsere Versuchspersonen seien bereits ein paar Jahre alt (sagen wir sechs, also im Schulalter).

Wir setzen sie in einer Wildnis aus – also in einer Umgebung ohne markante Landmarken wie Gebäude (Abb. 1.3). Um es dem einzelnen Kind etwas einfacher zu machen, bewahren wir es vor Raubtieren. Seine Aufgabe besteht einzig und allein darin, Nahrung zurückzubringen, die sich – wie die Nahrung der Biene – in einem Umkreis von fünf Kilometern befindet. Es muss vorausdenken und genug Proviant mitnehmen, um die Reise zu überleben, und wenn ihm der Proviant ausgeht, muss es so intelligent sein, selbst welchen zu finden. Damit Sie ahnen, wie komplex floreale Strukturen sind, stellen wir uns vor, dass die Nahrung unterschiedlichen Knobelboxen entnommen werden muss und dass das Kind selbst, ohne Anweisungen von Erwachsenen, herausfinden muss, wie der Mechanismus funktioniert. Dann muss es ohne die Hilfe eines freundlichen Spaziergängers den Heimweg finden. Wie viele Kinder würde man wohl am Ende des Tages wiedersehen, noch dazu mit einer großen Ausbeute?

Die wenigen, die es schaffen, würden natürlich über außergewöhnliche räumliche Vorstellungskraft verfügen, über gute Such- und motorische Fähigkeiten, und sie würden die Qualität der verschiedenen Quellen gut einschätzen können. Im Laufe der folgenden Tage würden einige Kinder immer besser werden. Sie haben sich die Lage der ergiebigsten Boxen eingeprägt, konzentrieren sich darauf, diese auszubeuten (und ähnliche zu erkennen), und schaffen es, auf kürzestem Weg zwischen den besten Lagen hin- und herzugehen. Doch die Dinge verändern sich. Möglicherweise gibt es Konkurrenz von einer anderen Kindergruppe und auch ein paar unvorhergesehene Veränderungen wie in der Blumenwelt: Eine ursprünglich üppige Nahrungsquelle verschwindet und neue Quellen tauchen auf, die erforscht werden wollen. Das sind einige der grundlegenden Aufgaben, die eine Biene bewältigen muss, über die sie vielleicht nachdenkt und die komplizierte Entscheidungen und effiziente Gedächtnisorganisation erfordern.

Der Verstand eines Kunden im Blumen-Supermarkt

Blüten sind im Grunde die Geschlechtsorgane der Pflanzen, und ihre Farben, Muster und Düfte haben die Funktion, Tiere zu einer sexuellen Transaktion zu verführen, die Pflanzen selbst aufgrund ihrer Bewegungsunfähigkeit nicht bewerkstelligen können: der Übertragung des Pollens von männlichen auf weibliche Blütenteile. Doch

Bienen bieten diese Dienstleistung nicht gratis an; sie wollen dafür belohnt werden. Unter diesem Aspekt kann man Bestäubungssysteme als biologische Märkte bezeichnen, auf denen Tiere sich für „Marken“ (Blumenarten) aufgrund von deren Qualität (z. B. Zuckergehalt des Nektars) entscheiden und Pflanzen um „Kunden“ (Bestäuber) werben. Bienen lernen, die Werbung der Blumen zu erkennen, und verbinden sie mit der Qualität des feilgebotenen Produkts. Die Angebote auf diesem Markt sind in ständigem Wandel begriffen: Ein Blumenpatch, das am Morgen noch vielversprechend war, liefert vielleicht schon zu Mittag keinen Nektar mehr oder ist bereits von Konkurrenten geplündert worden. Vielleicht ist es am nächsten Vormittag wieder vielversprechend, doch drei Tage später sind die Blumen schon wieder verblüht. Bienen müssen ihre Informationen im Lichte dieser Veränderungen ständig aktualisieren und die Ausbeutung von Ressourcen immer mit Blick auf neue Quellen planen.

Das Bewusstsein einer Biene kann man im Grunde nur im Lichte der Herausforderungen der sich ständig verändernden Marktökonomie verstehen. Die Zwänge, die mit dem Agieren auf diesem Markt einhergehen, manifestieren sich oft als körperliche Leistung. So kann eine Biene zum Beispiel ihr eigenes Körpergewicht an Nektar und/oder Pollen transportieren; unter Umständen muss sie 1000 Blüten aufsuchen und zehn Kilometer fliegen, um ihren Magen ein einziges Mal zu füllen; und 100 solcher Ausflüge sind vonnöten, um einen Teelöffel Honig zu produzieren. Weniger bekannt sind die geistigen Anstrengungen, die unterwegs erforderlich sind: Wenn eine Biene 1000 Blumen besucht, muss sie 1000 Knobelboxen öffnen, deren Mechanik mitunter so kompliziert ist wie die eines Schlosses (Abb. 1.4). Jede Blumenart weist eine eigene Mechanik auf, die die Biene kennen muss, um das jeweilige Schloss zu öffnen und an den Inhalt heranzukommen. Beim Fliegen über eine Blumenwiese wird die Biene ständig mit Reizen (Farbmustern, Duftmischungen, elektrischen Feldern) bombardiert, unterschiedliche Blumen verschiedenster Arten erscheinen *sekündlich* im Blickfeld, weshalb die Biene nur die wichtigsten zur Kenntnis nehmen darf und den Rest ignorieren muss. Wenn sie 1000 Blumen aufsucht, muss sie vielleicht

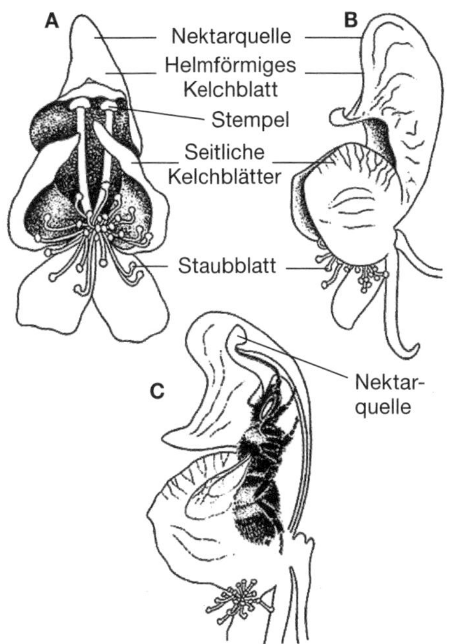

Abb. 1.4. Eine Blume als natürliche Knobelbox.
A. Frontalansicht und **B.** seitliche Ansicht eines Eisenhuts (*Aconitum variegatum*); und **C.** Eine Hummel im Inneren der Blüte, die ihren Rüssel über dem Kopf in die „Kapuze" der Blume steckt, um Nektar zu saugen. Unerfahrenen Hummeln gelingt es oft nicht, den Nektar zu finden; erfahrene Individuen haben oft Dutzende Versuche gebraucht, um die Technik zu beherrschen.

5000 andere ignorieren, die sie entweder nicht kennt oder von denen sie weiß, dass sie unergiebig oder zu einem anderen Zeitpunkt belohnend sind (Abb. 1.5).

Wenn die Biene auf Futtersuche Dutzende leere Blumen hintereinander vorfindet, die ein Konkurrent vor ihr geleert hat, muss sie mit der Frustration fertig werden und dafür sorgen, dass sie nicht verhungert, sie muss entscheiden, wann sie ihre Verluste begrenzt und sich auf die Suche nach einer alternativen Quelle begibt. Da die Biene pro Tag mehrere Tausend Blumen befliegt, kristallisieren sich allmählich Regeln heraus: Sind zum Beispiel bilateral symmetrische Blumenarten wie Löwenmäuler ergiebiger als radialsymmetrische wie Gänseblümchen, unabhängig von Art und Farbe? Die vorherrschende Meinung ist, die Intelligenz eines Insekts reiche nicht aus, um Regeln zu lernen, doch wie wir bald herausfinden werden, machen die Zwänge des Agierens auf dem Blumenmarkt derartige Operationen erforderlich. Noch dazu muss sie Angriffe von Beutetieren abwehren, sich an Blumenpatches erinnern und jene meiden,

Abb. 1.5. „Einkaufen" im Blumen-Supermarkt. Eine Biene, die über eine Blumenwiese fliegt, ist mit einer verwirrenden Vielfalt von Sinnesreizen konfrontiert, etwa den Farben und Gerüchen zahlreicher Blumenarten. Wie ein menschlicher Einkäufer muss die Biene die Blumenarten („Produkte") erkennen, die das beste Kosten/Nutzen-Verhältnis versprechen (z. B. die größte Nektar- und Pollenbelohnung bei möglichst geringer Anstrengung, um an sie heranzukommen). Sie muss sich die Werbesignale dieser Blumen (ihre Farbe, ihre Form und ihren Geruch) einprägen und ihre Aufmerksamkeit auf nur diese Blumenarten richten und darf sich nicht von den Signalen anderen Blumen ablenken lassen.

wo das Risiko, einem Beutetier zum Opfer zu fallen, besonders hoch ist. Sie muss die Lage ihres Nests im Gedächtnis behalten, auch wenn die Flugroute noch so gewunden war und obwohl sie vielleicht durch Windstöße von der bekannten Route abgebracht worden ist.

Komplexe Entscheidungen, Kommunikation und Nestbau

Bei ihrer Rückkehr stellt die Biene möglicherweise fest, dass ein Bär gerade ihr Nest plündert. Was soll sie tun? Zuerst ihre Nahrung abladen oder den Bären attackieren und den Tod riskieren? Soll sie summend um den Kopf des Bären herumfliegen und hoffen, dass das als Abschreckung reicht? Oder soll sie schlau auf einem nahen Baum warten, bis der Angriff vorüber ist? Man könnte glauben, dass die Entscheidung aufgrund instinktiver Mechanismen vorprogrammiert ist, doch Bienen können sich aufgrund ihrer Präferenzen individuell entscheiden.

Kaum ist der Bär weg, muss das Nest repariert und der gestohlene Honig ersetzt werden. Um eine Wabe zu bauen, müssen exakt sechseckige Zellen aus Wachsplättchen geformt werden, die von den Wachsdrüsen an den hinteren Bauchschuppen der Bienen produziert werden, wobei die Zellen gerade mal so groß sind, dass eine Bienenlarve darin Platz hat. Aus unbekannten Gründen bilden die Arbeiterinnen bei dieser Aufgabe hängende Ketten (Abb. 1.1). Bienen hängen in der Luft und halten mit ihren Schwestern Händchen, während sie die Waben rund um die Uhr reparieren.

Im typischen Nest der westlichen Honigbiene (einem, das nicht gerade von einem Bären zerstört wurde) ist es Tag und Nacht dunkel, und die Welt darin ist nicht minder faszinierend als die Außenwelt, in der die Biene sich bewegt. Stellen Sie sich einen fensterlosen Wolkenkratzer mit 100 Stockwerken vor, der so voll ist wie ein Bus zur Stoßzeit. Alle Oberflächen sind vertikal, und die Bewohner laufen ständig die Wände rauf und runter. Wie wissen die Individuen, was sie angesichts der unzähligen Aufgaben, die der Bienenstaat insgesamt erfüllen muss, zu tun haben?

Die Kommunikation der Bienen funktioniert zum Großteil über Pheromone (chemische Verbindungen, die von zahlreichen Drüsen – 15 im Fall der Honigbienen – abgegeben werden) und mittels elektrostatischer Signale, die Bienen erzeugen und über mechanosensorische Haarzellen wahrnehmen. Doch Bienen können einander auch mithilfe symbolischer Bewegungen über die Lage von Blumen informieren: ein merkwürdiges Bewegungsritual, das als *Bienentanz* bezeichnet wird. Eine Honigbiene vollführt auf einer vertikalen Wand einen Solotanz. Die anderen Bienen müssen aufgrund der Bewegungen der Tänzerin auf die genaue Lage eines Nahrungseldorados schließen.

Da es dunkel ist, müssen sie die tanzende Biene fühlen, um ihre Bewegungen zu verstehen. Dazu legt die Biene ihre Fühler auf den wackelnden und vibrierenden Hinterleib der Tänzerin. Um diesem Vorgang eine evolutionäre Perspektive zu geben, stellen Sie sich einmal vor, Ihr Überleben hinge davon ab, ob Sie die Bewegungen der Tänzerin richtig fühlen und interpretieren. Manche von uns bewähren sich auf dem dunklen Tanzparkett vielleicht besser als andere. Manche bewähren sich überhaupt nicht. Andere besitzen ein spezielles Talent dafür, in der Dunkelheit mithilfe von Tanzbewegungen zu kommunizieren; manche sind geschickt darin, sich diese Art der Kommunikation anzueignen. Im Laufe der Zeit, über viele Generationen hinweg, wurden besonders gelungene Methoden, Botschaften als Tanz zu codieren, selektiert, aber auch die Fähigkeit, den Code mithilfe des Tastsinns zu dechiffrieren.

Warum es wichtig ist, sich andere Denkweisen vorzustellen, um sie zu verstehen

Manche Philosophen halten es für sinnlos, sich solche merkwürdigen alternativen Welten vorzustellen. Mir hingegen erscheint es außerordentlich nützlich. Ich kann mir zwar nicht genau vorstellen, wie es sich anfühlt, so zu sein wie Sie (und noch weniger, ein anderes Lebewesen zu sein), aber wenn ich Sie kenne, kann ich es mir ein bisschen besser vorstellen. Ich kann nicht wissen, ob Sie die Farbe Rot auf dieselbe Weise wahrnehmen wie ich, aber ich kann herausfinden, ob wir dieselbe Farbe übereinstimmend als Rot bezeichnen und ob wir zwischen zwei Rot-Tönen unterscheiden (was eine Biene nicht kann). Ich kann mir auch vorstellen, was es bedeutet, eingeschränkte Sinneskräfte zu besitzen (etwa, wenn ich die Brille abnehme oder mich in einem dunklen Keller zurechtfinden und zur Kompensation des mangelnden Sehsinns den Tastsinn zu Hilfe nehmen muss), und ich kann mir sogar vorstellen, wie es wäre, sensorische Superkräfte wie einen Röntgenblick zu besitzen. Diesen könnte man sicher untersuchen – man könnte zum Beispiel messen, wie dick die Mauer ist, die ich mit dem Blick durchdringe, oder man könnte feststellen, ob ich die Farbe der Kleidung eines Menschen durch die Wand hindurch sehen kann, usw. Derartige Tests bezüglich der Wahrnehmung eines anderen Lebewesens helfen uns, dessen Welt ein wenig besser zu verstehen.

Die Frage, über die manche Philosophen sich den Kopf zerbrechen – können wir wirklich nicht wissen, *wie es sich anfühlt,* ein anderes Tier zu sein? –, ist wahrscheinlich sinnlos. Letzten Endes ist es völlig unspektakulär, in einer anderen Sinneswelt zu leben, wenn man sich einmal daran gewöhnt hat. Nur der Erwerb einer neuen sensorischen Fähigkeit, sofern überhaupt möglich, wäre aufregend, doch auch das würde bald seinen Reiz verlieren und sich normal anfühlen. Sinneswahrnehmungen werden nur dann zu bedeutungsvollen subjektiven Erfahrungen, wenn sie mit emotionalen einhergehen – im Falle der Biene wäre das vielleicht ihre Reaktion auf die Entdeckung einer besonders reichen Nahrungsquelle, die erfolgreiche Flucht vor einer Krabbenspinne oder der Schock, dass ihr Nest gerade von einem großen Säugetier geplündert wird. Im Folgenden werden wir den Nachweis erbringen, dass Bienen psychische Zustände kennen, die man, wenn man auf wild lebende und auf Haustiere dieselben Kriterien anwendet, als gefühlsartige Zustände beschreiben kann.

Ein wichtiger erster Schritt besteht darin – wie bereits angedeutet –, herauszufinden, wie es sich anfühlt, das Leben aus der Perspektive eines Tieres zu erfahren, zu verstehen, was für dieses Tier wichtig ist. Wenn wir verstehen, dass Tiere wie Bienen die Welt mithilfe völlig anderer Sinne wahrnehmen als wir und dass für ihr Wohlbefinden und ihr Überleben andere Umweltaspekte wichtig sind als für uns, können wir unsere Fantasie spielen lassen, ohne in die Falle des Anthropomorphismus zu gehen und menschliche Eigenschaften auf tierisches Verhalten zu projizieren.

Welche Bienen?

Bei Bienen mögen viele Leser an soziale Arten denken, vor allem an die domestizierte westliche Honigbiene *Apis mellifera*. Was wir über das Denken und Fühlen der Biene wissen, wurde tatsächlich zum Großteil anhand dieser weitverbreiteten Art und einer Handvoll anderer sozialer Arten wie Hummeln erforscht (Hummeln sind, stammesgeschichtlich betrachtet, auch Bienen). Ihr soziales Leben weist faszinierende psychologische Aspekte auf. So wenden sie etwa äußerst komplexe Kommunikationsmethoden an, um effiziente Arbeitsteilung – Nahrungsbeschaffung, Wärmeregulierung, Verteidigung – innerhalb der Kolonie zu gewährleisten. Doch nur wenige Hundert von insgesamt mehr als 20.000 Bienenarten sind sozial, und Biologie und Verhalten der vielen Solitärbienen sind nicht weniger faszinierend. Auch diese Bienen praktizieren Brutpflege und bauen ein Nest für ihre Jungen – doch anders als Arbeiterinnen der sozialen Bienen sind sie Solomütter. Bei allen Arten sind die Männer nur für Sex zu gebrauchen. Weibliche Solitärbienen müssen genau wie soziale Bienen viele Lernaufgaben bewältigen – sie müssen sich ebenfalls die Lage ihres Nests einprägen und sich mit dem Erscheinungsbild und der Bearbeitung verschiedener Blumen vertraut machen. Doch Solitärbienen sind außerdem „Mädchen für alles“: Während soziale Bienen bestimmte Aufgaben an Spezialisten delegieren, müssen Solitärbienenmütter im Alleingang passende Nistplätze suchen, Nester bauen, sie vor Parasiten und Raubtieren schützen und die Nahrung für die Brut besorgen. Ich will in diesem Buch jedoch nicht die gesamte Literatur zur Psychologie der zahlreichen Bienenarten referieren, sondern mich auf einige aussagekräftige Beispiele konzentrieren.

Aufbau des Buches

Die beiden folgenden Kapitel geben zunächst eine Übersicht über den Sinnesapparat der Bienen. Alle im Hirn der Biene gespeicherten Informationen müssen nämlich zuerst von den Sinnesorganen gefiltert werden – und wir werden bald feststellen, dass die Sinneswelt der Bienen sich nicht nur völlig von jener der Menschen unterscheidet, sondern auch reichhaltiger ist. Doch nicht alle Informationen im Hirn eines Tieres (wie auch in dem des Menschen) werden individuell erworben: Unsere Instinkte bestimmen zumindest zum Teil, was wir begehren, was wir fürchten, wie wir bestimmte Bewegungen ausführen usw. In Kapitel 4 geht es dann um das vielfältige Repertoire der angeborenen Verhaltensweisen der Bienen und um die Frage, wie sehr diese ihre Psyche und ihr Lernverhalten beeinflussen. In Kapitel 5 erforschen wir, warum die Grundlage der Intelligenz der Bienen in ihrer Lebensweise als ortsgebundene Insekten (die zu ihrem Nest zurückkehren müssen) zu suchen ist. Bereits die Vorfahren der Bienen haben ihr Vagabundenleben aufgegeben und sind dazu übergegangen, Nester zu bauen, in denen sie ihre Nachkommen beschützen und mit Nahrung versorgen konnten, und das erforderte ein gutes räumliches Gedächtnis, damit das Nest auch nach langen Flügen wiedergefunden werden konnte. Kapitel 6 beschäftigt sich ausführlich mit der räumlichen Vorstellung der Bienen.

In Kapitel 7 erfahren Sie, wie Bienen durch die Gewohnheit, Blumen zu befliegen, zu den intellektuellen Riesen der Insektenwelt geworden sind; wie Bienen, abgesehen von der grundlegenden Notwendigkeit, die Lage von Blumen, Farben und Gerüche zu erkennen, darüber hinaus während ihres kurzen Lebens Regeln und Konzepte entwickeln, die ihnen dabei helfen, Ressourcen effizient zu nutzen. In Kapitel 8 beschäftigen wir uns mit der Frage des sozialen Lernens. Bienen können eine überraschend große Menge an Informationen erwerben, indem sie andere Bienen beobachten: nicht nur welche Blumen sie aufsuchen, sondern auch, wie sie komplexe Aufgaben, etwa die Manipulation von Objekten, bewältigen. So gesehen sind viele komplexe soziale Verhaltensweisen das Ergebnis individueller Problemlösungsstrategien und nicht, wie man bisher dachte, eines diffusen Schwarmwissens.

Auf der Basis dieses Grundlagenwissens von der Sinneswahrnehmung bis zur komplexen sozialen Erfahrung versuchen wir in Kapitel 9 herauszufinden, wie das Mini-Nervensystem der Bienen eine derartige Komplexität tragen kann. In Kapitel 10 widmen wir uns den Persönlichkeitsunterschieden einzelner Bienen und deren neuronaler Grundlage.

In Kapitel 11 stellen wir auf der Grundlage der vorangehenden Kapitel die schwierigste Frage: Haben Bienen ein Bewusstsein? Da die Antwort mit hoher Wahrscheinlichkeit „ja" lautet, befassen wir uns in Kapitel 12 abschließend mit ethischen Fragen in Bezug auf den Bienenschutz, die sich aus unserer Beschäftigung mit den subjektiven Erfahrungen und der Wahrscheinlichkeit ergeben, dass Bienen ein zumindest elementares Gefühlsleben aufweisen.

Ein Blick in die Geschichte

Bienen und der von ihnen produzierte Honig begleiten die Menschen seit Beginn ihrer Evolution. Unsere engsten Verwandten, die Menschenaffen, fressen Honig und verwenden Werkzeuge, um Honig aus wilden Bienenkolonien zu gewinnen. Es ist daher sehr wahrscheinlich, dass erste Hominiden dasselbe taten. Auf prähistorischen Höhlenmalereien vieler Kontinente ist die Plünderung von Bienenkolonien dargestellt, und noch heute gewinnen Jäger-Sammler-Stämme Honig von verschiedenen Wildbienenarten. Honig ist der kohlenhydratreichste Energydrink, den die Natur zu bieten hat, und manche Wissenschaftler glauben, dass die Praxis des Honigsammelns möglicherweise die Entwicklung unserer energiehungrigen Gehirne befeuert hat.

Doch wie viele kluge Köpfe bezeugen werden, ist mehr als Zucker vonnöten, um zündende Ideen hervorzubringen. Tatsächlich waren Bienen auch für Rauschzustände zuständig: Met, aus vergorenem Honig gewonnen, ist eines der ältesten alkoholischen Getränke. Met wurde seit mindestens 9000 Jahren von Menschen konsumiert und war in so weit voneinander entfernten Ländern wie China, Finnland, Äthiopien und dem präkolumbianischen Mexiko seit Jahrhunderten oder Jahrtausenden bekannt. Und bevor das elektrische Licht erfunden wurde, haben Kerzen aus Bienenwachs die Nacht (und die Schreibstuben der Gelehrten und Tempel) erhellt.

Angesichts der lange währenden Beziehung zwischen Menschen und Bienen ist es nicht verwunderlich, dass es eine Menge wissenschaftlicher Werke über das Verhalten von Bienen gibt. Während meiner Arbeit an diesem Buch habe ich mit großem Vergnügen die historische Literatur zu diesem Thema gelesen, etwa die Werke des blinden Schweizer Wissenschaftlers François Huber, der an der

Schwelle vom 18. zum 19. Jahrhundert herausfand, dass zum Bau von Honigwaben Planungsfähigkeiten notwendig sind; außerdem vertrat er die Meinung, die individuell unterschiedlichen „Persönlichkeits"-Merkmale der Bienen seien der Grund für die Arbeitsteilung in der Kolonie. Sehr inspirierend ist auch die Geschichte des afro-amerikanischen Wissenschaftlers Charles Turner (1867–1923), der Pionierarbeit bei der Erforschung der Psyche der Bienen und anderer Insekten leistete, obwohl er mit erheblichen Schwierigkeiten zu kämpfen hatte: Als Lehrer an einer High School hatte er keinen Zugang zu Labors oder einer wissenschaftlichen Bibliothek.

Ein Teil dieser historischen Literatur ist heutigen Wissenschaftlern kaum bekannt, ihre Entdeckung dagegen so spannend, als hätte man die Durchbrüche im eigenen Labor erzielt. In diesem Buch versuche ich deshalb, jüngere Erkenntnisse in einen historischen Kontext zu stellen, zumal manche scheinbar aktuellen Ansichten zum Denken der Bienen in der einen oder anderen Weise schon vor über einem Jahrhundert geäußert wurden. Da unsere wissenschaftlichen Ahnen oft auch exzellente Schriftsteller waren und ihr Stil weniger trocken und fachsprachlich ist als der vieler heutiger Gelehrter, werde ich Kostproben dieser historischen Werke einstreuen, in der Hoffnung, Sie dazu anzuregen, die Originale zu lesen. Zumindest kurz möchte ich auch auf die Biografien der Wissenschaftler eingehen, deren bahnbrechende Erkenntnisse mich inspiriert haben. Denn kein Wissenschaftler arbeitet in einem Vakuum: Sowohl zu entscheidenden Entdeckungen wie eminenten Irrtümern haben die Zeit und die Umstände beigetragen, unter denen sie jeweils gearbeitet und die sie beeinflusst haben.

Begleiten Sie mich auf dieser Reise in das Bewusstsein der Bienen. Den Anfang macht ein Blick auf ihre fremdartige Sinneswelt.

2

Merkwürdige Farben sehen

Die Idee, dass helle Farben für Insekten attraktiv sind, scheint auf der Annahme zu basieren, dass das Farbensehen der Insekten ungefähr dasselbe wie das unsere ist. Doch das ist überhaupt nicht erwiesen.

Lord Rayleigh, 1874

Um zu verstehen, was im Kopf einer Biene vorgeht, müssen wir zuerst herausfinden, wie die Sinne der Biene beschaffen sind, denn alle Informationen, die ein Tier aufnimmt, werden von seinen Sinnesorganen gefiltert – und die unterscheiden sich beträchtlich von Art zu Art. In diesem und im folgenden Kapitel werden wir erfahren, dass die Sinneswelt der Bienen in keiner Weise ärmer ist als unsere, obwohl ihr Nervensystem so winzig ist. Bienen besitzen dieselben Sinne wie wir (Tastsinn, Sehsinn, Gehörsinn, Geruchssinn, Geschmackssinn, Wärmeempfinden) und darüber hinaus einige, derer wir uns oft nicht bewusst sind (wie Gleichgewichts- und Zeitsinn). Sie besitzen aber auch Sinne, die uns fehlen (etwa einen magnetischen Kompass). Faszinierend ist jedoch, dass die Wahrnehmung der Bienen in jedem einzelnen Sinneskanal völlig anders ausgeprägt ist als bei uns. In diesem Kapitel beginnen wir mit dem Farbensinn der Bienen, der sich – wie Lord Rayleigh im obigen Zitat andeutet – grundlegend von unserem unterscheidet. Wir werden das Farbsehen der Bienen als Fallstudie verwenden, um zu zeigen, wie man die Sinne eines Tiers erforschen kann, bevor wir uns (in Kapitel 3) anderen Sinneswahrnehmungen der Bienen zuwenden.

John Lubbock (1834–1913, siehe Kapitel 3) beschäftigte sich als erster mit dem eigentümlichen Farbensinn von Insekten. Lubbock

Abb. 2.1. Bienen reagieren auf UV-Licht, deshalb sehen sie Blumenmuster, die einem menschlichen Beobachter verborgen bleiben. Wir sehen die Blütenblätter der Blume (links) einfarbig gelb, doch die Biene sieht sie zweifarbig, wie in dem Bild (rechts) zu sehen ist, das mit einem speziellen, für UV-Licht durchlässigen Filter angefertigt wurde, der alle für ein Menschenauge sichtbaren Wellenlängen blockiert. Die weiße Hinterleibsregion der Hummel reflektiert ebenfalls UV-Licht, die gelben Steifen und der schwarze Teil jedoch nicht.

beobachtete, dass Ameisenkolonien, wenn man sie beleuchtet, ihre Brut aus dem Licht zu dunkleren Plätzen transportieren. Dann benutzte er verschiedene Farbfilter. Er stellte fest, dass Ameisen Larven und Eier aus violettem Licht entfernen, obwohl Menschen diese Wellenlänge fast als dunkel wahrnehmen. „Es hat den Anschein, dass ihre Farbwahrnehmung sich sehr von unserer unterscheidet. Doch ich wollte darüber hinausgehen und unbedingt herausfinden, inwieweit die Grenzen ihrer Wahrnehmung unseren entsprechen." Lubbock legte daraufhin Ameisenpuppen unter UV-Licht – und die Arbeiterinnen vieler Ameisenarten entfernten die Larven schnell aus der für sie potenziell schädigenden, für uns jedoch völlig unsichtbaren Strahlung. Darüber hinaus brachten die Ameisen ihre Larven oft in Rotlicht, das in den Augen eines menschlichen Betrachters sehr hell ist, für die Ameisen jedoch fast der Dunkelheit zu entsprechen scheint, in der sie ihre Brut gut aufgehoben wähnen. Dies war ein erster Hinweis darauf – der sich erst Jahrzehnte später bestätigte –, dass viele Insekten rotblind sind bzw. ihre Wahrnehmung sich nicht so weit wie unsere in die längeren Wellenlängen des Spektrums erstreckt.

Die Entdeckung, dass Insekten auf einen Teil der elektromagnetischen Strahlung reagieren, den Menschen nicht wahrnehmen, ermöglichte einen ersten Blick in eine Sinneswelt, die sich total von unserer unterscheidet (Abb. 2.1). Inzwischen wissen wir, dass die meisten Tiere (und alle Bienen) UV-Licht sehen können – eine Fähigkeit, die uns Menschen (und den meisten Säugetieren) erstaunlicherweise fehlt.

Carl von Hess versus Karl von Frisch – die Debatte über das Farbensehen der Bienen

John Lubbock hatte mithilfe seiner Forschung an dressierten Honigbienen bewiesen, dass Bienen lernen konnten, verschiedene Papierfarben mit Honig in Verbindung zu bringen. Doch der deutsche Augenarzt Carl von Hess (1863–1923) wandte ein, dies sei kein formaler Beweis für Farbensehen: Sogar ein völlig farbenblinder Mensch könne aufgrund der Intensität der jeweiligen Farben Rot von Blau unterscheiden. In ähnlicher Weise könnten zwei unterschiedlich pigmentierte Papierstreifen in den Augen eines farbenblinden Tieres als unterschiedliche Grauschattierungen erscheinen. In seinem ersten umfangreichen Buch über Farbensehen bei Tieren (1912) kam der angesehene von Hess, der für sein wissenschaftliches Werk in den Ritterstand erhoben worden war, zu dem Schluss, alle Wirbellosen (und auch Fische) seien farbenblind.

Im selben Jahr stellte der 26-jährige Universitätsassistent Karl von Frisch (1886–1982) die berechtigte Frage, warum es denn bunte Blüten gäbe, wenn Bestäuber die Farben gar nicht sehen könnten. Warum sonst sollte die Evolution dafür gesorgt haben, dass die meisten Blüten sich deutlich von den Blättern abhoben? Von Frisch führte ein Experiment durch, mit dem er von Hess widerlegte. Er stellte ein Schälchen mit Zuckerwasser auf ein buntes quadratisches oder rechteckiges Papier, inmitten von Papieren in verschiedenen Grauschattierungen (Abb. 2.2). Die Bienen setzen sich immer auf die bunte Karte, auch wenn die Lage dieser Karte verändert wurde, die Bienen sich also nicht einfach die Lage dieser Karte eingeprägt haben konnten.

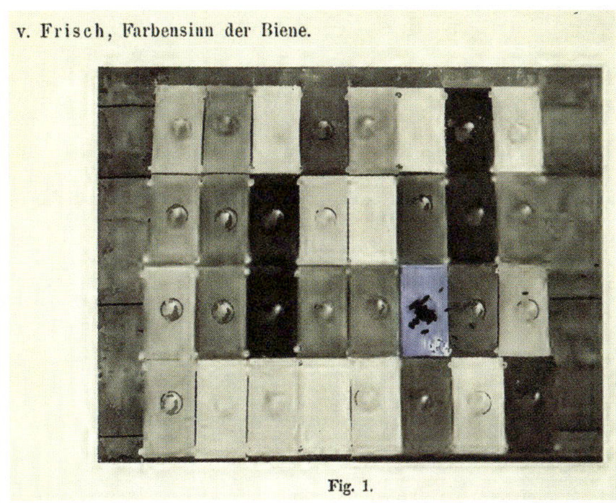

Abb. 2.2. Originalabbildung aus Karl von Frischs bahnbrechender Publikation (1914) über das Farbensehen der Bienen. Bienen, die darauf dressiert waren, Zuckerwasser aus Glasschälchen auf blauem Papier zu schlürfen, entdeckten „Blau“ auch, wenn es sich an einer anderen Stelle befand, und konnten es von allen Grauschattierungen unterscheiden, womit bewiesen war, dass sie nicht nur die Helligkeit des Reizes gelernt hatten.

Wenn man im damaligen deutschen Universitätssystem als junger Wissenschaftler einem etablierten Professor widersprach, bedeutete das unter Umständen das Ende der Karriere. Wie erwartet tobte von Hess vor Wut. Als er von von Frischs Experimenten erfuhr, beeilte er sich, seinen Bericht noch vor von Frischs Buch zu veröffentlichen. Bei seinen Versuchen, Bienen das Farbensehen beizubringen, hatte von Hess Honig als Belohnung benutzt (anders als von Frisch, der geruchloses Zuckerwasser verwendete), doch der Geruch von Honig ist für Bienen so unwiderstehlich, dass er alle anderen Eigenschaften des Zieles übertönt. Deshalb war von Hess zu einem negativen Ergebnis gekommen. In seiner Schrift „Experimentelle Untersuchungen über den angeblichen Farbensinn der Bienen“ (1913) prahlte er: „Es ließ sich zeigen, dass sowohl die älteren Angaben Lubbock’s … wie auch die neueren von Frisch’s, nach welchen eine „Dressur“ der Bienen auf bestimmte Farben möglich sein sollte, sämtlich unrichtig sind … Es ist bisher nicht eine einzige Tatsache bekannt geworden, die die Annahme eines dem unseren irgendwie vergleichbaren Farbensinnes bei Bienen auch nur wahrscheinlich machen könnte. Dagegen ist durch meine Untersuchungen … diese Annahme endgültig widerlegt."

Doch von Frisch war weder beeindruckt noch eingeschüchtert. In seinem ausführlichen Bericht über seine Experimente (1914) legte er den Beweis für das Farbsehen der Bienen klar und deutlich dar. Auch in seinen Kommentaren zur Arbeit von von Hess nahm er kein Blatt vor den Mund:

> Von Hess gibt dies freilich nicht zu. Er sucht meine Arbeiten dadurch zu diskreditieren, dass er immer wieder erklärt, sie seien laienhaft und ohne Kenntnis der Physik und Physiologie der Farben angestellt. Ein stichhaltiger Beweis für diese Behauptung wird nicht erbracht. … Meine entscheidenden Versuche erklärt er sämtlich für unrichtig … ich protestiere gegen die in der Wissenschaft nicht unübliche Methode der Polemik, und ich kann verlangen, dass v. Heß so wegwerfende Redensarten … unterlässt.
>
> Von Hess legte „zur Prüfung dieser Angabe" seinen Bienen, die er auf Blau dressiert hatte, einen gelben, mit Honig beschmutzten Bleistift vor und sah, dass sie diesen besuchten; auch eine blaue Jacke besuchten sie erst, als er sie mit Honig beschmutzte. Der Versuch zeigt nur – was jedermann weiß –, dass Bienen durch Honig angelockt werden können.

Als junger Wissenschaftler setzte von Frisch mit derartigen Aussagen seine Zukunft aufs Spiel. Er schrieb an seine Mutter, er hätte „das nicht ganz behagliche Gefühl, nun einen wirklichen Feind in der Welt zu haben, den ersten, und einen, der mir genug schaden kann". Doch von Frischs Beweise waren so eindeutig, dass von Hess' Versuche, den jungen Wissenschaftler zu diskreditieren, ins Leere liefen. In seiner Autobiografie räumte von Frisch sogar ein, dass ihm die Auseinandersetzung geholfen habe, hatte sie ihm doch Bekanntheit verschafft. Sicher bereitete sie ihn darauf vor, zukünftige Entdeckungen mit unwiderlegbaren Beweisen und Argumenten zu untermauern. Von Frisch wurde 1973 mit dem Nobelpreis ausgezeichnet, während von Hess' Ansichten allmählich in Vergessenheit gerieten.

In einer Sache hatte von Hess allerdings recht. Wie er in einem speziellen Experiment bewiesen hatte, reagieren Bienen unter bestimmten Umständen nicht auf Farben, sondern auf Licht: *Phototaxis* bezeichnet die Orientierung nach dem Licht, die viele Insekten an den Tag legen, wenn sie bedroht werden. In diesem Fall sind die Bienen tatsächlich farbenblind. Doch unter bestimmten Umständen farbenblind zu sein, bedeutet nicht, dass der Organismus überhaupt keine Farben sehen kann. Menschen zum Beispiel sind im Dämmerlicht oder in der Dunkelheit farbenblind – daher das Sprichwort „Nachts sind alle Katzen grau". Doch sowohl Menschen als auch Bienen sehen zumindest am Tag Blüten in Farbe. Außerdem fand von Frisch Beweise für die Annahme, dass sich das Farbensehen der Bienen grundlegend von dem der Menschen unterscheidet: Er stellte fest, dass Bienen kein Problem damit haben, ein blaues oder gelbes Viereck inmitten von grauen zu finden, dass sie jedoch regelmäßig rote mit dunkelgrauen verwechselten. Daraus schloss er, dass Bienen rotblind sind, was erklärt, warum rote Blumen in der europäischen Flora relativ selten sind.

Karl von Frisch und die Nazis

Danach wandte sich Karl von Frisch anderen Themen zu (vor allem der Tanzsprache der Bienen, siehe Kapitel 5). In den 1920er-Jahren fand man heraus, dass bestimmte Bienenarten auf UV-Licht reagieren und Blüten UV-Licht reflektieren, doch danach überließ er die ausführliche Erforschung des Farbensehens der Bienen seinen Studenten, vor allem Karl Daumer in den 1950er-Jahren (s. u). Doch man kann von Glück sprechen, dass er überhaupt weiter forschen durfte, denn in der Nazizeit 1933–1945 fiel von Frisch in Ungnade. Eine seiner Großmütter war Jüdin; sie war allerdings gleich nach der Geburt getauft worden. Das Reichserziehungsministerium forderte eine Entlassung des Forschers, eines „Mischlings zweiten Grades" (Vierteljuden, wie es in ihrer Diktion in einem Brief vom 12. Januar 1941 hieß), von seiner Stelle an der Universität München. Einflussreiche

Kollegen warfen ihm eine „außergewöhnlich große Liebe für Juden und Judenstämmlinge" und eine „geradezu bornierte Haltung zum Antisemitismus" vor; eines seiner Werke wurde als „Musterbeispiel jüdischer Reklame" moniert. Sie beschwerten sich, es sei „höchste Zeit, dass das modernste und bestausgestattete Zoologische Institut Deutschlands, das zur Zeit noch von einem kleingeistigen Spezialisten beherrscht wird, der der neuen Zeit verständnislos und auf's feindseligste gegenübersteht, eine Leitung erhält, die diesen Zuständen ein Ende macht".

Wahrscheinlich aus Verzweiflung hat von Frisch einiges unternommen, um die Nazis zufriedenzustellen (obwohl er nie Parteimitglied wurde): Sein ansonsten sehr aufschlussreiches Buch *Du und das Leben. Eine moderne Biologie für Jedermann* von 1936 enthält im Schlussteil verstörende Aussagen über Rassenhygiene und die Empfehlung, geistig Behinderte ohne deren Einwilligung zu sterilisieren. Von Frisch, der selbst so kurzsichtig war, dass man ihn im Ersten Weltkrieg vom Wehrdienst befreit hatte, beklagt darin, dass die Kurzsichtigen, die beim Überlebenskampf unserer Vorfahren auf der Strecke geblieben wären, von der modernen Zivilisation verzärtelt würden. Es ist zu hoffen, dass diese Stellen auf Druck der Nazi-Behörden entstanden und vom Autor nicht freiwillig verfasst wurden. Vielleicht hoffte von Frisch auf diese Weise nicht nur seinen Job zu behalten, sondern auch die vielen jüdischen Wissenschaftler zu beschützen, die Mitte der 1930er-Jahre noch an seinem Institut arbeiteten. Auf jeden Fall ist dieser Text ein unbequemes Beispiel, wie ein Intellektueller, der vom Naziregime bedroht wurde, sich in diesen extrem schwierigen Zeiten zu arrangieren versuchte.

Letzten Endes rettete der Ausbruch einer Bienenseuche vorübergehend die Stellung des Wissenschaftlers. Zwischen 1940 und 1942 fielen Hunderttausende Bienenstöcke einem Einzeller, dem Nosema-Parasiten, zum Opfer (eine frühe Form von Bienensterben), was die Ernährungssicherheit gefährdete: Viele Nutzpflanzen wurden nicht bestäubt. Martin Bormann, Reichsleiter und Privatsekretär Hitlers, beschied, dass von Frischs Pensionierung bis zum Kriegsende aufgeschoben werden sollte (in der Hoffnung, dass die Nazis den Krieg gewinnen und von Frisch danach feuern würden). Bis 1945 übernahm von Frisch die undankbare Aufgabe, das Bienensterben zu beenden. Es gelang ihm zwar nicht, ein Mittel gegen die Nosemose zu finden, doch der Aufschub rettete seine Anstellung und seine Bienenforschung, und er hatte die Möglichkeit, weitere junge Wissenschaftler auszubilden. Er machte weitere bahnbrechende Entdeckungen, und die meisten Wissenschaftler, deren Arbeit in diesem Buch erwähnt wird, waren seine Studenten, die Studenten seiner Studenten oder die Studenten der Studenten seiner Studenten (wie ich, aber ich bin nur einer von vielen).

Eine fremdartige bunte Welt

Karl Daumer (*1932), ebenfalls ein Student von Frischs, entdeckte sowohl Ähnlichkeiten als auch Unterschiede zwischen dem Farbensehen der Bienen und dem der Menschen. Seine Doktorarbeit machte die Biene, einmal abgesehen vom Menschen, zum in Hinblick auf das Farbensehen am besten erforschten Tier. Und dank vieler Generationen talentierter Wissenschaftler, die in seine Fußstapfen traten, hat die Biene diese Stellung beibehalten. Doch bevor wir uns dem Farbensehen der Bienen widmen, ein paar Worte über *unsere* Farbwahrnehmung:

Auch das Farbensehen des Menschen ist einigermaßen merkwürdig, denn die Wahrnehmung der Farbe erlaubt uns keine Rückschlüsse auf die spektralen Eigenschaften eines Objekts. Wenn wir gelbes mit rotem Licht mischen, sehen wir Orange – und können weder sagen, dass die Farbe durch das Mischen zweier Farben (mit unterschiedlichen Wellenlängen) entstanden ist, noch können wir die Mischung von monochromatischem orangem Licht (einer einzigen Wellenlänge) unterscheiden. Weiß nehmen wir aufgrund der additiven Vermischung von Komplementärfarben – Blau und Gelb, Rot und Cyan, Grün und Magenta – oder der drei Grundfarben – Grün, Rot und Blau – wahr.

Wenn wir die kurzwelligen und die langwelligen Farben am jeweiligen Ende des Spektrums (Violett und Rot) mischen, entsteht ein Eindruck, den es im Spektrum gar nicht gibt: Purpur. Wir sind an diese Farbphänomene so gewöhnt, dass wir uns gar nicht bewusst sind, wie wenig sie der materiellen Welt entsprechen: Aufgrund der Farbe, die wir sehen, können wir nicht einfach auf den physikalischen Reiz (oder die Reize) schließen. Beim Hören hingegen können wir bei einem Akkord von drei Tönen sehr gut die einzelnen Töne heraushören. Eine Mischung von 400 Hz und 800 Hz würden wir niemals als einen durchschnittlichen Wert (von z. B. 600 Hz) wahrnehmen – doch beim Sehen passiert genau das.

Der Grund dafür liegt zunächst in der Ausrüstung der Rezeptoren. Wir haben nur drei Typen von Farbrezeptoren (für blaues, grünes und rotes Licht), und jede einzelne von ungefähr einer Million Farben, die wir wahrnehmen, wird durch die jeweilige Stimulierung dieser drei Rezeptoren erzeugt. Im Gegensatz dazu befinden sich in unserem Innenohr Tausende von Rezeptoren, die auf unterschiedliche Frequenzen reagieren, die Wahrnehmungen werden parallel ausgewertet und konkurrieren nicht miteinander wie beim Farbensehen.

Das Farbensehen des Bienenauges ist gegenüber dem des Menschen in den kurzwelligen Bereich verschoben, es reicht von 300 nm (UV) bis zu 650 nm (gelb-orange) (Abb. 2.3). Daumer konstruierte einen raffinierten Apparat, mit dessen Hilfe er verschiedene monochromatische Lichter vermischte; auf diese Weise stellte er fest, dass Honigbienen stärker auf UV–Licht als auf alle anderen Farben reagieren und dass beim Farbensehen der Bienen ähnliche Mischungsgesetze gelten wie beim menschlichen (Abb. 2.4). Mischt man zwei monochromatische Farben (etwa Blau und Grün), entsteht eine Farbe, die von einer monochromatischen mit einer mittleren Wellenlänge (Türkis) nicht zu unterscheiden ist. Wie beim Menschen kann bei Bienen die kurz- und die langwellige Farbe am Ende des Spektrums vermischt werden, wodurch eine einzigartige Wahrnehmung entsteht, die keiner Wellenlänge entspricht und die Daumer als „Bienenpurpur“ bezeichnete. Außerdem fand er heraus, dass es auch im Farbensehen der Bienen Komplementärfarben gibt, wie Blau-Grün

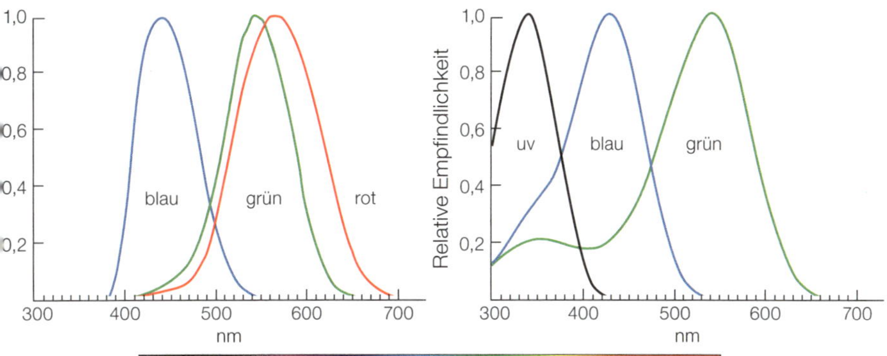

Abb 2.3. Die Farbrezeptoren der Bienen im Vergleich zu jenen der Menschen. Die spektrale Empfindlichkeit der Farbrezeptoren von Menschen **(links)** und jene von Bienen **(rechts)** auf einer Wellenlängenskala von 300 bis 700nm (UV bis rot). Beide Arten haben drei Farbrezeptoren, mit Empfindlichkeitsmaxima bei einer bestimmten Wellenlänge, wobei die Empfindlichkeit auf beiden Seiten der Spitze stark abnimmt. Im Gegensatz zu Menschen, die UV-Licht überhaupt nicht sehen können, haben Bienen einen speziellen UV-Rezeptor. Andererseits reicht die Empfindlichkeit des Langwellen-Rezeptors der Bienen nicht so weit in den Rotsektor hinein wie die des Menschen.

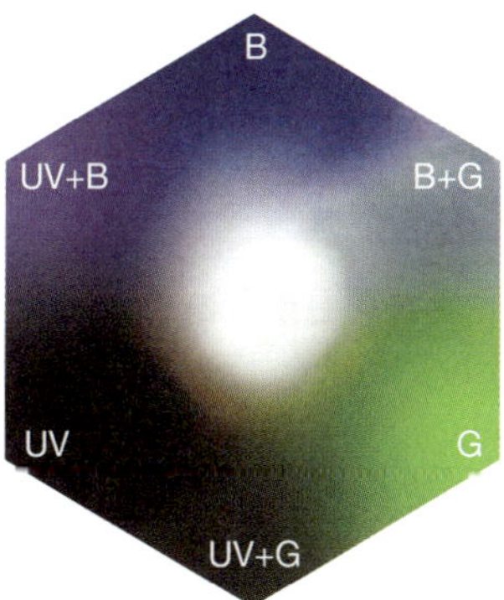

Abb. 2.4 Der Farbraum der Bienen illustriert die Grundsätze der Farbmischung. Die (von der Mitte aus gemessene) Winkelrichtung gibt Aufschluss über den Farbton, der von der Biene gesehen wird. Objekte, deren reflektiertes Licht vor allem einen Lichtrezeptor stimuliert (UV-, Blau oder Grün) befinden sich jeweils unten links, oben und unten rechts. Mischungen (wie zwischen Grün und Blau, oben rechts) liegen dazwischen. Der Farbraum der Bienen umfasst auch eine Region, die (wie Purpur beim Menschen) im Spektrum nicht vorhanden ist – nämlich eine Mischung aus dem langwelligen Grün und dem kurzwelligen UV-Licht – im unteren Bereich des Farbraums (der in manchen Artikeln Bienenpurpur genannt wird).

und UV, Violett und Grün, „Bienenpurpur“ (UV plus Grün) und Blau. Bienen verwechseln weiße Flächen, die kein UV-Licht reflektieren, mit Blau-Grün (Türkis).

Allein mithilfe psychophysischer Experimente und ohne direkten Zugriff auf das Hirn der Biene kam Daumer zu dem Schluss, dass die Farbwahrnehmung der Bienen genau wie die der Menschen trichromatisch ist, also auf drei Grundfarben, im Fall der Bienen auf UV-Licht, Blau und Grün, beruht. Doch damals war die Trichromazität nur eine Hypothese, sowohl bei Bienen als auch bei Menschen. 1962 gelang es dem deutschen Zoologen Hansjochem Autrum (1907–2003), der Karl von Frischs Lehrstuhl in München übernommen hatte, und seinen Kollegen zum ersten Mal, Mikroelektroden (Glasröhrchen mit einem Durchmesser von 1/10.000 mm an der Spitze) in die winzige Lichtrezeptorenzelle im Bienenauge einzuführen und die elektrischen Signale zu registrieren, die entstanden, wenn man Licht mit unterschiedlicher Wellenlänge auf den Kopf der Biene richtete. So konnte bestätigt werden, dass sich im Auge der Honigbiene drei verschiedene Lichtrezeptorzellen befinden, eine mit maximaler Empfindlichkeit im Grün-, eine im Blau- und eine im UV-Bereich. Die Rezeptoren reagierten auf einen breiten Bereich von Wellenlängen rund um die Empfindlichkeitssmaxima, die Kurven sind mehr oder weniger glockenförmig (Abb. 2.3).

Randolf Menzel (*1940), ein deutscher Neurobiologe und akademischer „Enkel“ von Karl von Frisch, maß die Geschwindigkeit, mit der Honigbienen lernten, verschiedene Farben mit süßen Belohnungen in Verbindung zu bringen. Sie lernten sehr schnell, wie sich herausstellte. Schon John Lubbock hatte die Vermutung geäußert, dass Blau die Lieblingsfarbe der Honigbienen sei, und tatsächlich fand Menzel in seiner Doktorarbeit heraus, dass eine einzige Belohnung auf einer blau-violetten Farbe reichte, damit die Bienen eine präzise Erinnerung aufbauten. In der Folge bevorzugten Bienen Blau sehr eindeutig gegenüber allen anderen Farben, die man ihnen präsentierte. An die meisten anderen Farben erinnerten sich die Bienen erst nach mehreren süßen Belohnungen, und zehn Belohnungen waren nötig, damit sie sich an unbeliebte Farben wie Türkis erinnerten.

Kein anderes Tier lernt derart schnell Farben. In den folgenden Jahrzehnten wurden diese bahnbrechenden Versuche zum Farbenlernen der Honigbienen auch mit vielen anderen Tieren durchgeführt. Bei einer vergleichenden Studie zur Lerngeschwindigkeit von elf verschiedenen Tierarten waren Bienen die schnellsten, gefolgt von Fischen, Vögeln … und Menschenkindern ganz am Schluss. Kurioserweise wurde dieses Ergebnis, das der Erwartung widerspricht, Menschen seien die Klügsten, in einem Lehrbuch über den tierischen Lernerfolg als Argument dafür zitiert, dass Lerngeschwindigkeit kein guter Gradmesser für Intelligenz sei. Wahrscheinlich gibt es gute Gründe, Lerngeschwindigkeit nicht mit Intelligenz gleichzusetzen, doch die Tatsache, dass Menschen nicht ganz oben auf der Liste stehen, sollte nicht dazugehören. Bienen können sich Farben deshalb so gut einprägen, weil die Evolution sie darauf trainiert hat, sich an florale Reize zu erinnern: Arbeitsbienen sind geborene Farbenwähler, die auf ihrem Flug ständig die Blumenangebote evaluieren; sie müssen schnell einschätzen können, ob eine Farbe nicht mehr ergiebig ist und eine andere Blumenfarbe mehr Nektar und Pollen verspricht.

Hat sich das Farbensehen der Bienen als Reaktion auf Blumenfarben evolviert?

An dieser Stelle drängt sich natürlich die Frage auf, warum sich das Farbensehen der Bienen so sehr von unserem unterscheidet – warum sie zum Beispiel UV-Licht sehen und ihre Lichtrezeptoren genau auf die Wellenlängen eingestellt sind, die sie sehen, und auf keine anderen. Die naheliegende Antwort lautet, dass dies mit ihrem Lebensstil des Blütenbesuchs und den speziellen Farben zu tun hat, die Blumen den Bienen darbieten.

Bei meiner Doktorarbeit (1991–1993) war ich zur richtigen Zeit am richtigen Ort, um diese These zu überprüfen. Mein Betreuer, Randolf Menzel, hatte gerade seine Zusammenarbeit mit dem auf Bestäubungsbiologie spezialisierten Botaniker Avi Shmida begonnen,

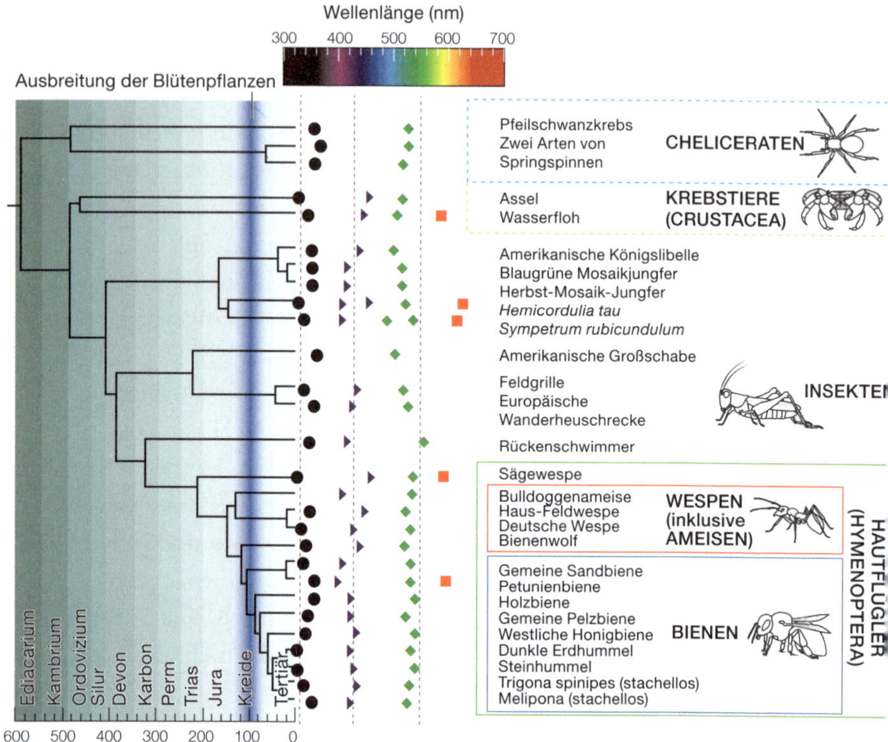

Abb. 2.5. Empfindlichkeitsmaxima der Farbrezeptoren typischer Gliederfüßer (Insekten, Krebstiere und Cheliceraten) und deren Stammbaum. Der Stammbaum zeigt den Verwandtschaftsgrad von Tierarten und das ungefähre Zeitalter, in dem sie zum ersten Mal auf der Erde in Erscheinung traten. Schwarze Kreise: Lage der Empfindlichkeitsmaxima der UV-Rezeptoren auf der Wellenlängenskala; Dreiecke: Maxima der Blau-Rezeptoren; Rauten: Maxima der Grün-Rezeptoren; Vierecke: Maxima der Rot-Rezeptoren. Fast alle Gliederfüßer verfügen über ähnliche Sätze von UV-, Blau- und Grünrezeptoren. Rot-Rezeptoren treten immer wieder bei verschiedenen Gliederfüßern, etwa Daphnien, Libellen und einigen Hautflüglern in Erscheinung. Schon die im Kambrium lebenden Vorfahren der heutigen Gliederfüßer besaßen UV-Rezeptoren; sie sind somit 400 Millionen Jahre älter als die Evolution der Blumenfarben. Schwarz gestrichelte Linien: optimale Empfindlichkeitsmaxima der Lichtrezeptoren, um Blumenfarben zu codieren.

und auf einer Forschungsreise in Israel maßen sie die physikalischen Eigenschaften der Farben von Dutzenden Blumenarten. Sie quantifizierten die von Blumen reflektierte Lichtmenge in den Wellenlängenbereichen, auf die verschiedene Tiere jeweils reagieren – von 300 nm (UV) bis zu 700 nm (dunkelrot). Da es damals nicht möglich war, genetisch modifizierte Bienen mit verändertem Farbensehen zu züchten, bestand die Alternative darin, verschiedene Farbsehsysteme zu programmieren, etwa die einer Biene und viele völlig andere, und dann zu fragen, welches Farbsehsystem sich theoretisch am besten eignete, um Blumenfarben zu entdecken und wiederzuerkennen.

Ich fütterte einen Computer mit allen diesen Daten und programmierte ihn darauf, die optimalen Farbrezeptoren zu finden. Alles wurde variiert: die Lage der Empfindlichkeitsmaxima der drei Farbrezeptortypen (die bei Bienen für gewöhnlich auf UV-Licht, Blau und Grün reagieren), die neuronalen Prozesse, die die Rezeptorsignale auswerten, und die Lichtverhältnisse, unter denen sich die Blumen den Bienen präsentierten. Das Ergebnis der jeweiligen Simulation erhielt ich oft erst einige Tage später – die damals verfügbaren Computer waren langsam und meine elementaren Programmierfähigkeiten auch nicht hilfreich. Damals gab es noch keine billigen Software-Packages, und jeder Forscher musste seine eigene Software basteln.

Doch die Ergebnisse waren sehr beeindruckend. Die vom Computer generierten optimalen Farbrezeptor-Sätze waren nahezu identisch mit jenen im Auge der echten Bienen (Abb. 2.5). Während qualitative Beobachtungen oft zu der Vermutung Anlass gegeben hatten, dass die Sinnesapparate von Tieren an deren ökologische Nische angepasst sind, war dies der erste quantitative Beweis, dass der Farbensinn sich optimal für die zu lösende Aufgabe eignete. Ein Informatiker könnte kaum eine bessere Methode, Farben zu codieren, entwickeln als die der Bienen. Mithilfe ähnlicher Modellierungsansätze untersuchten Wissenschaftler in der Folge die evolutionäre Anpassung vieler anderer Sinnesorgane, etwa das Farbensehen der Primaten in Bezug auf Obstfarben. Ich war sehr aufgeregt, als ich entdeckte, dass das Farbensehen der Bienen und die Farben von

Blumen aufeinander abgestimmt zu sein schienen. Genauso wie meine Kollegen – das ist genau die Art Geschichte wechselseitiger Anpassung, die jeder gerne hört.

Doch bedeutet dieses optimierte System der Bienen beim Entdecken und Identifizieren von Blumen, dass sich das Farbensehen der Bienen im Lauf der Evolution gleichzeitig mit den Blumenfarben entwickelt hat?

Hat die Evolution in diesem Kommunikationssystem zwischen Bienen und Blumen auf beide Komponenten gewirkt? Um zu beweisen, dass Blumensignale tatsächlich auf die Evolution des Farbensehens der Bienen eingewirkt haben, müsste man nachweisen können, dass die Vorfahren der Bienen andere Farbrezeptoren besaßen, bevor Blumen auf der Erde auftauchten. Doch wie können wir herausfinden, in welchen Farben Insekten die Welt vor 200 Millionen Jahren gesehen haben, als die ersten Blumen auf dem Planeten in Erscheinung traten?

Evolutionsbiologen besitzen ein wunderbares Werkzeug, um einen Blick in die ferne Vergangenheit zu werfen: die vergleichende phylogenetische Analyse. Ein Beispiel: Alle lebenden Säugetiere füttern ihre Jungen mit Milch. Deshalb können wir sicher zu Recht annehmen, dass der im Jura lebende Vorfahre aller heutigen Säugetiere bereits Brustdrüsen hatte und damit seine Jungen fütterte. Ebenfalls zu Recht können wir annehmen, dass der Vorfahre ein Warmblüter war. Anders gesagt, auch wenn wir keine Fossilien von morphologischen Details wie Brustdrüsen besitzen, können wir Rückschlüsse auf Eigenschaften und sogar auf das Verhalten und die Physiologie der Vorfahren ziehen. In Bezug auf unsere Frage zu Bienen und Blumen muss man Gliederfüßer untersuchen (andere Insekten sowie Spinnen und Krustentiere), die sich von den Bienen wegentwickelten, bevor es Blumen gab. Wenn sich ihr Farbensehen nicht von jenem der Bienen unterscheidet, bedeutet das, dass auch ein gemeinsamer Ahne bereits vor der Evolution der Blumenfarben ein ähnliches Farbensehen aufwies. Zum Glück hatten Physiologen bereits umfangreiche Daten bezüglich der Farbrezeptoren bei Gliederfüßern gesammelt. Wir mussten sie nur über dem Stammbaum aller fraglichen Arten eintragen, und die Anpassungsmuster waren augenblicklich sichtbar.

Aufgrund einer solchen phylogenetischen Studie konnte bewiesen werden, dass das Farbensehen der Bienen einige Hundert Millionen Jahre älter ist als die erste Blume (Abb. 2.5). Offenbar besitzen so gut wie alle Insekten, auch Libellen, Heuschrecken und Küchenschaben, UV-Rezeptoren. Und sie alle sind keine typischen Blumenbesucher … sogar im Meer lebende Krebstiere haben UV-Rezeptoren. Bei der Feineinstellung auf der Wellenlängenskala gibt es zwar Unterschiede zwischen den Arten – doch es gibt keinen schlüssigen Beweis dafür, dass der Lebensstil des Blütenbeflugs eine bedeutende Änderung beim Farbensehen der Insekten bewirkt hat.

Daraus schlossen wir, dass der im Kambrium (wahrscheinlich im Wasser) lebende Vorfahr aller Insekten und Krustentiere bereits UV-, Blau- und Grünrezeptoren besaß. Und schon Hunderte Millionen Jahre, bevor es Blumen gab, waren Insekten gut für die Codierung der Blumenfarben vorbereitet – vor der großen Verbreitung der Blütenpflanzen, die in der mittleren Kreidezeit (vor 100 Millionen Jahren) oder vielleicht sogar in der Trias (vor 250–200 Millionen Jahren) stattfand. Kurz gesagt, die Antwort auf die Frage „Warum besitzen Bienen UV-Rezeptoren?" lautet: „Weil schon ihre Vorfahren welche hatten".

Die Hypothese, dass sich das Farbensehen der Bienen als Anpassung an spezielle Objektkategorien – Blüten – entwickelte, muss somit verworfen werden. Die Tatsache, dass Bienen eine Kombination aus UV-, Blau- und Grünrezeptoren besitzen, könnte hochstens eine allgemeinere Anpassung sein, die sich dazu eignet, die Farben aller möglichen Objekte bei unterschiedlichem Lichteinfall zu codieren. Die Blumenfarben passten sich ans Farbensehen der Insekten an, nicht umgekehrt. So gesehen bemalten die Bestäuber die Welt. Bevor Pflanzen hungrige Insekten als Pollentransporteure einstellten, war die Lebenswelt auf der Erde zum Großteil grün (Blätter) und braun (Baumrinde).

Erst aufgrund von Untersuchungen am Sinnesapparat der Insekten hat man festgestellt, dass unsere Wahrnehmung der Welt kein reines Abbild physischer Realität ist. Sie wird durch die Sinnesorgane gefiltert, die jede Tierart im Lauf der Evolution entwickelt hat.

Nach dieser Einführung in das merkwürdige Farbensehen der Bienen können wir uns mit noch seltsameren Wahrnehmungsformen der Umwelt im Werkzeugkasten der Bienen befassen – und Sinnesmodalitäten erforschen, die keine Entsprechung bei Menschen haben.

3

Die fremdartige Sinneswelt der Bienen

> Bei Tieren finden wir komplexe, üppig mit Nerven versorgte Sinnesorgane, deren Funktion wir jedoch noch nicht erklären können. Wahrscheinlich gibt es 50 andere Sinne, die sich von unseren so sehr unterscheiden wie der Gesichts- vom Hörsinn; und selbst innerhalb der Grenzen unserer eigenen Sinneswahrnehmung gibt es wahrscheinlich unzählige Töne, die wir nicht hören, und Farben, von denen wir keine Vorstellung haben, obwohl sie so verschieden sind wie Rot und Grün … Tieren stellt sich unsere vertraute Umwelt womöglich ganz anders dar. Ihre Welt ist vielleicht voller Musik, die wir nicht hören, voller Farben, die wir nicht sehen, und Empfindungen, die wir nicht kennen.
>
> **John Lubbock, 1888**

Briten ist der Name John Lubbock noch immer ein Begriff, weil er der Vater der „Bank holidays" ist – Feiertage, an denen Banken und Geschäfte geschlossen sind. Zusätzlich zu den freien Tagen an Weihnachten und Ostern führte der Parlamentarier und Bankier John Lubbock noch viele andere Feiertage ein, vor allem im Frühling und im Sommer. Er war nämlich ein eifriger Insektenforscher und beklagte, dass seine „Pflichten als Abgeordneter … meine Zeit vor allem zu jener Jahreszeit beanspruchen, wenn man die Insekten am besten erforschen kann". Politiker können ihre Macht auf vielfältige Weise einsetzen, um zugleich sich selbst und dem Volk zu dienen – einer ganzen Nation freizugeben, damit man Insekten untersuchen kann, ist bestimmt die schönste.

Der Sohn eines reichen Bankiers hatte schon im zarten Kindesalter eine Leidenschaft für Insekten, doch 1843, im Alter von acht

Jahren, als sein Vater mit einer wichtigen Neuigkeit nach Hause kam, nahm sein Leben eine entscheidende Wendung. Der kleine John vermutete, dass er ein Pony bekommen sollte, doch sein Vater verkündete: „Viel besser. Mr. Darwin lebt von nun an in Down." Down war natürlich Down House, wo Charles Darwin den Rest seines Lebens wohnen sollte. Es befand sich im selben Dorf wie die Villa der Lubbocks.

John Lubbock wurde „Darwins Lehrling", und gemeinsam machten sie einige bedeutende Experimente bezüglich der Sinneseigenschaften von Gliederlosen. Darwin stellte mithilfe eines Klaviers den Gehörsinn von Regenwürmern auf die Probe; Lubbock spielte Bienen auf der Geige vor (in beiden Fällen gab es kaum Reaktion von Seiten des Publikums). Als Alexander Graham Bell 1878 nach London reiste, um Queen Victoria sein eben entwickeltes Telefon vorzustellen, probierte Lubbock die neue Technologie augenblicklich bei Ameisen aus – um herauszufinden, ob sie mithilfe akustischer Signale Warnungen von Bau zu Bau übermitteln konnten. Bevor also das Telefon zu einem banalen Massenkommunikationsmittel wurde, kam es bei einem Insektenexperiment zum Einsatz. Das Ergebnis war negativ, führte jedoch letzten Endes zu Lubbocks Entdeckung, dass Ameisen eine „chemische Sprache" verwendeten – und die Idee der Kommunikation mithilfe von Pheromonen bei sozialen Insekten war geboren.

Auch wenn manche von John Lubbocks ungeheuer fantasievollen Experimenten enttäuschend verliefen (Ameisen werden wohl nie das Telefon benutzen), wurden aufgrund seiner Arbeit viele faszinierende Phänomene entdeckt. Er experimentierte mit betrunkenen Ameisen und fand heraus, dass Kameradinnen aus ein und demselben Hügel ihren betrunkenen Freundinnen zur Hilfe eilten, während Fremde aus anderen Kolonien die Besoffenen ohne Federlesen ins Wasser warfen, wo sie ertranken (ein früher Hinweis darauf, dass soziale Insekten starke Familienbande haben und nur zu ihren Verwandten „freundlich" sind). Doch am meisten inspirierte er seine Kollegen mit der Entdeckung der Unterschiede zwischen den jeweiligen Sinnesapparaten.

Mittlerweile wissen wir, dass es viele solcher Unterschiede zwischen Menschen und Insekten gibt. So ist die räumliche Auflösung der Augen bei Insekten geringer als unsere (sie sehen weniger „Pixel"), doch sie sehen viel schneller – sie verarbeiten mehr Informationen pro Zeiteinheit. Typische Neonröhren, die von Wechselstrom 50- bis 60-mal pro Sekunde an- und ausgemacht werden – was für unsere langsamen Augen nicht zu sehen ist –, wirken auf viele Insekten (auch Bienen), deren Lichtverarbeitung fünfmal schneller ist als die der Menschen, buchstäblich wie ein Stroboskop. Menschen staunen oft darüber, dass Insekten trotz ihres relativ kurzen Lebens eine derart reichhaltige Psyche haben. Doch ihr Leben ist nicht nur kürzer, sondern auch dichter; wenn die kleinsten Zeiteinheiten von der Geschwindigkeit des Sehens festgelegt werden, dann erleben Bienen in einer Stunde viel mehr als wir.

Sinnesorgane finden sich an den merkwürdigsten Körperteilen der Insekten. Hörorgane befinden sich unter anderem am Brustteil, am Hinterleib, an den Beinen oder an den Mundwerkzeugen, und manche Insekten sind total taub (wie John Lubbock gemutmaßt hatte, als es seinen Ameisen nicht gelang, Warnsignale von Ameisenhügel zu Ameisenhügel per Telefon zu übermitteln). Manche männlichen Schmetterlinge haben Lichtrezeptoren in ihren Genitalien, was ihnen dabei hilft, bei der Kopulation an ihr Ziel zu gelangen.

Nach dem Farbensinn werden wir uns nun den anderen (für uns) so fremdartigen Sinnen der Bienen widmen.

Martin Lindauer und der an die Uhrzeit angepasste Sonnenkompass der Bienen

Martin Lindauer (1918–2008) war einer von Karl von Frischs herausragenden Schülern und Doktorvater von Randolf Menzel, der wiederum mein Doktorvater war. Außerdem hatte ich das Glück, in den späten 1990er-Jahren an der Universität Würzburg intensiv mit Lindauer zusammenarbeiten zu dürfen. Damals war Lindauer schon offiziell in Pension und von fortgeschrittenem Parkinson beeinträchtigt, doch er machte noch gelegentlich Experimente mit Bienen und gab seine Erfahrungen großzügig an junge Wissenschaftler weiter. Als eines von 15 Kindern einer Bauernfamilie war Lindauer in großer Armut in den Bayerischen Alpen aufgewachsen. Im Gegensatz zum großspurigen Gehabe vieler zeitgenössischer deutscher Professoren und obwohl er als Verhaltensbiologe ein Superstar war, blieb Lindauer sein ganzes Leben lang bescheiden. Es war faszinierend, ihm zuzuhören, wie er über die historischen Ereignisse in seinem Leben und nicht zuletzt über die Verhaltensforschung sprach.

Im Gegensatz zum Großteil seiner Klassenkameraden hatte Lindauer sich geweigert, der Hitlerjugend beizutreten, deshalb wurde er 1939 einige Tage nach dem Abitur zum Reichsarbeitsdienst eingezogen und musste im ersten von den Nazis etablierten Konzentrationslager in Dachau Gräben ausheben. Er wurde von Vorgesetzten und Gleichaltrigen ständig gemobbt und gleich bei Kriegsbeginn zur Wehrmacht eingezogen. 1942 wurde er an der Russischen Front schwer verwundet und daraufhin für kriegsuntauglich erklärt. Wahrscheinlich rettete ihm das das Leben, denn wenige Wochen später wurde seine Kompanie nach Stalingrad geschickt. Von 156 Soldaten kamen nur drei zurück.

Während sich Lindauer in München 1943 von seinen Verletzungen erholte, stolperte er zufällig in eine Vorlesung von Karl von Frisch – was er später als einen unerwarteten Hoffnungsschimmer beschrieb. Der Kontrast zwischen den Lügen und der Brutalität um ihn herum und der Suche nach wissenschaftlicher Objektivität, wie von Frisch sie vertrat, hätte größer nicht sein können. Obwohl die Front damals von München noch weit entfernt war, war auch die Welt der Universität nicht vor dem Terror der Nazizeit gefeit. Damals wusste Lindauer noch nicht, dass von Frischs Stelle aufgrund der Nürnberger Rassengesetze gefährdet war, doch er hatte die Aufregung mitbekommen, als eine Widerstandsgruppe namens *Die Weiße Rose* an der Universität München Flugblätter verteilte und die Gestapo in der Folge die Taschen aller Studenten durchsuchte, um herauszufinden, ob es jemand gewagt hatte, ein Flugblatt aufzuheben. Die Herausgeber der Flugblätter wurden denunziert und am 18. Februar 1943 verhaftet; einige Mitglieder, auch das jüngste, die 21-jährige Sophie Scholl, wurden nach nur vier Tagen mit dem Fallbeil hingerichtet – und viele andere später im selben Jahr.

Während München in den letzten Kriegsjahren von den Alliierten bombardiert wurde, begann Martin Lindauer mit Karl von Frisch zusammenzuarbeiten. Das Zoologie-Institut wurde immer wieder getroffen, und als es endgültig zerstört war, siedelte von Frisch mit seiner Arbeit nach Österreich über, während Lindauer in München blieb und mit seiner Forschungsarbeit in einem Vorstadtgarten begann, mehr oder weniger ohne direkten Kontakt zu seinem Betreuer. Wenige Tage vor Deutschlands bedingungsloser Kapitulation im Mai 1945 rollten amerikanische Panzer direkt am Versuchsaufbau des 26-jährigen Lindauer und an seinen Honigbienen vorbei.

Als die Alliierten nach Kriegsende 1945 die Grenze zwischen Österreich und Deutschland schlossen, verlor Lindauer den Kontakt zu seinem Doktorvater noch mehr. Doch vielleicht bestärkte ihn das darin, sich unabhängig wissenschaftliche Fragen zu stellen und seine Projekte durchzuziehen. Für Studenten ist es oft extrem schwierig, aus dem Schatten wissenschaftlicher Giganten herauszutreten, die ihr Team mit ihren eigenen Ideen beschäftigen und oft auch als technische Hilfskräfte missbrauchen, die Bausteine für das Denkmal der Koryphäe liefern sollen. Durch die von der politischen Lage der Nachkriegszeit erzwungene Isolation fand Lindauer dagegen schon früh seinen eigenen wissenschaftlichen Stil und seine eigene Stimme – und konnte seine wissenschaftliche Arbeit mit von Frisch über ein Jahrzehnt lang mehr oder weniger als gleichberechtigter Partner weiterführen.

Bereits in den 1920er-Jahren hatte der deutsche Biologe Ernst Wolf (1902–1992) herausgefunden, dass Bienen zum Navigieren eine Art Sonnenkompass benutzen. Da er für seine Experimente ein großes Grundstück ohne optische Ablenkung brauchte, erbat er die Erlaubnis, auf einem Flugfeld zu arbeiten, das Ende des Ersten Weltkriegs aufgelassen und davor von dem Luftschiffbauer Schütte-Lanz benutzt worden war. Wo wenige Jahre zuvor 200 Meter lange

Zeppeline gestartet und gelandet waren, wurden jetzt Honigbienen auf ihre Navigationsfähigkeiten getestet.

Wolf fand heraus, dass Honigbienen sich Heimkehr-Vektoren (Richtungen und Entfernungen) relativ zum Sonnenstand einprägten. Wenn sie zum Beispiel wussten, dass die Futterstelle 150 Meter südlich vom Bienenstock lag, flogen sie auch 150 Meter Richtung Süden, wenn man sie von einem anderen Standort aus wegfliegen ließ. Anders gesagt, die Bienen folgten einem Vektor, den sie sich eingeprägt hatten, und benutzten die Sonne als Bezugspunkt. Wolf, der die Bienen einfach ein Stück auf ihrem Flug beobachtete und die Flugdauer maß, kam zu dem Schluss, dass der Flug bei diesen „versetzten" Bienen aus drei Phasen bestand: zuerst der gerade Vektorflug, dann – als die Bienen herausfanden, dass sie sich an einem unbekannten Ort befanden und nach vertrauten Landmarken suchten – eine Suchphase, und schließlich ein mehr oder weniger geradliniger Rückflug zum aktuellen Stock (Abb. 3.1).

Ein Sonnenkompass ist nicht so einfach zu verwenden wie ein magnetischer Kompass: Das Erdmagnetfeld ändert sich nicht im Lauf des Tages, und die magnetische Kompassnadel zeigt immer nach Norden. Wenn man hingegen die Sonne als Kompass verwendet, muss man wissen, wie spät es ist, denn der Azimut der Sonne (der Punkt des Horizonts, über dem die Sonne steht) verändert sich natürlich im Lauf des Tages. Nach dem Zweiten Weltkrieg machte Martin Lindauer von Frisch den Vorschlag, den Sonnenkompass gründlicher zu erforschen. Lindauer wollte herausfinden, was wohl passierte, wenn man Bienen darauf trainierte, *am Nachmittag* (links der Sonne) Zuckerwasser in der Futterstelle südlich ihres Stocks zu sammeln, man den Stock dann zu einem anderen Platz transportierte, wo alle Landmarken unbekannt waren und die Bienen *am Vormittag* Futterquellen in allen vier Himmelsrichtungen vorfanden. Würden die Bienen weiterhin (wie am Nachmittag davor) links der Sonne fliegen oder würden sie sich dem veränderten Sonnenstand anpassen und direkt Richtung Süden fliegen?

Von Frisch war skeptisch („Man wird uns für verrückt halten, wenn wir derart komplizierte Orientierungssysteme den Bienen zu-

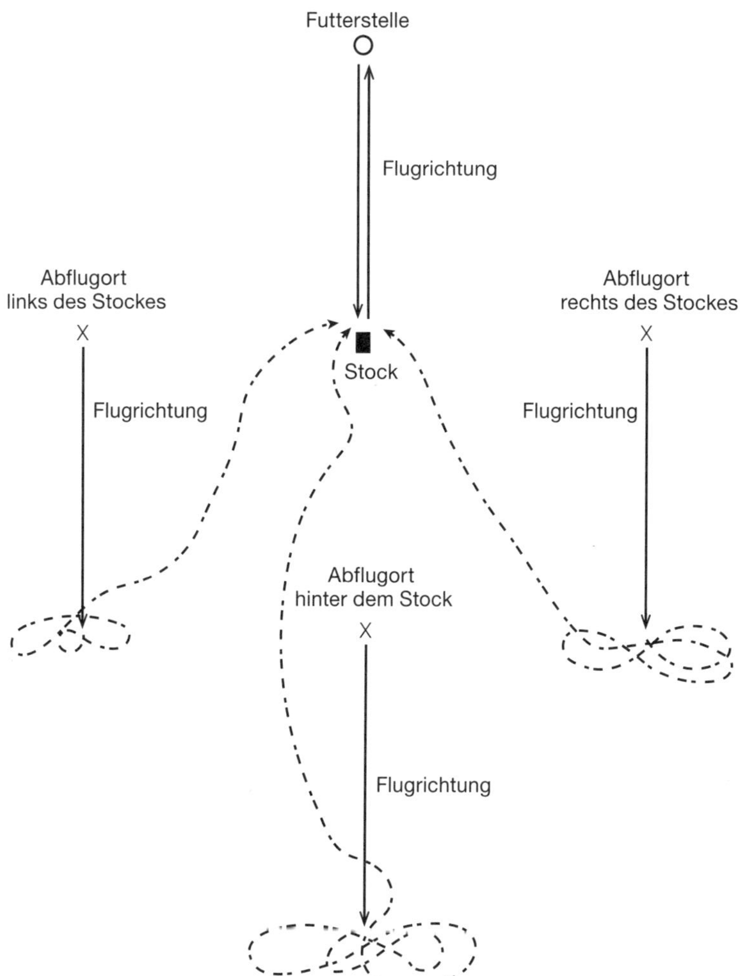

Abb. 3.1. Ein Experiment zum Orientierungssinn der Bienen auf einem aufgelassenen Zeppelinflugplatz. 1927 trainierte Ernst Wolf Bienen darauf, zwischen dem Stock und einer Futterstelle (ganz oben auf der Karte) hin- und herzufliegen, die sich in einer Entfernung von 150 Metern befand. Dann fing er erfahrene Bienen ein, die ihren Magen gefüllt hatten und nach Hause fliegen wollten, und ließ sie von drei verschiedenen Stellen (150 Meter weiter westlich, südlich und östlich des Stocks) aus losfliegen. Zuerst legten die Bienen den „Vektorflug" an den Tag (sie flogen in dieselbe Richtung und dieselbe Distanz, die sie geflogen wären, wenn man sie nicht versetzt hätte), dann folgte eine Suchphase, und als sie realisierten, dass der Vektorflug sie nicht zum gewünschten Ziel gebracht hatte, flogen sie in die richtige Richtung nach Hause.

schreiben wollen"), doch Lindauer ließ nicht locker, und schließlich wurde das Experiment mit dem versetzten Stock durchgeführt. Bemerkenswerterweise flogen die Bienen in dieselbe südliche Richtung wie vor der Versetzung – obwohl sie zu einem anderen Zeitpunkt getestet wurden als davor, als sie zu dem trainierten alten Futterplatz geflogen waren. In der Folge wurde die Fähigkeit, einen an die Uhrzeit angepassten Sonnenkompass zu verwenden, bei vielen Tieren festgestellt.

Lindauer war sich bewusst, dass die Verwendung eines Sonnenkompasses bei Bienen in keiner Weise trivial ist. Anders als Zugvögel haben Bienen keine bevorzugten angeborenen und von der Jahreszeit abhängigen Flugrichtungen. Sie müssen die Route zu einer guten Futterquelle und wieder nach Hause relativ zum Sonnenstand *lernen,* und der Winkel zwischen der Futterquelle und dem Azimut der Sonne ändert sich mit der Uhrzeit. Deshalb brauchen sie Zeitgefühl und Information darüber, wo auf dem Planeten sie sich befinden. Entweder haben sie das gelernt oder das Wissen wird vererbt und ist spezifisch für lokale Populationen. Lindauer führte das Experiment später noch einmal unter extremen Bedingungen durch, indem er Honigbienen von der südlichen Hemisphäre (wo die Sonne zu Mittag im Norden steht) auf die nördliche Hemisphäre brachte (wo sie zu Mittag im Süden steht) – und wie vorhergesehen war die Flugrichtung der Bienen zunächst um 180 Grad verdreht. Lindauer konnte aber auch zeigen, dass Bienen in der Folge lernen, den täglichen Verlauf des Sonnenstands neu zu interpretieren, sodass sie den Sonnenkompass in ihrer neuen Heimat später korrekt verwendeten.

Polarisationssehen

Von Frisch und Lindauer waren sich bewusst, dass der Sonnenstand ein sehr unzuverlässiger Kompass ist. Die Sonne versteckt sich oft hinter Wolken, Bergen oder Bäumen – wie soll man dann wissen, in welche Richtung man fliegen soll? Lindauer erzählte mir, er habe es als „himmlischen Segen" empfunden, als er von Frisch bei einem Experiment assistieren durfte, bei dem Honigbienen die direkte Sicht auf die Sonne verstellt wurde. Obwohl die Bienen nur kleine Stückchen des blauen Himmels sahen, wussten sie, in welche Richtung genau sie fliegen mussten. Lindauer und wahrscheinlich auch von Frisch waren sich augenblicklich bewusst, dass sie zufällig auf eine bemerkenswerte Fähigkeit gestoßen waren: Bienen können von kleinen Flecken blauen Himmels auf den Stand der verdeckten Sonne schließen. Doch wie?

Bei der Suche nach einer Erklärung wandte sich von Frisch an Physiker. Die vermuteten, dass Bienen möglicherweise die Fähigkeit besitzen, polarisiertes Licht zu sehen. Aus der Schule wissen Sie womöglich noch, dass Licht Wellencharakter hat und Lichtwellen senkrecht zur Einfallsrichtung des Lichts schwingen. Bevor das Sonnenlicht auf die Atmosphäre unseres Planeten trifft, schwingen die Wellen in alle möglichen Richtungen. Doch innerhalb der Atmosphäre wird Licht von den Luftmolekülen so reflektiert und gestreut, dass in bestimmten Bereichen des Himmels alle Lichtwellen in die gleiche Richtung schwingen; man spricht dann von *linear polarisiertem* Licht. Das natürliche Polarisationsmuster des Himmels verändert sich in vorhersehbarer Weise mit der Position der Sonne: In der Nähe der Sonne ist der Anteil des linear polarisierten Lichts gering; er steigt mit der Winkel-Entfernung von der Sonne an der Himmelskuppel an. Bei einem Winkel von 90 Grad erreicht er ein Maximum und nimmt bei größeren Winkeln wieder ab (Abb. 3.2). Um die Zone der maximalen Polarisation zu finden, zeigen Sie mit Ihrem linken Arm auf die Sonne und mit Ihrem rechten Arm im rechten Winkel zum linken auf den Himmel. Dann lassen Sie den rechten Arm kreisen, halten ihn aber nach wie vor in einem 90-Grad-Winkel zum linken, der auf die Sonne zeigt. Der Kreis, den Sie auf diese Weise beschreiben, bezeichnet die Zone der stärksten Polarisation, und die Schwingungsrichtung ist in jedem Punkt entlang der Kreislinie orientiert (Abb. 3.2).

Dieses Muster kann mithilfe eines billigen Polarisationsfilters visualisiert werden. So ein Filter lässt – wie ein Sieb mit parallelen Schlitzen – nur die Lichtwellen durch, die in eine bestimmte Richtung schwingen. Ließe man Nadeln in solch ein Sieb fallen, würden nur

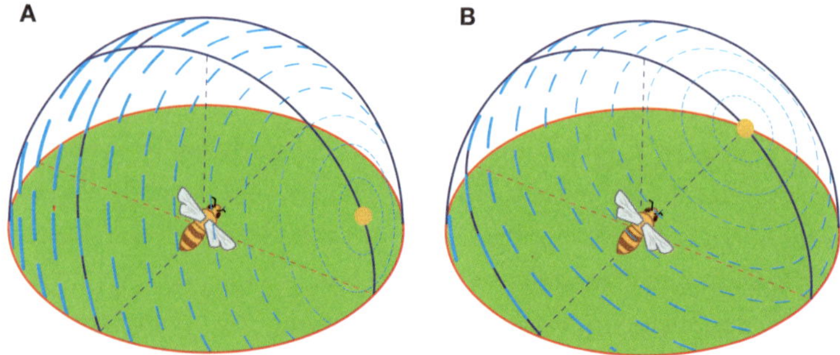

Abb. 3.2. Natürliches Polarisationsmuster der Himmelskuppel. Kurz nach Sonnenaufgang **(A)** und zu einem Zeitpunkt, wenn die Sonne (oranger Punkt) später am Tag höher steht **(B)**. Die Biene befindet sich in der Mitte der „flachen Erdoberfläche". Das ganze Polarisationsmuster verändert sich in vorhersehbarer Weise mit dem Sonnenstand. Das Polarisationsmuster ist im Wesentlichen in konzentrischen Kreisen um die Sonne angeordnet; in einem Winkel von 90 Grad ist die Polarisation maximal, in der Nähe der Sonne (wie von den gestrichelten Linien angedeutet) ist sie nahe Null. Die Richtung der Linien entspricht der Schwingungsrichtung des polarisierten Lichts.

die durchfallen, die in dieselbe Richtung zeigen wie die Schlitze des Siebs (alle anderen würden im Sieb hängen bleiben). Hält man solch einen Filter vor den Kreis der stärksten Polarisation am Himmel, lässt er eine Menge Licht durch, sofern seine „Schlitze" in dieselbe Richtung zeigen wie das polarisierte Licht – der Schwingungsrichtung der Lichtwellen. Wenn man den Filter um 90 Grad dreht, wird er schwarz, weil die Lichtwellen nun rechtwinkelig auf den Filter fallen. Wenn Sie den Filter in Richtung der Sonne auf die Zone halten, wo das Licht nicht linear polarisiert ist, dann können sie den Filter drehen, wie Sie wollen, es macht keinen Unterschied.

Von Frisch und Lindauer testeten derartige Polarisationsfilter an Bienen. Es stellte sich heraus, dass sie – so wie Sie die Sonne sehen und aufgrund dessen auf den unsichtbaren Kreis des stark polarisierten Lichts am Himmel schließen können – sogar den Stand der verdeckten Sonne erschließen können, weil sie an anderen Himmelsteilen die Lichtpolarisation erkennen. Da das gesamte Polarisationsmuster des Himmels sich mit der Sonne bewegt, erlauben sogar kleine Stückchen freien Himmels der Biene, auf den Stand der verborgenen

Sonne zu schließen und somit ihren Orientierungssinn zu behalten. Die Wissenschaftler versuchten, die Bienen mit Polarisationsfiltern zu täuschen, indem sie ihnen Stücke des Himmels mit veränderten Polarisationsmustern zeigten. Sie filterten zum Beispiel ein Stückchen Himmel, auf dem natürlich unpolarisiertes Licht zu sehen war: Unter dem Filter sahen Bienen das Licht als linear polarisiert und ihr Orientierungssinn war wie erwartet beeinträchtigt.

Mithilfe des Polarisationsmusters des Himmels können Bienen den Sonnenkompass dank eines Sinnes optimieren, der für uns Menschen so gut wie unvorstellbar ist. Später fand man heraus, dass viele Wirbellose (auch Spinnen, Krustentiere und alle bisher untersuchten Insekten) polarisiertes Licht sehen können, und sogar manche Wirbeltiere wie Vögel.

Aufgrund welcher Mechanismen besitzen Bienen diese Fähigkeit, die uns völlig fehlt? Der deutsche Biologe Rüdiger Wehner, einer von Martin Lindauers Studenten, hat sich diese Frage als erster gestellt. Die Antwort verbirgt sich in der Struktur ihrer Lichtrezeptoren, den Zellen in ihren Augen, die Licht in elektrische Signale verwandeln. Bei Wirbeltieren bezeichnet man diese Zellen als „Zapfen" (für das Sehen von Tageslicht) und „Stäbchen" (für das Sehen bei Nacht), ihr Name lässt auf ihre Form schließen. Analog sollte man die Lichtrezeptoren der Insekten eigentlich „Zahnbürsten" nennen, doch sie tragen den etwas weniger anschaulichen Namen Rhabdomere, und die transparenten, fadenförmigen Strukturen, die aus ihnen herausragen wie die Borsten einer Zahnbürste, werden liebevoll als Mikrovilli bezeichnet (Abb. 3.3). Die Fähigkeit, polarisiertes Licht wahrzunehmen, verdankt sich der speziellen Anordnung der lichtsensiblen Moleküle in diesen Mikrovilli.

Aufgrund des winzigen Durchmessers der Mikrovilli (0,1 µm) sind alle lichtempfindlichen Moleküle (mehrere Hundert bis Tausende pro Mikrovillus) entlang der parallelen Achsen der Mikrovilli angeordnet (Zehntausende pro Rezeptorzelle) – und deshalb schauen bei der Photorezeptor-Zahnbürste all diese Moleküle in dieselbe Richtung. Wenn der E-Vektor (die Richtung der Lichtschwingung) der Richtung der lichtempfindlichen Moleküle entspricht, entsteht

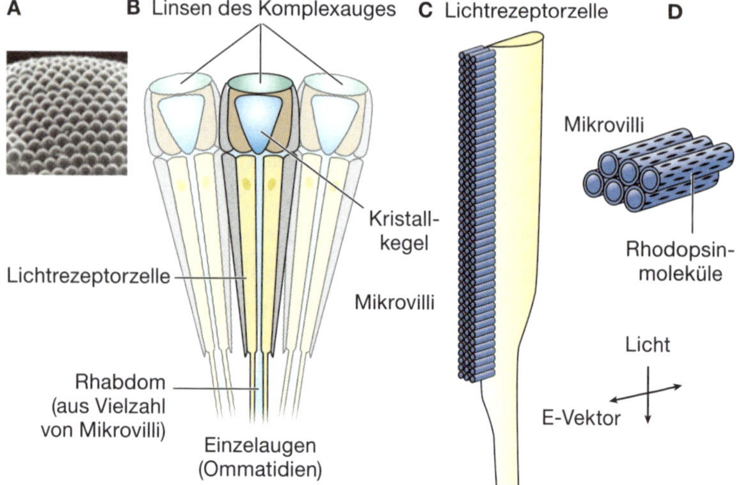

Abb. 3.3. Anordnung der Strukturen, die für das Polarisationssehen im Insektenauge zuständig sind. A. Die gekrümmte Oberfläche eines Insektenauges mit mehreren Dutzend Facettenlinsen. **B.** Drei einzelne Einheiten – Ommatidien – im Längsschnitt. **C.** Die an eine Zahnbürste erinnernde Form einer einzelnen Lichtrezeptorzelle. Rechts der Zellkörper (mit dem Axon – dem Nervenkabel, das zum Hirn führt, unten). Die Pfeile geben die Lichtrichtung und die Polarisationsrichtung an. **D.** Lichtempfindliche Moleküle (schwarze Balken) zeigen in eine einzige Richtung; maximale Stimulation erfolgt, wenn das Licht, das auf sie fällt, in derselben Richtung polarisiert ist.

ein Signal, und die vielen Signale in den Mikrovilli addieren sich. Auf diese Weise können die Rezeptoren der Bienen den Einfallswinkel des polarisierten Lichts bestimmen. Wenn die „Zahnbürste" eines Rezeptors völlig der Schwingungsrichtung entspricht, schickt sie ein maximales Signal an das Gehirn. Steht die Zelle senkrecht zur Schwingungsrichtung, schickt sie nur ein minimales Signal.

Diese Anordnung, mit deren Hilfe polarisiertes Licht wahrgenommen werden kann, wurde bis jetzt nur in der dorsalen – der bei normalem Vorwärtsflug nach oben zum Himmel blickenden – Region des Insektenauges gefunden. In anderen Bereichen des Bienenauges – etwa dem frontalen oder ventralen Bereich, mit dem die Bienen auf Blumen schauen – würde die Polarisationssicht für Durcheinander sorgen, denn mithilfe genau dieser Rezeptoren werden auch Farben gesehen. Jede einzelne biologische Rezeptorzelle hat nur eine einzige Anzeige – ein Signal, das es „nach oben" zum Hirn schickt. Was wäre, wenn es zwei Input-Variablen gäbe, sodass sich die Reaktion je nach Wellenlänge und Polarisation veränderte? Das Hirn könnte mit diesem Signal nicht viel anfangen, es wäre wie ein Messgerät, das zugleich Temperatur und Luftdruck messen müsste, jedoch nur eine einzige Anzeige auf einer Skala von 0 bis 100 hat. Ein nützlicher Rezeptor sollte also nur auf eine Variable reagieren, und unterschiedliche Rezeptorzellen sollten idealerweise auf unterschiedliche Funktionen spezialisiert sein (nicht etwa sowohl auf den Einfallswinkel des polarisierten Lichts als auch auf die Wellenlänge des Lichts reagieren).

Dementsprechend beherrschen die Lichtrezeptoren der Bienen, die nicht zum Himmel schauen – die frontalen und ventralen, die hinunter zu den Blumen schauen oder nach vorne, auf Landmarken wie Berge oder Bäume –, einen Trick, um ihre normalerweise eingebaute Empfindlichkeit für Polarisation auszuschalten. Ihre „Zahnbürsten" sind um die Längachse verdrillt. Ihre Mikrovilli zeigen nicht alle in dieselbe Richtung, sondern in alle möglichen Richtungen. Biologische Nanotechnik par excellence!

Wahrnehmung des Erdmagnetismus

Wie bereits erwähnt, entdeckte Martin Lindauer später außerdem, dass Bienen auf das Magnetfeld der Erde reagieren. Lindauer gelang es, das Magnetfeld rund um einen Bienenstock mit Helmholtz-Spulen zu manipulieren – zwei großen parallelen Magnetspulen auf beiden Seiten des Stocks, die miteinander ein nahezu homogenes Magnetfeld erzeugen und auch das Magnetfeld der Erde neutralisieren können. Lindauer fand heraus, dass dies die Kommunikation der Bienen innerhalb der Kolonie über Futterquellen leicht störte. Es gibt Hinweise, dass sie auch außerhalb des Stocks einen magnetischen Kompass benutzen – etwa um die richtige Flugrichtung zu einem Futterplatz zu finden. (Eine Anzahl von Wirbellosen besitzt diese Superpower.)

Als ich in den 1990er-Jahren in Stony Brook (in der Nähe von New York) als Postdoktorand arbeitete, wurde mir ein fensterloses Labor im Keller zugewiesen. Das war zwar nicht gerade glamourös, doch es führte zu einer speziellen Entdeckung, die ich in einem normalen Labor mit Tageslicht nicht gemacht hätte. Obwohl es in diesem Labor völlig dunkel war, sobald ich das Deckenlicht ausmachte, stellte ich immer wieder fest, dass die Hummeln, an denen ich forschte, nachts aktiv gewesen waren und eine Futterquelle geleert hatten, die sich im Abstand von einem Meter von ihrem Nest befand. Infrarot-Videoaufnahmen zeigten, dass die Hummeln sich wie auf Ameisenstraßen laufend fortbewegten – ein sehr bizarrer Anblick. Ich weiß nicht, ob Sie schon einmal probiert haben, sich in völliger Dunkelheit fortzubewegen (ich meine damit nicht in dunkler Nacht, sondern in der absoluten Dunkelheit eines fensterlosen Kellers – das „Essen im Dunkeln", das in letzter Zeit in vielen Städten „in" geworden ist, ist diesbezüglich eine nützliche Erfahrung). Sie sind völlig orientierungs- und hilflos. Sie bewegen sich im Schneckentempo, tasten mit den Händen über die Wände und stoßen dennoch immer wieder an Gegenstände. Doch meine Hummeln liefen schnell und orientierten sich problemlos; wie sich herausstellte, verwendeten sie – wie Ameisen – Duftmarken, um den Weg zu markieren.

Doch selbst wenn die Duftmarken entfernt wurden, bewegten sich die Hummeln immer noch in die richtige Richtung zur Futterquelle. Möglicherweise nutzten sie dazu ebenfalls das Erdmagnetfeld (um den endgültigen Beweis zu erbringen, sind allerdings noch Experimente mit manipuliertem Erdmagnetfeld nötig). Zwei Erkenntnisse aus dieser Geschichte: Vermeintlich suboptimale Arbeitsbedingungen (z. B. ein Labor ohne Tageslicht) können mitunter zu unerwarteten Entdeckungen führen. Und die verbreitete Meinung, dass die Wissenschaft von Hypothesen ausgehen muss, bewährt sich zwar oft, doch wenn man sich zu streng daranhält, verengt sie den Blickwinkel und man entdeckt nur Dinge, die man bereits auf dem Radar hat. Man sollte die Augen immer für unerwartete Phänomene offen halten.

Aufgrund welcher Mechanismen oder welcher Organe Bienen den Erdmagnetismus wahrnehmen, ist nicht völlig geklärt: Mögli-

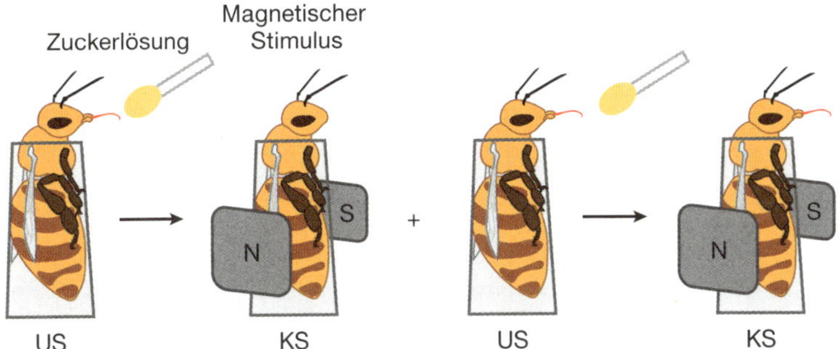

Abb. 3.4. Bienen werden auf magnetische Felder dressiert. Von links nach rechts: Wenn man Honigbienen eine Zuckerlösung auf einem Wattebäuschchen anbietet (US – unkonditionierter Stimulus), strecken sie ihren Rüssel raus, um zu trinken. Wenn man sie einem elektromagnetischen Feld aussetzt (KS – konditionierter Stimulus), reagieren Bienen fürs Erste nicht, doch wenn der unkonditionierte Reiz mehrmals gemeinsam mit dem konditionierten auftritt, lernen sie die Assoziation und strecken auch beim magnetischen Feld in Erwartung einer Belohnung den Rüssel heraus.

cherweise ist Eisengranulat im Hinterleib der Bienen dafür zuständig. In einer Studie hatten die Bienen gelernt, dass das Einschalten eines Magnetfelds ziemlich sicher eine süße Belohnung versprach (Abb. 3.4). Nachdem man das Nervenband durchtrennt hatte, das den Hinterleib mit dem Hirn verbindet, konnten die Bienen diese Assoziation nicht mehr herstellen – ein Hinweis darauf, dass die Magnetrezeptoren sich tatsächlich im Hinterleib befinden und nicht im Hirn oder in den Antennen. Doch diese Bienen konnten noch immer süße Belohnungen mit Gerüchen assoziieren, ein Beweis, dass der Eingriff ihre generelle Lernfähigkeit nicht beeinträchtigte.

Fühler, die merkwürdigsten Sinnesorgane

Fühler (Antennen) sind wahrscheinlich die merkwürdigsten Sinnesorgane der Biene (Abb. 3.5). Stellen Sie sich vor, Sie besäßen zwei zusätzliche, am Kopf angewachsene Arme, allerdings ohne Finger und ohne die Fähigkeit, Lasten zu heben. Die einzige Funktion dieser Zusatzarme bestünde vielmehr darin, Informationen über Ihre

Umwelt zu erhalten. Sie können riechen, schmecken, hören, Temperatur, Feuchtigkeit, Luftströmungen, elektrische Felder wahrnehmen und Formen und Oberflächen abtasten. Alle Insekten besitzen solche Fühler, doch besonders nützlich sind derartige Sensoren natürlich, wenn man einen großen Teil seiner Zeit in einem völlig dunklen Bienenstock verbringt. Hier sind die Fühler ständig in Bewegung (außer wenn die Biene schläft), sie nehmen die zahlreichen Reize in der Kolonie auf und werten sie aus. Wenn eine Biene auf einer Blume landet, haben die Fühler die Funktion, die Quelle der ersehnten Belohnung zu lokalisieren, wofür ebenfalls die Verarbeitung einer Vielzahl von Reizen erforderlich ist. Die Fühler bestehen aus drei Hauptteilen, *Scapus, Pedicellus* und *Flagellum* (Basalglied, Wendeglied und Geißel). Die hohe Beweglichkeit der Antennen wird von einem Kugelgelenk zwischen Scapus und Pedicellus gewährleistet, das Drehbewegungen ermöglicht, sowie von einem weiteren Gelenk zwischen Pedicellus und Scapus.

Die gesamte Oberfläche der Antennen ist von verschiedenen Sensoren geradezu übersät. Die auffälligsten sind haarförmig, wobei es verschiedene Formen gibt, die sich in Länge und Dicke unterscheiden – doch alle diese Härchen sind winzig (10–20 µm lang). Viele dienen der olfaktorischen Wahrnehmung, also der Wahrnehmung von in der Luft vorhandenden Chemikalien aus der Distanz. Diejenigen haarförmigen Vorsprünge, die dem Geruchssinn dienen (andere Sinneshaare sind an Mechanorezeptoren gekoppelt, dienen also dem Tastsinn), haben eine Vielzahl von Poren, und darunter befinden sich die Zellen, die erregt werden, wenn sich ein Geruchsmolekül an sie bindet. Weitere olfaktorische Rezeptoren befinden sich unter kleinen Sinnesgruben oder unter ovalen Zonen an der Oberfläche der Fühler. Insgesamt sind mehr als 65.000 olfaktorische Rezeptorzellen auf der Antenne einer Arbeitsbiene verteilt, 100 unterschiedliche Typen, die auf unterschiedliche Reize reagieren. Säugetiere besitzen über 1000 unterschiedliche Rezeptorzellen, doch das bedeutet nicht, dass eine Biene weniger Gerüche wahrnimmt, denn jede Rezeptorzellenart der Bienen nimmt eine bestimmte Bandbreite von Geruchsmolekülen wahr, und viele Gerüche und Geruchs-

Abb. 3.5. Die Fühler der Honigbiene. Die Antennen, die dicht mit Härchen und sonstigen Mikrosensoren bedeckt sind, können riechen, schmecken und hören, Oberflächen abtasten, Temperaturen messen und reagieren auf elektrische Felder. Grün: Flagellum (Geißel), Blau: Pedicellus (Wendeglied). Zwischen beiden (Purpur, inklusive der benachbarten Zone des Wendeglieds) liegt das „Ohr" der Biene, das Johnstonsche Organ. Der schmale untere Teil der Fühler mit Sockel wird Scapus (Basalglied) genannt: Orange: Auge. Rosa: Oberfläche des Bienenkopfes.

mischungen können aufgrund eines bestimmten Verhältnisses bestimmt werden, mit dem unterschiedliche Rezeptoren stimuliert werden. Eine Biene kann sogar Stoffe riechen, die für uns Menschen geruchlos sind, etwa CO_2 – eine nützliche Fähigkeit im dicht besiedelten Stock, wo aktive Belüftung lebenswichtig ist, wenn das CO_2-Niveau zu hoch wird und der Sauerstofflevel gefährlich sinkt.

Die hohe Differenzierung der Geruchsrezeptoren im Gegensatz zu den Farbrezeptoren, von denen es nur drei Typen gibt, macht Sinn, wenn man sich überlegt, wie viele unterschiedliche, von der Luft transportierte Chemikalien es im Leben einer Biene gibt. Eine einzige Blumenart produziert mitunter Dutzende Geruchsmoleküle – und auf ihrem Flug findet die Biene mehrere Dutzende Blumenarten vor. Außerdem gibt es noch jede Menge Pheromone, die die Bienen selbst produzieren – Larven signalisieren, dass sie hungrig sind, Arbeitsbienen warnen vor einer Gefahr oder melden, dass sie Nahrung gefunden haben, Königinnen behaupten ihre Dominanz. Jedes einzelne Pheromon ist wiederum eine Mischung aus unterschiedlichen Molekülen. Im dunklen Stock gibt es darüber hinaus viele nicht von den Bienen selbst erzeugte Geruchsreize, deren Entdeckung lebensnotwendig ist – etwa Schimmel an den Waben oder eine eingedrungene Honigbiene eines anderen Stocks, die gekommen ist, um Honig zu stehlen.

Randolf Menzel hat herausgefunden, dass Honigbienen sehr schnell Gerüche mit Belohnungen in Zusammenhang bringen können. Bei manchen Gerüchen, vor allem blumenartigen, reicht eine einzige mit diesem Geruch assoziierte Belohnung, damit dieser mit 90-prozentiger Sicherheit wiedererkannt wird. Bei anderen Gerüchen, die in einem Bienenleben nicht so wichtig sind, sind mitunter bis zu zehn Versuche notwendig. Honigbienen sind bei diesem Lernprozess extrem flexibel, sie können süße Belohnungen sogar mit Gerüchen in Zusammenhang bringen, die in Blüten niemals vorkommen. So können sie zum Beispiel lernen, dass ihr eigenes Alarmpheromon – ein Duft, der normalerweise im Falle einer Bedrohung abgegeben wird und zu Aggression und Stechen führt – eine Belohnung verspricht. Als ich als junger Student spätabends im Labor arbeitete, stellte ich eines Tages fest, dass ich die Bienen aus Versehen auf meinen nach Bier riechenden Atem konditioniert hatte: Wenn ich ausatmete, streckten sie in Erwartung einer Belohnung den Rüssel heraus.

Doch die Geruchswahrnehmung einer Biene ist nicht so exzellent wie die eines Spürhundes – bei bestimmten Stoffen entspricht sie mehr oder weniger der des Menschen. Dennoch hat man bei Experimenten immer wieder versucht, Honigbienen als „Spürhunde" einzusetzen – zum Beispiel beim Sicherheitsdienst am Flughafen. Diese Versuche sind letzten Endes fehlgeschlagen, doch nicht, weil die Bienen den Geruch von Sprengstoff nicht lernen und ihn deshalb auch nicht wahrnehmen konnten (sie entdeckten ihn sehr wohl), sondern weil die Fehlerhäufigkeit zu hoch war. Falscher Alarm am Flughafen kann toleriert werden (das Sicherheitspersonal kann ein verdächtiges Gepäckstück genauer untersuchen), doch „falsch negative" Ergebnisse – wenn ein Sensor auf ein tatsächliches Signal nicht reagiert – sind nicht tolerabel. Bienen lieferten offenbar zu viele „falsch negative" Ergebnisse, um sich für Sicherheitsdienste am Flughafen zu eignen.

Doch die Geruchswahrnehmung der Insekten hält im Tierreich einen anderen Rekord: den der Geschwindigkeit. Paul Szyszka, ein Student Randolf Menzels, fand nicht nur heraus, dass die Geruchsrezeptoren der Bienen innerhalb von zwei Millisekunden auf einen Geruch reagieren; sie können auch zwei Gerüche unterscheiden, die in einem Abstand von sechs Millisekunden aufeinanderfolgen, und diese Situation von einer anderen unterscheiden, bei der die Gerüche gleichzeitig in Erscheinung treten. Wenn Bienen ihre Antennen bewegen (wenn sie zum Beispiel eine Blume oder einen eventuellen Eindringling im Stock abtasten), entwickeln sie ein detailliertes Zeitprofil (einen „Geruchsfilm") des inspizierten Objekts, das ihnen dabei hilft, es mit hoher Treffsicherheit zu identifizieren.

Wie Bienen mit den Fühlern schmecken

Chemorezeptoren sind für Geruchs- und Geschmackssinn zuständig; mit dem Unterschied, dass Schmecken „Kontakt-Chemorezeption" ist: Bienen müssen die jeweilige Quelle berühren, um den Stoff schmecken zu können. Karl von Frisch erforschte ausführlich den Geschmacksinn der Honigbienen. Wie Menschen besitzen Bienen viel weniger Typen von Geschmacksrezeptoren als Geruchsrezeptoren. Bienen haben nicht nur (wie zu erwarten) auf ihrer Zunge und an ihren Mundwerkzeugen Geschmacksrezeptoren, sondern auch in ihren Füßen (sie können buchstäblich schmecken, wo sie hintreten) und auf ihren Fühlern. Wie bei anderen Sinneswahrnehmungen kann die Biene zwischen Dingen unterscheiden, die wir als identisch wahrnehmen, und umgekehrt. Unsere Süßrezeptoren zum Beispiel können von künstlichen Süßstoffen ausgetrickst werden – Bienen lassen sich von Sacharin nicht in Versuchung führen. Doch Bienen haben nicht nur Süßrezeptoren (die bei Nektarsammlern natürlich sehr wichtig sind), sondern auch einen Salzrezeptor und reagieren mit Ablehnung auf saure Substanzen. Karl von Frisch fand heraus, dass Honigbienen nur in geringem Maße auf „bitter" reagieren, Hummeln hingegen mit großem Widerwillen auf bittere Substanzen wie Chinin. Der dafür zuständige Rezeptor wurde weder bei der einen noch bei der anderen Art gefunden. Leider reagieren Bienen unter Umständen positiv auf einige (wahrscheinlich bitter schmeckende) Nervengifte, die als Pestizide eingesetzt werden, wie Neonicotinoide, die sogar in Blumennektar eindringen.

Mit den Antennen spüren und hören

Weitere Härchen auf den Antennen sind Mechanosensoren. Es sind Tastsensoren (taktile Sensoren), weshalb man Antennen auch als „Fühler" bezeichnet. Einige dieser Härchen dienen der Wahrnehmung des eigenen Körpers nach dessen Lage im Raum und der Stellung der verschiedenen Fühlerteile zueinander (was als Propriozeption – Eigenwahrnehmung – bezeichnet wird), andere dazu, externe Reize wahrzunehmen. Sie sind hohle Fortsätze der Kutikula (des Chitinpanzers der Insekten), die oft so konstruiert sind, dass sie sich unter Druck in eine bestimmte Richtung biegen. Da die Biene ständig interessante Objekte abtastet (etwa Blumen, oder – im Fall der Honigbienen – eine im Bau begriffene Honigwabe, aber auch bewegliche Objekte im Stock wie andere Bienen oder potenzielle Eindringlinge), liefert die Verbindung von willentlichen Fühlerbewegungen mit Informationen, die mithilfe der Mechanorezeptoren aufgenommen werden, Wissenswertes über Form und Identität eines Objekts. Außerhalb des Stocks und beim Blumenbesuch werden die Antennen ebenfalls benutzt, um die zarte Struktur der Blütenoberfläche abzutasten und der Biene so zu ihrer Belohnung zu verhelfen.

Doch nicht alle Mechanorezeptoren der Bienen sind haarförmig. Im Verbindungsstück zwischen dem distalen bzw. äußersten Antennenglied (dem *Flagellum,* der Geißel) und dem mittleren Glied (dem *Pedicellum* oder Wendeglied) befindet sich das Johnstonsche Organ – eine Gruppe von Mechanorezeptoren, die messen, wie sehr das Flagellum relativ zum Pedicellum gebogen ist (Abb. 3.5). Wie sich herausgestellt hat, sind diese Rezeptoren für das Hören der Biene zuständig.

Die Menschen haben den Gehörsinn der Bienen lange unterschätzt – angefangen bei Lohn Lubbock, der feststellte, dass die Bienen nicht auf sein Geigenspiel reagierten, bis hin zu der Beobachtung, dass Bienen kein Trommelfell besitzen wie wir (und viele andere Insekten, die auf große Entfernungen hören müssen, zum Beispiel Grillen, bei denen sich das Trommelfell in den Vorderbeinen befindet). Das sogenannte Trommelfell misst von Schallwellen verursachte Druckveränderungen. Doch wie sich herausgestellt hat, misst das Johnstonsche Organ in den Fühlern der Bienen und anderer Insekten eine ganz andere Größe: die Bewegung der Luftpartikel, aufgrund der die Geißel vibriert, und nicht Druckwellen.

Aufgrund dieses speziellen Mechanismus können Honigbienen akustische Signale anderer Bienen nur aus einer Entfernung von wenigen Millimetern und in einem Frequenzbereich von 20 bis 500 Hz (Schwingungen pro Sekunde) hören. Im Vergleich dazu hören Menschenkinder in einem Frequenzbereich von 20 bis 20.000 Hz. Viele Bienengeräusche, die wir hören, wenn wir zum Beispiel den vielfältigen Geräuschen in einem Bienenstock lauschen, werden von den Bienen selbst nicht als Ton wahrgenommen, sondern als Vibration der Waben, und zwar mithilfe der Beine. In den dunklen Hohlräumen, in denen einige Bienenarten ihre Nester bauen und wo sie die Tänzerin nicht sehen können, die die Lage eines Futterplatzes angibt, eignen sich sowohl Vibrationen als auch Schallwellen, um die Position der tanzenden Biene zu erkennen.

Bienen reagieren auf elektrische Felder

Bereits Sigmund Exner (1846–1926), Onkel von Karl von Frisch und dessen wissenschaftlicher Mentor, hatte festgestellt, dass sich Vogelfedern aufgrund der Reibung mit Luft elektrisch aufladen. Doch erst 1974 entdeckte man die Bedeutung dieses Phänomens bei Bienen. Da fanden die russischen Forscher Jefgeni Eskov und Alexander Sapozhnikov heraus, dass Bienen elektrische Ladungen tragen – tatsächlich verliert jedes fliegende Objekt (sei es ein Insekt, ein Fußball oder ein Flugzeug) Elektronen und ist deshalb positiv geladen. Elektrische Ladungen können auch erzeugt werden, indem man Körperteile aneinanderreibt. Das Team fand nicht nur heraus, dass Bienen von elektrischen Feldern umgeben sind, sondern auch, dass ihre Antennen derartige Felder wahrnehmen können. Sie tun dies nicht mit speziellen Elektrosensoren, sondern mithilfe der Mechanorezeptoren in den Fühlern, die dem Coulombschen Gesetz unterliegen – der Anziehung oder Abstoßung, die sich ergibt, wenn Objekte positiv oder negativ geladen sind. Auch Menschen können elektrische Felder fühlen, ohne dafür spezielle Organe zu besitzen – etwa wenn die Haare in der Nähe eines elektrostatisch aufgeladenen Ballons zu Berge stehen. Die Wissenschaftler vermuteten, dass diese Felder eine wichtige Rolle bei der Kommunikation des Bienentanzes im Stock spielten (siehe Kapitel 5 und 8). Bei Bienen scheinen die Mechanorezeptoren, die elektrische Felder wahrnehmen, vor allem im selben Antennenglied zu sitzen, das auch Töne erkennt: Das Johnstonsche Organ reagiert auf elektrische Ladungen.

Ein britisches Team hat herausgefunden, dass auch Hummeln auf das elektrische Feld von Blumen reagieren. Fliegende Hummeln sind positiv geladen, während Blumen buchstäblich geerdet und somit negativ geladen sind. Wenn eine Biene eine Blume besucht, überträgt sich die elektrische Ladung und die Blume ist positiv geladen. Dieser „elektrische Abdruck" teilt anderen Bienen mit, dass die Blume vor Kurzem besucht wurde und es sich deshalb nicht auszahlt, sie noch einmal zu besuchen, denn es dauert eine Zeitlang, bis das Nektarreservoir sich wieder füllt. Außerdem weisen Blumen spezielle elektrostatische Muster auf, auf die Bienen reagieren, während sie Blumen erkunden, und die sie als „unsichtbare Nektaranzeiger" verwenden, um die Suche nach Belohnungen effizient zu gestalten. Das Team hat herausgefunden, dass die Härchen der Mechanosensoren auf dem Körper der Hummeln auf derartige Ladungen reagieren: Wenn eine positiv geladene Hummel über eine negativ geladene Blume fliegt, bewegen sich die Haare auf spezielle, vorhersehbare Weise.

Sowohl bei Honigbienen als auch bei Hummeln gewährleisten Organe, die an und für sich dazu da sind, auf mechanische Reize zu reagieren, auch die Sensibilität für elektrische Felder. Doch wie können sie die beiden Reizarten – Vibrationen / Berührung und elektrische Felder – mithilfe ein und desselben Sensors unterscheiden? Wahrscheinlich gar nicht – außer sie besitzen zusätzliche Sinnesorgane, die angeben, welcher Reiz im Augenblick überwiegt. Und vielleicht müssen sie auch gar nicht unterscheiden. Es ist durchaus möglich, dass eine Biene die beiden Reize als Varianten ein und derselben Modalität wahrnimmt.

Stellen Sie sich vor, wir Menschen müssten plötzlich in totaler Dunkelheit leben, wo die merkwürdige Erfahrung, dass einem in der Nähe eines elektrostatisch aufgeladenen Ballons die Haare zu Berge stehen, plötzlich biologische Bedeutung gewönne. Stellen Sie sich vor, immer wenn Sie diese Wahrnehmung machen, stoßen Sie gleich darauf auf ein Hindernis. Sie würden nicht nur schnell lernen, diese Wahrnehmung einzusetzen – Sie würden wahrscheinlich jeden behaarten Körperteil benutzen, um Zusammenstöße mit Ihrer Umgebung zu vermeiden. Doch Sie wären nach wie vor in der Lage, elektrische Ladungen von anderen mechanischen Reizen zu unterscheiden – z. B. der Empfindung, wenn jemand Ihr Haar streichelt. Und wenn Ihr Physiklehrer Sie seinerzeit nicht darauf aufmerksam gemacht hat, würden Sie vielleicht nicht einmal bemerken, dass die Quelle des einen Reizes körperlicher Kontakt, der andere elektrostatischer Natur ist. Im Laufe vieler Generationen würden diese Menschen vielleicht eine hohe Empfindlichkeit für elektrostatische Kräfte entwickeln. Solange es einen Umweltreiz gibt, der biologische Bedeutung hat, werden ihn Tiere benutzen (sofern sie ihn überhaupt wahrnehmen können) – entweder aufgrund individueller Erfahrung oder durch evolutionäre Prozesse über viele Generationen hinweg.

Unsere Sinnesorgane – Seh-, Gehör-, Geschmack- und Tastsinn – sind eindeutig Organen zugeordnet (wir können nicht zusätzlich mit unseren Füßen schmecken). Bei Bienen ist das ganz anders, ihre Antennen sind so vielseitig verwendbar wie ein Schweizer Taschenmesser! Zumindest unsere Fingerspitzen sind in gewisser

Weise multifunktional: Wir können sowohl Struktur und Form eines Objekts als auch dessen Temperatur und Feuchtigkeit erfühlen. Doch stellen Sie sich vor, Sie könnten es mithilfe Ihrer Finger auch riechen, schmecken, hören und gleichzeitig seine elektrische Ladung spüren! Die Sinneswelt der Insekten ist fremdartig und reichhaltig.

Bisher haben wir erfahren, wie jede Information, die von außen in das Hirn der Biene eindringt, zuerst von den Sinnesorganen gefiltert wird, die sich im Lauf der Evolution entwickelt haben. Doch Information erreicht das Hirn nicht nur während der individuellen Lebensspanne. Unsere Instinkte, die wir im Laufe von Millionen Jahren verfeinert haben, warnen uns vor potenziell gefährlichen Situationen, gerade noch oder möglicherweise ungenießbarer Nahrung; sie statten uns mit elementaren Bewegungsmöglichkeiten aus und bestimmen, wann wir auf andere mit Aggression oder Zuneigung reagieren – und vieles mehr. Im nächsten Kapitel werden wir herausfinden, wie vielfältig das instinktive Repertoire der Bienen ist. Diese Instinkte bestimmen nicht nur zum Großteil die Bewusstseinsinhalte, sondern auch das, was ein Tier erlernen kann.

4

Bloß Instinkt – oder doch nicht?

> Diese Beobachtungen zeigen uns, wie nachgiebig der Instinkt der Insekten ist, wie willig er sich in die … Umstände und die Bedürfnisse des Volkes fügt. Giebt es in den Verrichtungen der Bienen, wie in der Lebensweise der Thiere überhaupt eine Nöthigung, wie es wahrscheinlich ist, weil bei allen Bienen derselben Art sich die gleichen Erscheinungen wiederholen oder wiederholen können, so muss diese Nöthigung sich auf wenige Punkte oder wenige Grundlagen beschränken, während alle übrigen den Umständen untergeordnet sind. … Die Grenzen ihres Kunstfleißes sind offenbar weniger eingeengt, als man bisher angenommen hat, und man wird uns, wie ich hoffe, zugeben, daß das Verfahren der Bienen in gewisser Beziehung auch von dem abhängig ist, was man ihre Urtheilskraft nennen könnte, eine Urtheilskraft, die freilich wohl mehr vom Gefühle, als von wirklicher Schlussfolgerung abhängig ist, deren Feinheit aber mehr der Wirkung einer freien Wahl, als der Gewohnheit oder eines vom Thierwillen unabhängigen Mechanismus gleicht.
>
> **François Huber, 1814**

An dieser Stelle werden Sie sich vielleicht fragen, warum in einem Buch über das Bewusstsein von Tieren ein Kapitel über Instinkt vorkommt. Für gewöhnlich halten wir Instinkte für atavistische Triebe, über die sich das Denken erheben und die es kontrollieren muss – wir glauben, dass Triebe im Gegensatz zur Freiheit und Komplexität des Denkens primitiv und ungesteuert sind. Tatsächlich werden Sie von vielen Biologiestudenten zu hören bekommen, dass der Hauptunterschied zwischen menschlichem und tierischem Verhalten darin besteht, dass Tiere im Gegensatz zu Menschen rein instinktiv handeln.

Doch selbstverständlich werden auch alle unsere Beweggründe und Handlungen von Instinkten und Trieben gesteuert: Paarung, Aufzucht der Nachkommenschaft, Fürsorge für Verwandte, Nahrungsaufnahme, Überlebenskampf im Falle einer Bedrohung usw. Wir müssen nicht lernen, dass große Tiere mit gefletschten Zähnen möglicherweise eine Bedrohung darstellen oder dass Fäkalien (außer für Mistkäfer) kein leckeres Essen sind. Doch die Evolution hat uns relativ wenige Regeln für den Umgang mit diesen Herausforderungen mitgegeben. Bei Menschen und vielen anderen Tieren müssen sogar die grundlegendsten Verhaltensmuster durch Lernen verfeinert werden, der Instinkt liefert nur eine ungefähre Schablone. Wir müssen lernen, an einer Brustwarze zu saugen, zu laufen, zu kämpfen, ein Raubtier zu erkennen, uns zu verteidigen, sogar Sex zu haben. Wir Menschen haben beeindruckende Lösungen gefunden, um unsere Instinkte zu befriedigen, etwa bei sexueller Lust, Nahrungsbesorgung oder wenn wir Feinde oder Konkurrenten angreifen oder abwehren müssen. Doch wir sollten uns immer wieder vor Augen führen, dass unser Verhalten, und somit auch unsere Bewusstseinsinhalte, von elementaren Antriebskräften bestimmt werden, die im Zeichen von Überleben und Anpassung stehen. Wir benutzen unsere Intelligenz, um Bedürfnisse zu stillen, die von unseren Instinkten vorgegeben werden.

In diesem Kapitel werden wir erfahren, dass Instinkte sowohl bei Bienen als auch bei Menschen viel mehr sind als Instrumente eines geistlosen Automaten. Sie sind auf vielerlei Ebenen mit Lernen verknüpft und gestatten fast immer eine große Flexibilität von Verhaltensweisen. Sie legen auch fest, was ein Tier überhaupt lernen kann – sie bestimmen die Grenzen der Erlernbarkeit. Wir Menschen zum Beispiel haben einen „Sprachinstinkt“, aufgrund dessen wir uns von anderen Tieren unterscheiden: Wir sind vorprogrammiert, mithilfe von Sprache zu kommunizieren. Die Details – Vokabular, die jeweilige Grammatik jeder Sprache – müssen jedoch gelernt werden.

Gleich am Anfang werden wir feststellen, dass die vom Instinkt gesteuerten Verhaltensmuster der Bienen hoch komplex sind. Sogar Verhaltensweisen, die offenbar angeborenen Mustern unterliegen, wie der Bau der Wachswaben, sind selten zur Gänze vorprogrammiert und müssen nicht nur zum Teil gelernt werden, sondern erfordern einen hohen Grad an Flexibilität und sogar Planungsfähigkeiten. Die Vielfalt an von Instinkten bestimmten Verhaltensmustern bei Hautflüglern (zu denen nicht nur Bienen, sondern auch Wespen und Ameisen gehören) übersteigt möglicherweise die vieler Wirbeltiere. Manche dieser Arten handeln aufgrund ihrer Instinkte wie Neurochirurgen (Wespen, die ihre Beutetiere mit genau drei Giftspritzen betäuben – jeweils eine in die drei Nervenzentren des Thorax), andere sind Farmer (Ameisen, die Blattläuse züchten wie Rinder und in ihren Bauen Pilze als Nahrung züchten), Parfumiers (männliche Bienen, die Düfte auftragen, um Weibchen zu verführen), Arbeiter, die Sonnenenergie ernten (Blumenbesucher, die den Zucker sammeln, den die Pflanzen aufgrund von Fotosynthese erzeugen), und Baumeister, die mathematisch perfekte mehrstöckige Strukturen errichten (Honigwaben, siehe Abb. 1.1 und 4.2).

Zweifellos kann ein Tier einer bestimmten Insektenart nicht entscheiden, ob es zum Nektarsammler oder zum Jäger wird – das obliegt tatsächlich dem Instinkt. Doch diese Veranlagungen determinieren Bewusstseinsinhalte: Sie entscheiden, was als Belohnung oder als Bedrohung *erfahren* wird; und sie bestimmen, wie darüber *gedacht* wird. Tiere übernehmen nicht einfach ein stereotypes Lösungsrepertoire, um die Aufgaben ihres artspezifischen Lebensstils zu bewältigen; manchmal entwickeln sie ganz neuartige Lösungen, indem sie ihr Bewusstsein ausloten. Instinkte können reibungslos mit Erinnerung und Erkenntnis interagieren, bei Bienen genauso wie beim Menschen. Instinktive Veranlagungen befördern die Lernfähigkeit, und aus angeborenem, evolutionär bedingtem Verhalten kann sich intelligentes Verhalten entwickeln.

Jean-Henri Fabre und die Auffassung, Insekten seien geistlose Automaten

Der französische Insektenforscher und Schriftsteller Jean-Henri Fabre (1823–1915) war ein einflussreicher Vertreter der Theorie, Insekten seien im Wesentlichen unflexibel in ihrem vielfältigen, aber angeborenen Verhalten. Fabre stammte aus einer Bauernfamilie und lebte zeitlebens in Armut; er unterrichtete an Provinzschulen und war als Entomologe Autodidakt. Mit minimalen Mitteln und ohne universitäre Anbindung produzierte er ein Werk von mehreren Dutzenden wissenschaftlichen Büchern, darunter die berühmten zehnbändigen *Erinnerungen eines Insektenforschers,* ein unglaublicher Schatz an wissenschaftlichen Entdeckungen. Aufgrund seiner detaillierten, aufschlussreichen Beobachtungen und klugen Experimente an Insekten wurde er zum Vorreiter der Verhaltensforschung. Seine poetische Schreibweise brachte ihm zwei Nominierungen für den Literatur-Nobelpreis ein.

Doch Fabre glaubte weder an Darwins Evolutionstheorie noch an die Intelligenz der Insekten. Und manche seiner Experimente ließen auch tatsächlich an der Intelligenz der Insekten zweifeln. In der Folge ein Beispiel dafür, was Fabre als deren „maschinenhafte Hartnäckigkeit“ bezeichnete.

Der Prozessionsspinner zieht in langen Kopf-an-Schwanz-Reihen durch den Wald. Jedes einzelne Tier produziert eine Seiden- und Pheromonspur, der die anderen folgen. Fabre führte ein Experiment durch, bei dem eine Gruppe von Raupen Kopf an Hinterende am Rand eines Palmenkübels (mit einem Umfang von 135 Zentimetern) entlangging. Sie marschierten den Rand entlang, legten eine Duftspur, der Führer fand seinen Weg … und die Prozession folgte kreisförmig … und folgte … und folgte … insgesamt 335-mal im Lauf von sieben Tagen, immer in dieselbe Richtung. Fabres Schlussfolgerung: „Diese Zahlen erstaunen mich, obwohl ich die tiefe Unfähigigkeit der Insekten im Allgemeinen kenne, auf den geringsten Zwischenfall reagieren zu können. Ich frage mich, ob die Prozessionsspinnerraupen durch die … Gefahren des Abstieges so lange da oben festgehalten worden sind oder mangels Erleuchtung ihres armseligen Intellekts." Um der Wahrheit Genüge zu tun, schafften es die Prozessionsspinner am achten Tag, vom Kübel abzusteigen, indem sie sich am sechsten Tag den Pfadfinderfähigkeiten eines einzelnen Kundschafters anvertrauten, nachdem Fabre ein paar duftende Kiefernnadeln neben den Kübel gelegt hatte. Doch gewiss ist das kein sehr gutes Beispiel für die Problemlösungsfähigkeit der Insekten.

Mit den Hautflüglern geht Fabre genauso streng ins Gericht, obwohl er sich bemüht, freundlich zu sein. „Wo findet man ein reicher begabtes Tier? … Kann der Vogel, dieser wunderbare Architekt, seine Arbeit mit dem Bau der Biene, diesem Meisterwerk der höheren Geometrie, vergleichen? Selbst der Mensch hat im Hautflügler einen Rivalen. Wir erbauen Städte, er auch; wir haben Diener, er ebenfalls; wir züchten Haustiere … er [hat] seine Milchkühe, die Blattläuse", stellte er fest, und dann fährt er fort: „Sich mit dem Tier zu beschäftigen heißt die beunruhigende Frage erörtern: Wer sind wir? Woher kommen wir? Also: Was geht in diesem Hautflüglergehirn vor? Gibt es hier Fähigkeiten, die mit unseren verwandt sind, gibt es hier ein Denken? … Welch ein Kapitel der Psychologie, wenn wir es schreiben könnten!" (Fabre nennt dieses Kapitel der *Erinnerungen eines Insektenforschers* passenderweise „Fragmente über die Psychologie des Insekts".)

Fabre will also herausfinden, ob die innovativen Entscheidungen der Hautflügler auf einer bestimmten Ebene das Ergebnis von Intelligenz sein können. Doch seine Schlussfolgerung ist immer negativ. Er manipuliert das Nest einer Mortelbiene, einer Solitärbiene, die für jedes einzelne Ei (der späteren Larve) einen Tontopf baut – die Töpfe sehen ein wenig aus wie winzige Schwalbennester, allerdings verschließt die Biene die Zelle, sobald genug Pollenvorräte vorhanden sind. Bei einem Experiment bohrt Fabre ein Loch in den Boden der gerade im Bau befindlichen Brutzelle und beobachtet, dass die Biene den Bau oben fortsetzt und sogar immer wieder Nektar hinzufügt, obwohl der Honig unten herausrinnt. Die Biene scheint nicht von ihrem Verhaltensmuster abweichen zu können, und obwohl sie ein guter Maurer ist, ist sie unfähig, den Schaden zu beheben, der ihre Larve dem Tod weiht. Fabres Schlussfolgerung: „Du kleiner Schimmer von Vernunft, von dem man sagt, dass du das Tier erleuchtest – du bist recht nahe an der Finsternis, du bist nichts."

Doch einmal weicht der berühmte französische Insektenforscher von seiner Meinung ab. Fabre beobachtete das Jagdverhalten von verschiedenen Grabwespenarten. Viele dieser Wespenarten graben Nester ins Erdreich, wo sie ihre Larven aufziehen. Im Gegensatz zu den Larven der Bienen (die sich im Lauf der Evolution aus den Wespen entwickelten) sind die Wespenlarven ausschließlich Fleischfresser und werden gut von den Müttern versorgt: Je nach Art füttern sie ihre Brut mit Raupen, verschiedenen erwachsenen Insekten oder Spinnen. Im Gegensatz zu sozialen Bienen, die ihre Larven direkt füttern, muss die Wespenmutter jedoch eine Lösung für das Problem finden, dass sie wahrscheinlich schon längst tot ist, wenn das winzige und hilflose Wespenbaby aus dem Ei schlüpft. Deshalb muss die Mutter dafür sorgen, dass die Nahrung auch Wochen nach ihrem Tod noch genießbar ist.

Fabre stellte sich die Frage, wie die Beute der Wespe mehrere Wochen lang frisch bleiben konnte; er wusste ja sehr gut, dass tote Insekten in der Sommerhitze sehr schnell verfaulten. Er obduzierte die Insekten, die die Wespen in ihren Erdlöchern abgelegt hatten – und stellte fest, dass sie nicht nur frisch, sondern vielmehr lebendig waren: Sie waren gelähmt, und die Wespenlarven fraßen sie allmählich bei lebendigem Leib auf. Fabre stellte fest, dass die Wespen fähig waren, ihre Beute zu immobilisieren, ohne deren Vitalfunktionen zu beeinträchtigen. Die drei Beinpaare (wie auch ein oder zwei Flügelpaare) der Insekten werden von je einem Nervenknoten (Ganglion) im Thorax gesteuert. Wenn man diese Nervenzentren und nur diese ausschaltet, ist das Beutetier zwar gelähmt, kann aber noch immer langsam atmen.

Fabre fand heraus, dass Grabwespen (*Spheciformes*), die Insekten mit einem derart strukturierten Nervensystem (drei Ganglien im Thorax) jagen, ihrer Beute genau drei Giftspritzen verabreichen – eine in jedes Ganglion. Bei manchen Beutetieren, etwa bestimmten Käfern, sind die drei Ganglien in einem einzigen Knoten vereint.

Wespenarten, die diese Beute jagen, verabreichen ihr nur eine einzige Spritze in diesen Knoten, während Wespen, die große Raupen jagen, in jedes einzelne Ganglion Gift spritzen, um sicherzugehen, dass die Beute vom Kopf bis zum Hinterende gelähmt ist. Aufgrund von evolutionären Versuch-und-Irrtumsprozessen über viele Generationen (Mutation und Selektion der effizientesten Methoden) sind diese Wespenarten zu Spezialisten mit exzellenten „Kenntnissen" des Nervensystems ihrer Beute geworden.

Eine Art, die Fabre *als gelbflügelige Grabwespe* bezeichnet (wahrscheinlich *Sphex flavipennis*), jagt Grillen. Wie viele andere Grabwespenarten gräbt sie zuerst einmal ein Erdloch für ihre Brut, bevor sie sich auf Jagd begibt. Wenn sie Erfolg hat, bringt sie die gelähmte Beute, oft über beträchtliche Entfernungen, zurück ins Nest. Bevor das Opfer ins Erdloch gebracht wird, wird es kurz vor dem Eingang abgelegt, die Wespe verschwindet darauf in dem von ihr gegrabenen Loch, wahrscheinlich um sicherzugehen, dass keine Parasiten eingedrungen sind und es nicht eingebrochen ist. Wenn alles in Ordnung ist, taucht die Wespe wieder auf und schleppt das unglückliche Opfer in die Grillenhölle (Abb. 4.1).

Fabre wollte herausfinden, ob diese Reihenfolge starr festgelegt ist, und deshalb entfernte er die Grille ein Stück vom Eingang der Höhle, während die Wespe diese inspizierte. Die Wespe tauchte auf, war überrascht, dass die Beute so weit weg lag, und schleppte sie zurück zum Eingang der Höhle – wo sie sie aufs Neue ablegte, um die Höhle zu inspizieren. Dieses Experiment wiederholte Fabre ungefähr 40-mal, und die Wespe kam nie auf die Idee, die Grille nicht unbewacht liegen zu lassen, sondern sie direkt in die Höhle zu schleppen. Für den Philosophen Daniel Dennett ist das ein Beispiel für die automatenartige Geistlosigkeit des Insektenverhaltens, er hat sogar einen eigenen Begriff dafür – Sphexhaftigkeit – geprägt, im Gegensatz zum freien Willen, der angeblich das menschliche Verhalten leitet.

Doch wahrscheinlich hat Dennett nicht gelesen, was Fabre danach über das vermeintlich stereotype Verhalten der Wespen schrieb. Fabre berichtet, wie er einzelne Wespen eines anderen Grabwespenvolks ebenso zu täuschen versuchte. Er schreibt: „Nach zwei oder

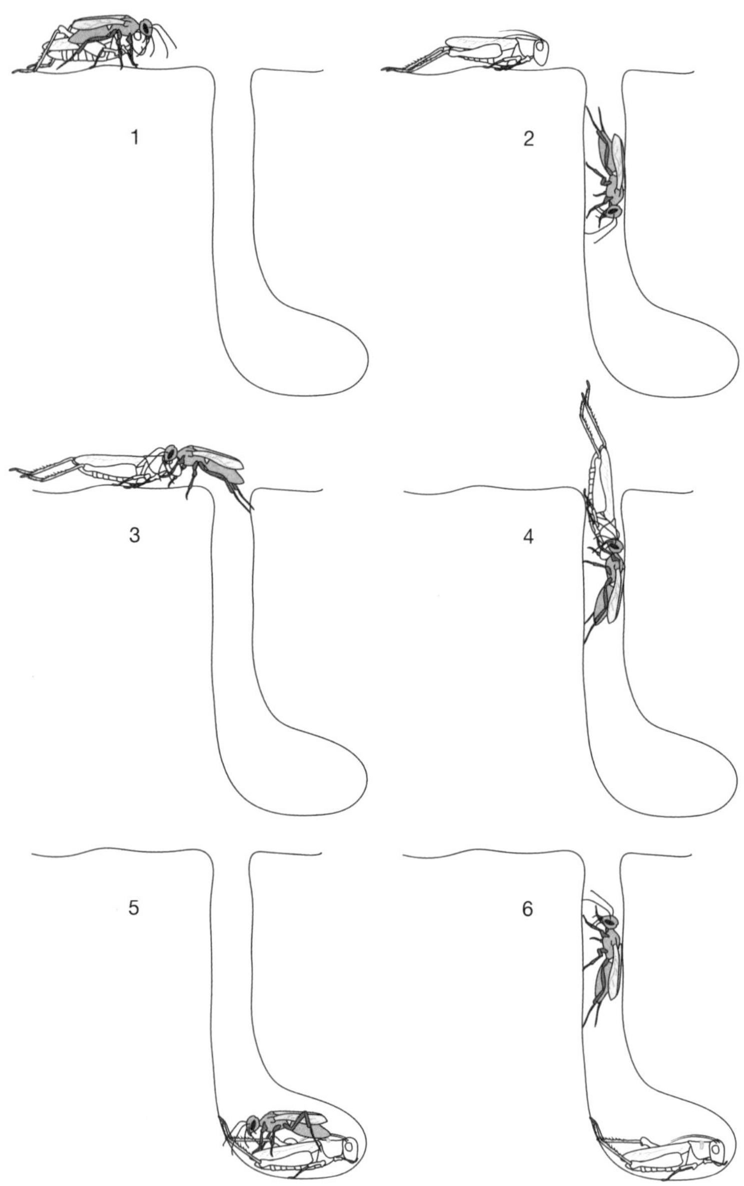

Abb. 4.1. Abfolge der Handlungen, mithilfe derer eine Grabwespe eine gelähmte Grille in ihr Erdloch legt. 1. Die Wespe kommt an und legt die Beute neben dem Eingang ab. 2. Inspektion des Erdlochs. 3.–4. Ziehen der Beute ins Loch. 5. Eiablage auf der Beute. 6. Verlassen des Nests.

drei Malen ... grätscht sich die Grabwespe über die Grille, packt ihre Fühler ... und schleift sie in die Höhle. Wer war nun der Dummkopf? Der Experimentator, der vom schlauen Hautflügler übertölpelt wurde ... Gescheitheit vererbt sich: Es gibt gescheite und weniger gescheite Arten; das hängt anscheinend von den Fähigkeiten der Vorfahren ab."

Wirklich außerordentlich, dass Fabre diese Meinung zum Ausdruck gebracht hat! Die ganzen *Erinnerungen eines Insektenforschers* sind voller Bewunderung für die Raffinesse des instinktiven Verhaltens der Insekten – und voller Verachtung für den Darwinismus und für alle, die Insekten für intelligent halten. In allen zehn Bänden von Fabres Meisterwerk gibt es nur eine einzige Episode, bei der er seine Meinung über die Klugheit der Insekten offenbar kurz geändert hat und ganz nebenbei zwei wichtige Elemente von Darwins Evolutionstheorie bestätigt: genetische Variation und die Tatsache, dass derartige Unterschiede vererbt werden.

Wie Instinkt und Intelligenz beim Honigwabenbau zusammenwirken

Die Meinung, die Vielfalt des Verhaltens sozialer Insekten ließe sich mithilfe instinktiver Routinen erklären, ist noch immer weitverbreitet. Doch bei genauerer Betrachtung hat sich herausgestellt, dass sogar Verhaltensweisen, von denen man lange dachte, sie seien genetisch festgelegt, teilweise gelernt werden müssen – und tatsächlich erstaunlich plastisch sind. Nehmen wir zum Beispiel den Bau der Honigwabe – in der die Biene sowohl die Brut aufzieht als auch Nahrungsvorräte aufbewahrt (vgl. Abb. 1.1 und 4.2).

Darwin bezeichnete die Kunstfertigkeit der Honigbiene beim Wabenbau als einen der wunderbarsten bekannten Instinkte. Auf den ersten Blick sind Waben tatsächlich ein Wunder an tierischer Baukunst. Ein Tier muss schon außerordentlich geschickt sein, um mit seinen sechs Beinen solche eine regelmäßige und genau gleichbleibende Struktur herzustellen. Die Konstruktion ist außerdem ein

Musterbeispiel höchst funktionaler Technik: Sechseckige Zellen sind besser geeignet als die runden Zellen der Hummeln, denn bei diesen geht viel Raum zwischen den Zellen verloren. Viereckige oder dreieckige Zellen hätten keine Zwischenräume, doch da die Larven, die in diesen Zellen großgezogen werden, weder viereckig noch dreieckig sind, würde man eine Menge Platz innerhalb der Zellen vergeuden. Deshalb sind sechseckige Zellen ideal, und tatsächlich werden sie auch von manchen Wespenarten gebaut, allerdings aus Papier und nicht aus Wachs.

Doch nur Honigbienen bauen doppelseitige Waben, was ebenfalls ein beeindruckender Trick zum Platzsparen ist. Die Rückwand jeder Zelle wird von den Seitenflächen einer Pyramide gebildet (ebenfalls platzsparender als eine viereckige Rückwand), und aufgrund der pyramidenförmigen Grundrisse passen die zwei Seiten der Wabe auf ihrer gemeinsamen Rückseite lückenlos aufeinander. Im Falle der horizontalen Waben der stachellosen Biene wäre diese doppelseitige Struktur allerdings keine gute Idee – aufgrund der Schwerkraft empfiehlt es sich nicht, Honig in einem Behälter mit der Öffnung nach unten aufzubewahren. Deshalb bauen Honigbienen ihre Waben vertikal, sodass sich die Öffnung der Zellen seitlich befindet. Doch selbst wenn die Zellen perfekt im rechten Winkel zur Schwerkraft angeordnet wären, würde das bei flüssigem Inhalt nicht gut funktionieren (was man sehr schnell feststellt, wenn man einen offenen Topf mit flüssigem Honig quer hält): Man muss den Topf in einem bestimmten Winkel halten, damit der Honig aufgrund der Zähflüssigkeit und Adhäsion nicht ausläuft. Genau das machen Honigbienen. Die Zellen der Wabe sind so geneigt, dass der Boden etwas niedriger ist als die Öffnung. Eine Vielzahl von Waben wird parallel gebaut, genau mit genügend Abstand, dass sich die Arbeiterinnen dazwischen frei bewegen können. Dies ist nicht nur in rechtwinkligen Bienenstöcken der Fall, sondern auch in den hochgradig unregelmäßigen Höhlen, in denen manche Honigbienen von Natur aus nisten, etwa in hohlen Bäumen.

So weit, so genial – aber alles nur Instinkt, oder? Auf den ersten Blick scheint die gleichbleibende Struktur der Wabe das perfekte

Ergebnis einer automatisierten Verhaltensroutine zu sein – ein Fließbandjob, bei dem immer wieder dieselbe Struktur hergestellt wird. Doch ist es wirklich so einfach?

Von dem Schweizer Naturforscher François Huber (1750–1831) stammt die ausführlichste und aufschlussreichste Beschreibung des Wabenbaus. Er war von Jugend an blind und wurde bei seinen Forschungen (und wahrscheinlich auch bei deren Niederschrift) von seiner Frau Marie-Aimée Lullin (1751–1822) und seinem Diener François Burnens (1760–1837) unterstützt. Mit ihren Beobachtungen an Bienenstöcken mit gläsernen Wänden legten sie die Grundlagen für die Erforschung der Biologie der Honigbiene. Der Detailreichtum ihrer Beobachtungen und die experimentelle Erforschung des Wabenbaus in der Bienenkolonie waren damals etwas völlig Neuartiges – und sind bis heute unerreicht.

In seinem Buch beschreibt Huber, wie variabel die Wabenstruktur ist: So unterscheidet sich zum Beispiel die erste Zellenreihe, das Fundament, von den nächsten Reihen. Man könnte annehmen, dass die Arbeiterinnen den eigenen Körper als eine Art Schablone verwenden, um Zellen in der richtigen Größe zu fabrizieren – doch das reicht nicht als Erklärung, denn die Zellen für die Drohnen sind um 30 Prozent breiter (und werden ebenfalls von Arbeiterinnen gebaut). Es gibt viele Unterschiede in der Wachsstruktur, etwa die völlig andersartigen Weiselzellen für die Königinnen, oder Säulen und Querbalken, die die Struktur der Waben stützen. Huber und seine Mitarbeiter haben genau beobachtet, wie der Wabenbau von einer einzigen Biene ganz oben im Stock begonnen wird und danach eine Vielzahl von Arbeiterinnen an der Konstruktion der Zellen mitwirken. Arbeiterinnen vollenden das Werk, das andere begonnen haben (und zwar auf richtige Weise, egal wie die Zelle davor ausgesehen hat), und begutachten das Werk der jeweils anderen, um wenn nötig nachzubessern. So hat Huber unter anderem beobachtet, wie eine Arbeiterin ein Wachsstück falsch platzierte und eine andere den Fehler sofort korrigierte.

Huber und sein Team haben beim Wabenbau gezielt die Flexibilität der Bienen ausgelotet. Sie begannen damit, Bienen unter Bedingungen zu testen, unter denen sie Waben nicht an der Decke des Bienenstocks befestigen konnten, wie sie es normalerweise tun würden. In diesem Fall bauten die Bienen ihre Waben von unten nach oben, als eine Art Turmkonstruktion und nicht als hängende Wabe – und kehrten dabei viele der motorischen Routinen um, die sie normalerweise für den Aufbau der Zellen von oben nach unten verwenden würden. Als nächstes hinderte Hubers Team die Bienen daran, sowohl von der Decke nach unten als auch vom Boden nach oben zu bauen. In diesem Fall begannen die Bienen ihre Konstruktion an einer der Seitenwände und bauten die Wachswabe seitlich quer durch den Hohlraum aus.

Doch nun folgt das wahre Meisterwerk: Während die Bienen ihre Waben fleißig in seitlicher Richtung weiterbauten (wahrscheinlich um sie an der Holzwand gegenüber festzumachen), bedeckten Huber und seine Helfer die Zielwand mit Glas, ein Material, das sich nicht sehr gut eignet, um Waben daran zu befestigen. Huber nahm an, dass die Bienen sich vielleicht bemühen würden, die Waben mit speziellen Befestigungen an der glatten Wand anzukleben, sobald sie dort ankamen. Doch sie machten etwas ganz anderes: Da sie offenbar bemerkten, dass die veränderte Oberfläche der angepeilten Wand suboptimal war, bauten die Bienen die Waben um 90 Grad um die Ecke – und zwar *bevor* sie mit ihrer Wabenkonstruktion die rutschige Wand erreichten (Abb. 4.2).

Huber hat dieses Experiment viele Male wiederholt; manchmal versperrte er den Bienen den Weg mehrmals hintereinander mit einer Glaswand, worauf sie immer wieder die Ausrichtung ihrer Konstruktion änderten. Er beobachtete, dass die Bienen die Größe der sechseckigen Zellen rund um den sich so ergebenden Knick in der Wabe ändern mussten – die Zellen waren an der Außenseite zwei- bis dreimal breiter als an der Innenseite. Er überlegte sich, auf welche Weise so viele Bienen „sich einigten“, die Ausrichtung des Baues zu ändern – um die Wahrheit zu sagen, wissen wir das noch immer nicht.

Um die bemerkenswerte Flexibilität der Bienen beim Bau der Waben noch weiter zu erforschen, beobachtete Huber, wie Honigbienen reagieren, wenn ihr Bau aufgrund einer Katastrophe zerstört

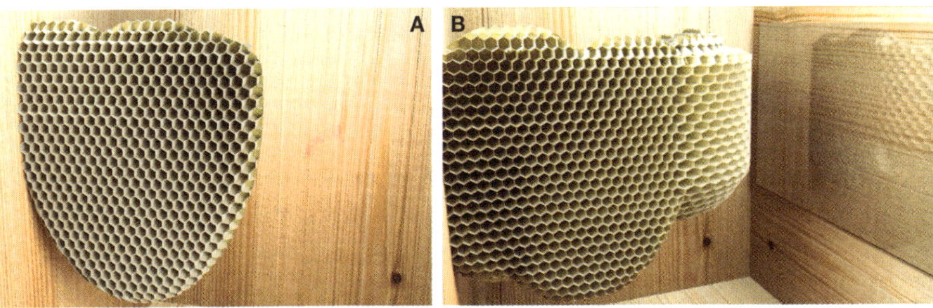

Abb. 4.2. Ein Experiment, um die Flexibilität der Honigbiene beim Wabenbau angesichts ungewöhnlicher Herausforderungen zu testen. Der Schweizer Bienenforscher François Huber hatte 1814 herausgefunden, dass Bienen nach Möglichkeit vermieden, die Waben an den Glaswänden seiner Bienenstöcke zu befestigen. **A.** In einem Bienenstock mit Glasdecke und -boden begannen Bienen den Bau an einer der seitlichen Wände. **B.** Bevor die Bienen ihr Ziel erreichten, wurde eine Glasplatte vor die Wand gestellt. Die Bienen setzten den Bau aber nicht in der eingeschlagenen Richtung fort, sondern bauten die Waben um die Ecke. Sie befestigten die Wabe somit an einer Wand, die sich besser dafür eignete.

wird. Um die Arbeit von Bienenkolonien über längere Zeit hinweg beobachten zu können, experimentierte er mit Bienenstöcken aus Glas. Wenn sie kein anderes Material zur Verfügung haben, kleben Bienen ihre Waben auch an Glaswände, doch wie man sehen wird, ist das nicht ganz unkompliziert. Im Winter werden Blumenbesuch und Brutpflege abgebrochen, und die Bienen reduzieren jegliche Aktivität, damit ihre Vorräte bis zum Frühling ausreichen. Einmal brach im Winter eine Wabe von der Kastendecke ab, worauf die Bienen aufwachten und die verbliebenen Waben mit zusätzlichem Wachs verstärkten, damit sich das Unglück nicht wiederholte. Huber: „Betrachtungen und Ausdeutungen konnte ich mir versagen, aber ich gestehe es, ich wusste mich bei einem Zuge, in welchem der klarste Verstand zu glänzen schien, eines Gefühls der Bewunderung nicht zu erwehren.“

Man könnte einwenden, dass vorsorgliche Reparaturarbeiten aufgrund eines Bruchs im Bienenstock nicht unbedingt mit Verstand in Zusammenhang stehen müssen, sondern ebenfalls eine fixe, von einem bestimmten Reiz ausgelöste Routine sein könnten. Vielleicht.

Doch man sollte sich auch überlegen, warum die Degradierung eines derartigen vorsorglichen Verhaltens zu einer angeborenen Bauroutine eine „einfachere" Erklärung sein sollte als die Behauptung, dass dafür eine Art Planungsfähigkeit vonnöten ist.

In der Debatte „Intelligenz versus festgelegter Instinkt" genügt es nicht, sich die Frage zu stellen, welche Erklärung eines Verhaltens einfacher oder komplizierter *wirkt*. Um glaubhaft die Meinung zu vertreten, *alle* von Huber beobachteten Verhaltensweisen beim Wabenbau seien vom Instinkt gesteuert, müsste man sich überlegen, wie viele neuronale Netze im Bienenhirn notwendig wären, um all die verschiedenen Verhaltensweisen zu kontrollieren. Man müsste auch erklären, wie sie sich alle in der Evolutionsgeschichte entwickelt haben, obwohl sich einige Herausforderungen – wie zum Beispiel das Umgehen eines gläsernen Hindernisses – im Lauf der Evolution nie ergeben haben. Könnte es sein, dass Intelligenz – eine Art Mehrzweckmechanismus, mit dessen Hilfe sie die Resultate ihrer Handlungen *verstehen* – tatsächlich eine einfachere Erklärung ist? Vielleicht haben Bienen, wie Huber meinte, eine Art geistigen Plan, um das gewünschte Ergebnis ihrer Bautätigkeit zu erreichen?

Egal, welche Meinung man vertritt, das Verhalten der Bienen beim Wabenbau scheint nicht ausschließlich vom Instinkt gesteuert. Beim Wabenbau in freier Natur gibt es leichte Abweichungen bei der Strukturierung des Wachses. Außerdem wird die Art und Weise, wie junge Arbeiterinnen die Wabe bauen, von der Struktur der Wabe beeinflusst, in der sie aufgewachsen sind und einige Zeit bleiben durften. Auch unerfahrene Tiere, die in runden Plastikzellen aufgewachsen sind und keinen Beistand von erfahrenen Arbeiterinnen haben, bauen sechseckige Zellen – doch die Wabenstruktur ist alles andere als regelmäßig, und beim Durchmesser der Zellen geht es drunter und drüber. Wie bei vielen anderen, allgemein als instinktiv betrachteten Verhaltensweisen, etwa dem Bau des Spinnennetzes, sind angeborene Veranlagungen nur eine ungefähre Schablone für elementares Verhalten. Die Einzelheiten müssen oft gelernt werden, können flexibel an Umweltbedingungen angepasst werden und sind möglicherweise das Ergebnis von Planungsfähigkeiten.

Einmal wurde ein Bienenstock sogar an Bord des Spaceshuttles *Challenger* transportiert – zwei Jahre vor dem fatalen letzten Flug im Jahr 1986. Die Honigbienen verbrachten eine ganze Woche in Schwerelosigkeit. Sie lernten nicht nur, unter diesen Bedingungen zu fliegen, sondern bauten auch normal große Honigwaben. Der einzige Unterschied (im Vergleich mit auf der Erde gebauten Waben) bestand darin, dass die Zellen kein Gefälle nach unten hatten – kein Wunder, denn in der Schwerelosigkeit gibt es kein „unten". Doch die Geometrie der Waben war korrekt: Auch bei fehlender Schwerkraft hatten die Waben die übliche gerade, flache Struktur und waren mehr oder weniger parallel angeordnet.

Einfache, aber falsche frühe Erklärungen des Bienenverhaltens: die Heimkehrfähigkeit

Bevor man tierisches Verhalten als Intelligenz interpretiert, sollte man zuerst einmal nach anderen Erklärungen für ihre Problemlösungsstrategien suchen. Doch bei ihrer Suche nach „einfachen" Erklärungen waren Wissenschaftler manchmal so dogmatisch, dass sie eindeutige Fälle von Lernverhalten einfach ignorierten. Ein Beispiel dafür ist der deutsche Physiologe Albrecht Bethe (1872–1954), der Vater des Atomphysikers und Nobelpreisträgers Hans Bethe (einer der Entwickler der Atombombe). Aus Studien wusste Albrecht Bethe, dass Bienen und Ameisen zielsicher den Heimweg von weit entfernten Orten finden. Seiner Meinung nach war gelerntes Verhalten dafür jedoch eine zu komplizierte Erklärung. So suchte er auf Biegen und Brechen nach einem Instinkt, aufgrund dessen Bienen zurück zu ihren Stöcken finden. Um diese Fähigkeit zu beeinträchtigen, drehte er die Bienen hundertmal im Kreis, klebte ihnen Magnete auf den Rücken usw., doch nichts funktionierte – die Bienen fanden immer wieder nach Hause, außer sie waren zu weit fortgebracht worden. Bethes Schlussfolgerung: „Sie werden weder durch Erinnerungsbilder noch durch akustische, magnetische oder chemische Reize zu ihrem Nest zurückgeführt. Es bleibt nichts übrig als anzunehmen, dass sie durch eine uns ganz unbekannte Kraft zum Stock zurückgeführt werden." Er beschwor also lieber eine geheimnisvolle „unbekannte Kraft," statt anzuerkennen, dass sich Insekten tatsächlich den Standort ihrer Nester einprägen.

Die Logik, aufgrund der Bethe zu dieser Schlussfolgerung kam, ist recht aufschlussreich. Er versetzte einen Bienenstock um ein paar Meter und stellte fest, dass die rückkehrenden Bienen das Flugloch am alten Standort suchten, anstatt direkt zu ihrem Stock zu fliegen, der von der alten Stelle aus gut sichtbar war. Daraus schloss er, dass sie keine Erinnerung haben konnten, denn seiner Meinung nach bestand die einzig mögliche Art und Weise, das Problem zu lösen, darin, sich das Aussehen des Stocks selbst einzuprägen und nicht die Landmarken um ihn herum.

Im Titel seiner klug argumentierten Antwort auf Bethes Arbeit stellte der deutsche Zoologe Hugo von Buttel-Reepen (1860–1933) bereits 1900 die Frage: „Sind Bienen Reflexmaschinen?" Laut Betteridges *Gesetz der Überschriften* kann jeder Titel, der mit einem Fragezeichen endet, mit „Nein" beantwortet werden; Buttel-Reepens Studie stellt da keine Ausnahme dar. Er bezeichnet Bethes Interpretation seines Experiments als anthropozentrisch, denn Bethe übersah eindeutig, dass es für die Bienen mehrere Möglichkeiten gab, die Aufgabe zu lösen. Aus der Perspektive einer Biene ist die von Bethe erwartete Reaktion – das um ein paar Meter versetzte Nest zu erkennen und hineinzukriechen – im besten Fall suboptimal und im schlimmsten fatal. Bei vielen Bienenarten, Solitärbienen und sozialen, befinden sich die Nester mitunter in großer Nähe zueinander, und es ist ungeheuer wichtig, genau in das richtige Nest zu kriechen. Jeder Irrtum führt unter Umständen dazu, dass man die Larven einer fremden Mutter füttert – oder von Wächtern umgebracht wird.

Buttel-Reepen lieferte auch viele solide Beweise (zum Teil aus Bethes eigener Arbeit) dafür, dass sich Bienen den korrekten Standplatz ihres Stocks aufgrund von Landmarken merkten, die sie sich eingeprägt hatten. Daran erkennt man, dass man zwar die einfachere Lösung für ein offenbar intelligentes Verhalten suchen muss, jedoch nicht in die Falle von Erklärungen tappen sollte, die einfach *zu sein scheinen,* doch schlichtweg falsch sind. Die Annahme, die Erde sei eine Scheibe, klingt fürs Erste einfach, doch die Anhänger dieser Theorie müssen schon sehr absonderliche Argumente entwickeln, um an den Fakten vorbei zu schwadronieren.

Werden Bienen „instinktiv" von Blumen angezogen?

Außerdem ging Buttel-Reepen der Frage auf den Grund, ob Bienen auch beim Blumenbesuch als Reflexmaschinen zu bezeichnen sind. Bis heute findet man in vielen Publikationen über Bestäubungsbiologie und Blumenentwicklung den Begriff der „Attraktivität der Blumen". Dieser Begriff impliziert, dass Blumen mit ihren auffälligen Farben und angenehmen Düften einfache Reizauslöser sind, die eine große Anziehungskraft für die fliegenden Reflexmaschinen haben und dazu verführen, sich auf ihnen niederzulassen, ohne dass die Bestäuber Informationen aus früheren Erfahrungen über die Ergiebigkeit der Blumen in Betracht zögen. Doch diese Vorstellung war bereits 1900 überholt. Buttel-Reepen führt als Beweis an, dass Bienen zu einem Futterplatz sogar dann zurückkehren, wenn die Futterquelle entfernt worden ist – was kein von einem Reiz der Futterstelle ausgelöster Reflex sein kann. Die Bienen konnten den Ort nur aus der Erinnerung wiedergefunden haben.

In ähnlicher Weise führte Buttel-Reepen aus, dass Bienen nicht automatisch auf einer Blume landen, wenn sie deren Signal empfangen. Manche Blumen haben nur am Morgen Nektar; er fand heraus, dass Bienen die Reize von Blumen ignorierten, wenn sie wussten, dass die Blumen zu dieser Tageszeit unergiebig waren. Dennoch schwingt im Begriff des „Blütensyndroms" auch heute noch die Idee einer automatischen, reflexartigen Reaktion von Bestäubern auf Blumen mit – die Vorstellung, dass einzelne Bestäuberklassen (Bienen, Käfer oder Fliegen) große Affinitäten für bestimmte Blumeneigenschaften haben („Kolibris fliegen nur auf rote, Nachtfalter nur auf weiße Blumen"; Abb. 4.3). Im Physikunterricht mag das Bohrsche

Abb. 4.3 Laut dem „Blütensyndrom"-Erklärungsmodell fühlen sich unterschiedliche Bestäuberarten instinktiv zu bestimmten Blumenarten hingezogen. Demzufolge fliegen Kolibris vorzugsweise auf rote Blumen, Hummeln auf blaue und Nachtfalter auf weiße (Pfeile). Da die meisten Bestäuber jedoch nicht einfach von Blumeneigenschaften angezogen werden, sondern aus Belohnungen lernen, gibt es viele Interaktionen (gestrichelte Linien), die dieses Klischee widerlegen.

Modell vielleicht eine nützliche Vereinfachung sein, um Schulkindern die Atomstruktur nahezubringen, doch im Fall des Blütensyndroms, das Biologiestudenten noch immer als Dogma präsentiert wird, sollte man sich vor Vereinfachungen hüten.

Anfang der 1990er-Jahre, kurz nach dem Fall der Berliner Mauer, entdeckte ich ein schönes Naturschutzgebiet östlich von Berlin, die *Langen Dammwiesen* in der Nähe von Strausberg. Dort versuchte ich in drei aufeinanderfolgenden Jahren, so viele Interaktionen zwischen Blumen und Bestäubern wie nur möglich zu beobachten. Da eine meiner Hauptaufgaben als Doktorand in der Lehre bestand, schleppte ich jede Menge Studenten dorthin, um unzählige Blumenpatches zu beobachten und zu notieren, wer diese Blumen besuchte. Die Studenten waren nicht instruiert worden, welche Ergebnisse ich von ihnen erwartete, deshalb war die Stichprobe so unbeeinflusst wie nur möglich. Dies war der erste Versuch, eine quantitative Studie über ein Bestäuber-Pflanzen-Netzwerk zu erstellen. Die Ergebnisse, die ich gemeinsam mit den Biologen Nick Waser, Mary Price, Neal Williams und Jeff Ollerton publizierte, zeigten keinen statistisch relevanten Unterschied bei den Farbenaffinitäten von Bienen, Fliegen, Schmetterlingen und Käfern. Das Ergebnis ist konsistent mit der Annahme, dass die Entscheidungen der Bestäuber weitgehend von individuellem Lernen beeinflusst werden und nicht von angeborenen Vorlieben.

Koevolution von Lernen und Instinkt

In der Evolution der Bienen gab es einen äußerst wichtigen Moment, und zwar, als ihre Vorfahren begannen, ihre Brut in einem extra dafür gebauten Nest zu versorgen, was nicht nur (instinktive) Baufähigkeiten, sondern auch räumliches Gedächtnis erforderte. Hinzu kam bei den Bienen ein (ebenfalls instinktiver) Lebensstil des Sammelns von Blumennektar und Pollen. Das wiederum erfordert einen Lernprozess, der es ermöglicht, zwischen verschiedenen Blumenarten zu wählen, die Belohnungen in unterschiedlicher Qualität und Quantität versprechen, sich für die ergiebigsten zu entscheiden sowie die Signale zu erkennen, die diese Belohnungen ankündigen. Auch in diesem Fall erleichtert der Instinkt, der den Lebensstil bestimmt, das Lernen und macht es sogar notwendig. Und wenn ihre angeborenen Vorlieben es bestimmten Individuen erlauben, schneller zu lernen, ergeben sich daraus evolutionäre Vorteile.

Andersherum kann die Fähigkeit, neue Zusammenhänge in der Umwelt zu lernen, auch die Entwicklung einer angeborenen Vorliebe begünstigen. Stellen Sie sich zum Beispiel vor, es gäbe eine neue, nektarreiche Blumenart, die nach Terpentin riecht. Erinnern Sie sich daran, dass Bienen sogar imstande sind, ihr eigenes Alarmpheromon als Belohnung wahrzunehmen, weshalb es durchaus möglich ist, neue „ungewöhnliche“ Düfte zu lernen. Nur Individuen, die flexibel genug sind, sich von „konventionellen“ Blumendüften abzuwenden und die Assoziation von Terpentin und Belohnung herzustellen, sind fähig, diese neue Quelle auszubeuten, sie haben einen Vorteil gegenüber jenen, die sich auf die hergebrachten Blumenarten beschränken. Innerhalb der Population derer, die schnell und flexibel lernen, ergibt sich noch zusätzlich die Möglichkeit, über Generationen hinweg eine angeborene Vorliebe für Terpentin zu entwickeln, die es ermöglicht, die Blumen noch effizienter zu lokalisieren. In Studien konnte nachgewiesen werden, dass sich Änderungen bei der Duftpräferenz durch Anpassungen ein und derselben Synapsen im Nervensystem ergeben, unabhängig davon, ob diese durch evolutionäre Entwicklung oder individuelle Erfahrung zustande kamen. Wenn die Fähigkeit X sich in einem kleinen Hirn als Instinkt entwickeln kann, dann gibt es keinen Grund anzunehmen, dass sie sich in einem kleinen Hirn eines Individuums nicht auch als individuelle Innovation etablieren ließe, wobei manchmal vielleicht sogar ähnliche neuronale Anpassungen stattfinden.

Es gibt einige Arten von Bestäubern, darunter auch einige Bienenarten, die offenbar sehr beschränkte „angeborene“ Vorlieben für bestimmte Blumenarten oder andere Futterquellen haben. Die Vorteile und Risiken liegen auf der Hand: Wenn man seine Nahrung aufgrund ererbter Informationen erkennt und sich dieses Wissen nicht durch individuelle Suche aneignen muss, spart man sich viel Zeit und Mühe. Wenn man andererseits bei seinen Vorlieben sehr eingeschränkt ist und die Lieblingsnahrung gerade nicht verfügbar ist, hat man ein Problem. Deshalb sind bei genauerer Betrachtung angebliche Vorlieben für eine bestimmte Nahrung gar nicht so unausweichlich und ausschließlich wie angenommen. Viele Bestäuber, denen nachgesagt wurde, dass sie instinktiv nur bestimmte Blumenarten anfliegen, besuchen auch andere, wenn ihr traditionelles Futter karg wird.

Die meisten sozialen Bienen sind Generalisten beim Blumenbesuch, doch eine Hummelart namens *Bombus consobrinus* besucht in ihrem Verbreitungsgebiet nur eine hoch komplexe, aber auch sehr ergiebige Blumenart namens Eisenhut. Als Spezialist hat diese Hummel einen Vorteil bei der Effizienz gegenüber Generalisten, die unter anderem auch diese Blumen besuchen. Doch auch diese Spezialistin muss lernen, die Blumen zu öffnen – allerdings haben sogar völlig unerfahrene Individuen einen Vorteil gegenüber anderen Hummelarten, die vielerlei Blumen anfliegen. Wieder einmal zeigt sich, wie angeborene Vorlieben und Lernen zusammenwirken. Ein Generalist hat unter Umständen nur eine allgemeine Vorstellung von einer ertragreichen Blume und muss den Rest durch Versuch und Irrtum von der Pieke auf lernen; ein Spezialist kommt bereits mit einer „Betriebsanleitung“ für sein Lieblingsfutter zur Welt, das über viele Generationen erworben wurde, und muss es mithilfe von individuellem Lernen nur verfeinern.

Interaktionen zwischen angeborenem und intelligentem Verhalten gibt es auf vielen Ebenen. Honigbienen sind zum Beispiel schneller als die meisten Tiere dabei, Farben mit Belohnungen in Zusammenhang zu bringen – aber nicht, weil Bienen intelligenter sind als zum Beispiel Katzen, sondern weil Farben im Leben einer Katze eine geringere Bedeutung haben als im Leben eines Tiers, das seine Nahrung aus Blumen gewinnt. Instinkt erzeugt Intelligenz, und selbst Phänomene wie der Wabenbau, von denen man lange dachte, sie stünden ausschließlich im Zeichen angeborenen Verhaltens, sind weder einfach noch ohne Lernen und Intelligenz zu erklären.

Nach wie vor ungeklärt bleibt die Frage, warum ausgerechnet Hautflügler ein so reichhaltiges Repertoire an Instinkten zeigen und warum dieses bei anderen Insekten viel weniger differenziert ist. Doch eindeutig sind Bienen keine reinen Reflexmaschinen. Ein wichtiger Instinkt, der ihre Lernfähigkeiten und ihre Evolution entscheidend geprägt hat, ist die Notwendigkeit, sich ihre Umgebung einzuprägen. In den nächsten beiden Kapiteln werden wir erfahren, dass Bienen – weil sie gezwungen sind, zu ihrem Nest zurückzukehren – ein sehr genaues räumliches Gedächtnis haben.

5

Die Grundlagen der Intelligenz der Bienen und ihrer Kommunikation

> Wie hat die Honigbiene ihre geistige Befähigung erlangt? Die allmähliche Ausbildung der geistigen Befähigung irgendeiner Thierart als natürlichen Vorgang zu erkennen, ist eine Aufgabe von so hervorragendem allgemeinem Interesse, dass uns keine Mühe, keine noch so ermüdende Arbeit, welche zu ihrer Lösung führen kann, verdrießen darf. … Eine Vervollkommnung dieses Familienzweigs hat sich … vor allem durch den Übergang zur Gesellschaftsbildung und mit derselben zur Arbeitstheilung, unter den einheimischen Bienen bei den Hummeln und Honigbienen vollzogen.
>
> **Hermann Müller, 1876**

Der berühmte österreichische Verhaltensforscher und Nobelpreisträger Konrad Lorenz vermutete, dass die Herausforderungen, mit denen Primaten, unsere im Urwald lebenden Vorfahren, in einer komplexen dreidimensionalen Umgebung fertigwerden mussten, entscheidend zur Evolution der menschlichen Intelligenz beigetragen hätten. Er war der Meinung, dass die mentale Erforschung des Raums – etwa die Entscheidung, ob ein Sprung von Baum zu Baum machbar oder eventuell tödlich sei – grundlegend für alle diese Prozesse, sogar für hochentwickelte Fähigkeiten des Menschen wie die Sprache, war.

Das ist sehr wahrscheinlich, doch nicht nur die Vorfahren der Menschen mussten komplexe Operationen in einer dreidimensionalen Umwelt durchführen. Tatsächlich haben wir im letzten Kapitel ja erfahren, dass auch Bienen komplexe Aufgaben im Raum bewältigen müssen, nicht nur in ihrer Außenwelt, sondern auch im Bau ihres raffiniert konstruierten dreidimensionalen Nests, und dass dafür eine bestimmte Form von Planung nötig sein könnte. In diesem Kapitel werde ich mich mit der Möglichkeit beschäftigen, dass die Raumwahrnehmung der Evolution der kognitiven Fähigkeiten der Bienen zugrunde liegt, und auch der Evolution eines symbolischen Kommunikationssystems über räumliche Informationen, die im Tierreich einzigartig ist: dem „Bienentanz".

Die Vorfahren der Bienen in der Trias – äußerst grausame Fleischfresser

Um die Entwicklung der kognitiven Fähigkeiten der Biene von ihren Anfängen an zu erforschen, müssen wir weit in die Vergangenheit zurückblicken. Hautflügler (eine Insektenordnung, zu der Bienen, Ameisen und Wespen gehören) traten zum ersten Mal vor 220 Millionen Jahren in der Trias in Erscheinung (Abb. 2.5). Damals wanderten Dinosaurier über die Erde, und wahrscheinlich gab es noch keine Blumen. Wie viele Insekten, etwa Fliegen und Schmetterlinge, waren die frühen Hautflügler Einzelgänger und Vagabunden – sie hatten kein Nest, in dem sie die Brut aufzogen und mit Nahrung versorgten. Die Weibchen legten ihre Eier auf Pflanzen, und die Larven ernährten sich davon. Das wissen wir aufgrund vieler noch lebender Nachkommen, die nach wie vor diesen Lebensstil aufweisen.

Im frühen Jura vollzog sich jedoch eine wesentliche Änderung des Lebensstils: Manche Hautflügler wechselten von einer vegetarischen zur Fleischkost. Sie legten ihre Eier nicht länger auf Pflanzen, sondern auf lebendigen pflanzenfressenden Tieren ab, die auf Pflanzen saßen oder Gänge in sie gruben. Wenn die Larven dann aus den Eiern schlüpften, fraßen sie ihren Wirt bei lebendigem Leib auf. Dieser Lebensstil wird als parasitoid bezeichnet – im Gegensatz zu einer parasitären Lebensweise, die nicht unbedingt den Tod des Wirts einschließt. Doch in dem Augenblick, in dem eine parasitoide Wespe ihre Eier auf ihrem Wirt ablegt, ist ihm der Tod sicher.

Da tierische Wirte viel proteinreicher sind als Pflanzen, war dieser Lebensstil sehr vorteilhaft für den frischgebackenen Fleischfresser – allerdings nur, wenn er die Sinnesorgane und das Nervensystem besaß, um sein bewegliches (und oft verstecktes) Beutetier zu lokalisieren. Das ist eine entschieden größere Aufgabe, als einfach ein Ei auf ein Blatt fallen zu lassen, denn Tiere verteidigen sich möglicherweise oder verstecken sich. Viele heute lebende Arten von Parasitoiden sind sehr geschickt darin, Wirte – Insektenlarven unter der Baumrinde oder in Fraßgängen – zu lokalisieren, und stechen mit ihrem Legestachel an genau die richtige Stelle, um ihre Eier auf die todgeweihten Larven zu legen.

Viele Arten lernen sehr schnell die chemischen und visuellen Reize, die auf die Anwesenheit eines passenden Wirts hinweisen, und manche wenden dabei räumliches Lernen an, um zu vermeiden, dass mehrere Eier auf ein und demselben Wirt deponiert werden, und um immer wieder Orte aufzusuchen, wo sie wahrscheinlich einen Wirt finden. Tatsächlich findet man einige der eindrucksvollsten Lernleistungen bezüglich der Raumorientierung bei den parasitoiden Wespen. Die Weibchen der Schlupfwespe *Hyposoter horticola* zum Beispiel beobachten die Eierlegeplätze gewisser Schmetterlinge in der Umgebung. Die Wespe muss ihre Eier unbedingt kurz vor dem Schlüpfen der Wirtslarven ablegen, deshalb legt sie sie nicht gleich nach deren Entdeckung ab, sondern prägt sich ihre Lage ein, kehrt über Wochen immer wieder zurück, um ihre Entwicklung zu beobachten, und ist dann genau im richtigen Augenblick zur Stelle. Dies ist eine einfache und wahrscheinlich instinktive Art und Weise, in die Zukunft zu schauen und sich planvoll zu verhalten.

Mithilfe derselben Logik, die wir in Kapitel 2 bei der Evolution des Farbensehens dargelegt haben, kann man auch auf die Hirnstruktur der frühen Hymenoptera aus dem Jura (zu denen auch die Vorfahren der Bienen gehören) schließen. Indem wir die Hirne von noch lebenden Tierarten auswerten und der einfachen Logik vertrauen, dass biologische Merkmale eher erhalten bleiben, als sich zu verändern, können wir Rückschlüsse auf die Vorfahren der Tiere ziehen. Mithilfe einer derartigen Analyse fanden Sarah Farris und

Susanne Schulmeister von der West Virginia University heraus, dass sich gleichzeitig mit dem Übergang von einem vegetarischen zu einem parasitoiden Lebensstil im Jura bei einem Teil der Hautflügler auch die Hirnstruktur änderte. Der Pilzkörper (vgl. Kap. 9), eine auffällige anatomische Struktur im Gehirn von Insekten und anderen Arthropoden, der als multisensorisches Integrationszentrum dient, aber auch eine wichtige Rolle bei Lernen und Gedächtnis spielt, ist bei parasitoiden Hymenopteren (und ihren Nachkommen, den Bienen) im Vergleich zu ihren vegetarischen Vorfahren viel größer (und auch viel gefalteter, ähnlich dem Cortex der Säugetiere). Ganz offensichtlich erforderte der neue Lebensstil zusätzliche rechnerische Fähigkeiten.

Natürlich ist es sehr riskant, seine Eier auf einem mobilen Wirt wie einer Raupe zu deponieren. Die Eier könnten vom Wirt herunterfallen, oder der Wirt könnte samt den parasitoiden Eiern oder Larven einem Raubtier wie einem Specht (oder in ferner Vergangenheit einem kleinen Dinosaurier) zum Opfer fallen. Zu Beginn der Kreidezeit (vor ca. 140 Millionen Jahren) ergab sich daher wieder eine wichtige Änderung im Leben der Parasitoiden, die letztendlich zur Evolution der Bienen führte. Die Wespen begannen Nester zu graben, die ihren Eiern und Larven Schutz boten. In diese Nester transportierten sie lebendige Beutetiere, damit die Larven genug Nahrung hatten – und lähmten die Beute, um sicherzugehen, dass sie das Wespenei nicht abschüttelte und die Nahrung noch wochenlang frisch blieb (wie bereits Jean-Henri Fabre herausgefunden hatte, siehe Kapitel 4).

Die evolutionäre Innovation des Nestbaus und das Verproviantieren der Brut am immer gleichen Ort erforderten räumliches Gedächtnis, und die Erinnerung musste präziser werden. Wenn die vorausschauende Schlupfwespe die Lage eines Eiablageplatzes vergisst, kann sie sich einen neuen suchen. Doch einer Mutter, die die Lage ihres Zuhauses vergisst, in dem sich ihre Brut befindet, verzeiht die Evolution nicht. Bei diesem Lebensstil werden Fehler nicht toleriert.

Jean-Henri Fabre war der Erste, der räumliches Lernen bei Insekten untersuchte; er wies auf die schwierigen Aufgaben hin, die

Abb. 5.1. Eine solitäre Grabwespe verschließt den Eingang ihres Nests mit einem Kieselstein. Bienen entwickelten sich aus parasitoiden Wespen, wie diese Abbildung sie zeigt. Grabwespen aus der Gattung *Ammophila* unterhalten manchmal zahlreiche Nester zur gleichen Zeit; sie verschließen die Erdlöcher mit Kieselsteinen und Sand, um ihre Brut und deren Nahrung zu schützen, manchmal verwenden sie sogar Kieselsteine, um den Sand über dem Eingang festzuklopfen. Das Wiederfinden dieser versteckten Nester inmitten vieler benachbarter Nester stellt hohe Ansprüche an das räumliche Gedächtnis der Grabwespen.

Grabwespen aus der Gattung Ammophila (die bis zu drei Nester gleichzeitig und bis zu zehn über den Sommer versorgen können) bewältigen müssen. Fabre hielt es für wenig überraschend, dass Honigbienen zu ihrem Stock zurückfinden, zumal er groß ist, nach Bienen riecht und vor dem Flugloch reges Kommen und Gehen herrscht. Doch eine Grabwespe verschließt ihr Erdloch mit Kieselsteinen und Sand, um jede Spur ihrer Anwesenheit zu tilgen (Abb. 5.1). Sie kann die Lage des Erdlochs nur mithilfe ihres Gedächtnisses ermitteln, was nicht einfach ist, da sich oft viele andere Löcher von Artgenossen in unmittelbarer Nähe befinden. Fabre betonte, dass sich der Lernprozess der Grabwespen auf einen einzigen Lernakt beschränkte – sie graben oft am Abend ihr Erdloch, verbringen die Nacht anderswo und müssen am nächsten Morgen zurückfinden, ohne sich zu irren (das Nest ist nur für ihre Brut, nicht für sie selbst bestimmt).

Wahrscheinlich erwies sich die Veränderung des Hirns infolge der früheren Hinwendung von einem veganen zu einem fleischfressenden Lebensstil als sehr nützlich, als ein noch präziseres räumliches Gedächtnis notwendig wurde, um die Brut immer am gleichen Ort zu versorgen (ein Nest zu haben, sollte wiederum – viel später – die Entwicklung des sozialen Lebens fördern). Merkwürdigerweise bekehrte sich (möglicherweise vor ungefähr 120 Millionen Jahren; Abb. 2.5) ein evolutionärer Zweig der parasitoiden Wespen zu einem streng veganen Lebensstil und wurde zu blumenbesuchenden Bienen. Dazu muss man wissen, dass viele erwachsene parasitoide Wespen auch Blumen besuchen, um Nektar zu gewinnen – wahrscheinlich haben sie das auch damals getan und dabei zufälligerweise Pollen mit nach Hause genommen. Einige von ihnen haben allmählich das Fleisch als Proteinversorgung für die Larven zugunsten von ebenfalls sehr proteinreichem Pollen aufgegeben und diese Gewohnheit beibehalten. Hermann Müller (1829–1883, siehe Eingangszitat), ein deutscher Biologe, versuchte, mithilfe von Darwins Prinzipien die Entwicklung der Interaktion von Pflanzen und Bestäubern zu verstehen. Ihm zufolge trug die Notwendigkeit, immer komplexere Blumen zu erschließen (zusätzlich zur Proteinversorgung der Larven und dem Nestbau), ebenfalls zur Evolution der Intelligenz der Bienen bei.

Karl von Frisch und die Entdeckung der Sprache des Bienentanzes

In den vorigen Abschnitten haben wir erfahren, dass der Entwicklung des sozialen Lebens eine große Veränderung bei der Hirnentwicklung der Hautflügler vorausging. Die wichtigsten innovativen Verhaltensweisen, die mit der Vergrößerung des Pilzkörpers einhergingen, waren sowohl die Evolution des Nestbaus (und des dafür notwendigen Raumgedächtnisses) als auch die Notwendigkeit, eine große Vielfalt an Nahrungsquellen zu entdecken und zu unterscheiden. Diese Aufgaben müssen auch heute noch von den vielen Tausenden noch lebenden Solitärbienen und einigen Hundert sozialen Bienenarten bewältigt werden. Das Auftreten des sozialen Lebens erforderte und erleichterte wiederum die Entwicklung weiterer Verhaltensfähigkeiten – in erster Linie der Kommunikation. Bei den sozialen Bienen haben sich viele Mitteilungsmethoden entwickelt, doch wir werden uns hier auf eine konzentrieren: die Tanzsprache der Bienen. Dies ist der Fall, weil diese symbolische Kommunikationsmethode einen einzigartigen Blick ins Hirn eines Insekts ermöglicht und uns erlaubt, uns vorzustellen, wie Bienen ihre räumliche Umgebung wahrnehmen, über die sie kommunizieren, und nicht zuletzt, weil es viele Studien über die Evolution des Bienentanzes und dessen Anpassung an die Umwelt gibt.

In den letzten Jahren des Zweiten Weltkriegs, als Karl von Frisch aufgrund der historischen Ereignisse gezwungen war, sich auf angewandte Forschung an Honigbienen zu beschränken, erinnerte er sich an ein spezielles Phänomen, das er 20 Jahre zuvor beobachtet hatte. Von Frisch wusste, dass erfolgreiche Kundschafterinnen, die von einer üppigen Nahrungsquelle zurückkehrten, ein merkwürdiges Verhalten auf der vertikalen Wachswabe im Inneren des Stocks an den Tag legten. Sie führten eine Art Tanz auf, äußerst stereotype, sich manchmal minutenlang wiederholende Bewegungen, die von den Bienen im Stock aufmerksam verfolgt wurden. Bereits in den 1920er-Jahren hatte von Frisch vermutet, dass die Tänze eine Funktion bei der Kommunikation über Futterquellen haben. Er hatte beobachtet, dass sich das Muster dieser Tänze veränderte, und (fälschlicherweise) angenommen, dass die jeweiligen Tänze entweder auf eine üppige Pollenquelle oder eine Nektarquelle hinwiesen. 1945, nachdem von Frisch seine Forschungsstätte von der ausgebombten Universität in München nach Brunnwinkl in den Alpen (damals im Deutschen Reich, nach Kriegsende wieder Österreich) verlegt hatte, hatte er mehrere Heureka-Erlebnisse. In den Monaten zu Kriegsende entdeckte von Frisch, dass die Codes des Bienentanzes Informationen waren, die auf Richtung und Entfernung der von der Kundschafterin entdeckten Futterquelle hinwiesen. Eine symbolische Kommunikationsmethode über räumliche

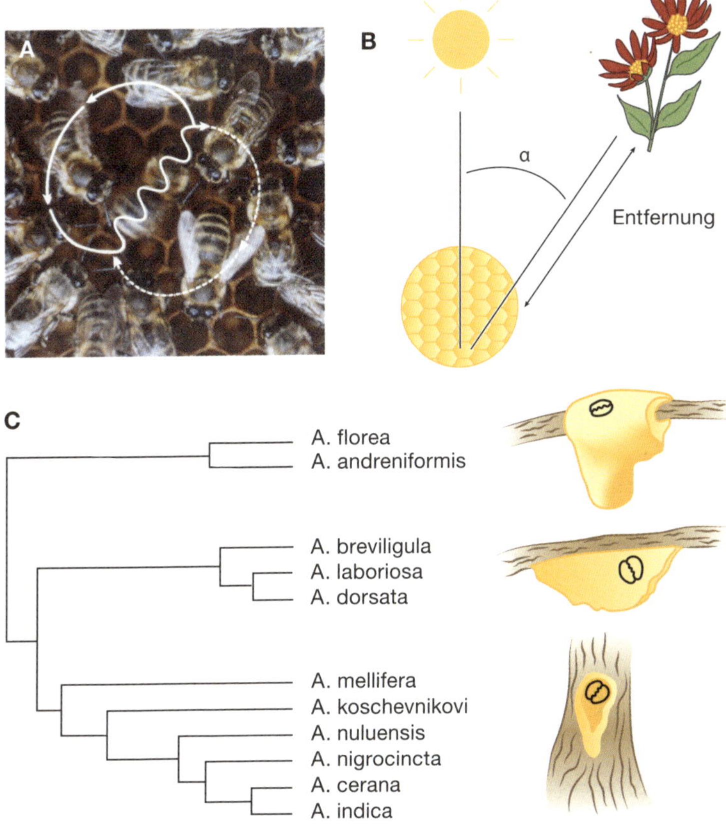

Abb. 5.2. Die Form des Schwänzeltanzes der westlichen Honigbiene (*Apis mellifera*) und ihrer asiatischen Verwandten ähnelt der Zahl 8**.** Ein Schwänzeltanz in einem Winkel von 45 Grad rechts neben der Lotrechten auf der vertikalen Wabe (**A**) weist auf eine Futterquelle hin, die sich in einem Winkel von 45 Grad rechts des Azimuts der Sonne außerhalb des Stocks befindet (**B**). Der Hinterleib der Tänzerin auf dem Foto ist unscharf, um die Bewegung zu veranschaulichen. (**C**). Der Tanz wurde möglicherweise ursprünglich von einer Art entwickelt, deren Wabe (wie die der beiden noch lebenden Arten, die sich ganz oben im Stammbaum befinden) an einem Zweig hing, sodass die Tänze auf der nahezu horizontalen Oberfläche der Wabe aufgeführt wurden. Bei diesen Arten verwenden die Bienen nicht die Schwerkraft als Bezugspunkt, sondern ihr Schwänzellauf zeigt direkt auf das Ziel. Bei den drei Arten in der Mitte hängen die Waben an dicken Ästen oder Felsvorsprüngen, doch die Tänze finden auf einer vertikalen Wabe mit der Schwerkraft als Bezugspunkt statt. Das war vielleicht eine nützliche Präadaption für das Nisten in Höhlen (zum Beispiel in hohlen Bäumen), wie bei den sechs unten gezeigten Arten, wobei Schwerkraft als Bezugspunkt verwendet werden muss, da in der finsteren Höhle keine Informationen über den Sonnenstand vorhanden sind.

Koordinaten bei einem Insekt – der beinahe 60-jährige Biologe hatte endlich die Entdeckung gemacht, die ihm den Nobelpreis einbringen würde.

Die Tanzsprache funktioniert folgendermaßen: Die erfolgreiche Kundschafterin wackelt mit dem Köper hin und her und bewegt sich dabei auf einer Linie vorwärts (Schwänzellauf). Dann beschreibt sie einen Halbkreis nach links, zurück zum Ausgangspunkt, läuft noch einmal über die gerade Linie, und beschreibt dann einen Halbkreis nach rechts (Abb. 5.2). Dieses Muster wird mehrmals wiederholt und von vorher inaktiven Bienen im Stock aufmerksam verfolgt. Kurz nach Beginn des Tanzes treffen Dutzende Sammlerinnen bei der so beschriebenen Futterquelle ein.

Von Frisch fand heraus, dass der Winkel der beschriebenen Linie zur Vertikalen dem Winkel zwischen dem Azimut der Sonne (ihrer Kompassrichtung) und der Richtung entsprach, in die die Bienen vom Stock aus zur Futterquelle fliegen mussten. Wenn die Futterquelle sich zum Beispiel in Kompassrichtung der Sonne befindet, orientiert sich der Schwänzellauf der Tänzerin senkrecht nach oben auf der vertikalen Wabe. Wenn die Quelle sich in einem Winkel von 45 Grad rechts des Azimuts der Sonne befindet, findet der Schwänzellauf in einem Winkel von 45 Grad rechts der Vertikalen auf der Wabe statt (Abb. 5.2). Die Informationen über die Entfernung zu einer Blumenwiese mit üppigem Nektar oder Pollen werden als Dauer des Schwänzellaufs codiert: Je länger die Biene schwänzelt, desto größer ist die Entfernung zum Bienenstock.

Im Bienenstock ist es bekanntlich dunkel und die anderen Bienen können den Tanz nicht beobachten, sondern müssen ihn entziffern, indem sie der tanzenden Biene folgen, während diese ihre Tanzbewegungen wieder und wieder durchläuft. Die Bienen, die dem Tanz folgen, müssen den Hinweis auf die Futterquelle lernen, während sie dem Tanz beiwohnen, die Information entschlüsseln und später in einem ganz anderen Umfeld anwenden. Keine andere Tierart (abgesehen vom Menschen) verwendet eine ähnlich symbolische Darstellung, um über Koordinaten im Raum zu kommunizieren.

Die Evolution der Tanzsprache

Wie konnte sich eine derart außergewöhnliche Kommunikationsmethode evolutionsgeschichtlich herausbilden? Martin Lindauer, Karl von Frischs Assistent, unternahm 1954/1955 eine sechsmonatige Expedition nach Ceylon (heute Sri Lanka), um die engsten Verwandten der domestizierten Honigbiene – zahlreiche andere *Apis*-Arten – zu erforschen. Mithilfe von Vergleichen zwischen verwandten, heute noch lebenden Arten hoffte Lindauer, eine Proto-Tanzsprache – die evolutionären Ursprünge der einzigartigen Kommunikationsmethode der Honigbiene – zu entdecken. Unter den von ihm untersuchten Arten befand sich auch die wildlebende *Apis dorsata* (Riesenhonigbiene) – eine sehr aggressive Biene von der Größe einer Hornisse, die riesige Einzelwaben im Freien, unter überhängenden Felsen oder Ästen baut – und die *Apis florea* (Zwerghonigbiene), die ebenfalls Waben im Freien baut und in Bäumen nistet.

Lindauer fand heraus, dass alle Honigbienenarten den typischen achtförmigen Schwänzeltanz (wenn auch mit leicht „dialektalen" Abweichungen in Bezug auf die Codierung von Richtung und Distanz) aufweisen. Alle Arten geben die Richtung zur Futterquelle relativ zum Sonnenstand an. Mit Ausnahme jener Arten, deren Lebensweise vermutlich derjenigen der ältesten Vorfahren der heutigen Honigbiene ähnelt (*Apis florea;* und der schwarzen Zwerghonigbiene, *Apis andreniformis*) wird dieser Winkel bei allen Arten während des Tanzes (auf einer vertikalen Fläche) relativ zur Schwerkraft angegeben. *Apis florea* und *Apis andreniformis*, die im Freien nisten und auf einer horizontalen Fläche tanzen, geben den Winkel nicht zur Schwerkraft an; ihre Sammlerinnen orientieren sich nach dem Stand der Sonne, wie sie ihn auf ihrem Flug zur bekannten Blumenwiese sehen. Lindauer hielt dies für die ursprüngliche Form des Tanzes.

Das ist auch sehr plausibel, denn wahrscheinlich hat sich der Tanz bei einer im Freien nistenden Biene entwickelt, die den Winkel nicht in Bezug auf die Schwerkraft angeben musste. Doch die evolutionären Ursprünge der engen Interaktion zwischen Tänzerinnen und im Stock wartenden Nachfolgerinnen blieben nach wie vor ein Rätsel. Wie haben Tänzerinnen und Tanz-Nachfolgerinnen zum ersten Mal Kontakt hergestellt? Bei im Freien nistenden Bienen war die Kontaktaufnahme wahrscheinlich einfacher, weil die Nachfolgerinnen die Tänzerin sehen konnten. Dennoch stellt sich nach wie vor die Frage: Was hat sich zuerst entwickelt, das Verhalten der Kundschafter und erfolgreichen Sammlerinnen, die ein äußerst stereotypes Bewegungsmuster an den Tag legen, oder die Bereitschaft ihrer Nestgenossinnen, erfolgreichen Sammlerinnen zu folgen? Natürlich ist beides notwendig, um Bienen für den Blütenbesuch zu bestimmten Orten zu rekrutieren. Doch warum soll eine Biene einer erfolgreichen Artgenossin folgen, wenn diese noch keine Botschaft entwickelt hat, die sie als erfolgreiche Sammlerin ausweist? Und warum sollten erfolgreiche Sammlerinnen aufgeregte Tänze im Nest aufführen, wenn die anderen noch keine Bereitschaft entwickelt haben, zuzuschauen, zu folgen oder die Informationen zu dechiffrieren?

Lindauer reiste erneut in die Tropen, diesmal nach Südamerika, wo er in Zusammenarbeit mit dem brasilianischen Biologen Warwick Kerr (1922–2018) herausfinden wollte, ob die stachellosen Bienen, die damals als engste Verwandte der Honigbienen (Gattung *Apis*) galten, das Rätsel über die evolutionären Ursprünge der Tanzsprache der Honigbienen klären konnte. Doch leider lieferten auch sie nicht die erwartete Antwort. Keine der zahlreichen Arten führt die repetitiven Bewegungen auf, die bei den Honigbienen als Tanz bezeichnet werden. Doch viele laufen aufgeregt im Nest herum, wenn sie von einem erfolgreichen Flug nach Hause kommen, wahrscheinlich um inaktive Bienen zum Blütenbesuch zu animieren. Mehrere Arten erzeugen bei diesen Läufen mithilfe ihrer Flugmuskeln am Thorax auch kleine Vibrationen. Bei manchen Arten ist die Dauer dieser Vibrationen – wie auch in den Schwänzelläufen der Honigbiene – ein Hinweis auf die Entfernung von der Futterquelle.

Abgesehen von diesen gemeinsamen Merkmalen weisen stachellose Bienen große Unterschiede bei den jeweiligen Rekrutierungsmethoden auf. Manche verwenden Duftspuren; andere führen die

Sammlerinnen vom Nest direkt zur Futterquelle. Manche stachellosen Bienen machen offenbar Intentionsbewegungen – wiederholte kurze Flüge vom Nest („Fehlstarts") in die Richtung der Futterquelle und zurück –, die von anderen Bienen als Information für die Richtung gedeutet werden, in der sich die Futterquelle befindet. Möglicherweise wurden ähnliche Intentionsbewegungen auch von einem frühen, im Freien nistenden Vorfahren der Honigbiene ausgeführt; es könnte sein, dass dies die Grundlage für den Richtungscode des Schwänzeltanzes ist.

Gibt es bei Hummeln eine frühe Version des Tanzes?

Jahrzehnte später, in den späten 1990er-Jahren, erforschte die damalige Diplom-Studentin Anna Dornhaus (heute Professorin an der University of Arizona, Tucson) die Kommunikation der Hummeln, von denen man mittlerweile weiß, dass sie evolutionär gesehen die engsten Verwandten der stachellosen Bienen sind, und von denen man damals noch dachte, sie besäßen überhaupt keine Kommunikationsmethode über Futterquellen. Anna Dornhaus fand heraus, dass Hummeln tatsächlich ein sehr effizientes Rekrutierungssystem besitzen – eine einzige erfolgreiche Kundschafterin kann sämtliche Sammlerinnen der Kolonie zum Blütenbesuch animieren, indem sie chaotisch im Nest herumläuft und dabei ein Alarmpheromon verteilt. Doch bei dieser Kommunikation der Hummeln wird keine räumliche Information mitgeteilt. Die anderen Hummeln müssen die Blumen selbst finden, obwohl die erfolgreiche Kundschafterin ihnen den Duft der ertragreichen Blumen übermittelt.

Fassen wir zusammen: Die gemeinsamen Vorfahren der sozialen Bienen (also der Honigbienen, stachellosen Bienen und Hummeln) liefen höchstwahrscheinlich aufgeregt im Nest herum, wenn sie Nahrung gefunden hatten. Doch alle drei Gruppen beschritten unterschiedliche evolutionäre Wege und entwickelten sehr unterschiedliche Kommunikationsmethoden; keine bewahrte eine „fossile Version" eines frühen Honigbienentanzes. Möglicherweise werden wir nie herausfinden, wie der Vorfahr der Honigbienen allmählich die abstrakte, symbolische Methode der Tanzsprache entwickelte. Dazu ist die Kluft zwischen dem Verhalten der Honigbiene und dem ihrer engsten Verwandten einfach zu groß.

Warum tanzen Honigbienen?

Eine andere Methode herauszufinden, wie sich die Tanzsprache evolutionsgeschichtlich entwickelt hat, besteht darin, die Vorteile dieser Kommunikationsform unter natürlichen Sammelbedingungen zu messen. Es gibt keine mutierten, nicht tanzenden Honigbienen, deshalb mussten wir einen Trick anwenden, um Honigbienen zu erzeugen, bei denen der Informationsinhalt der Tanzsprache ausgelöscht war. Im Rahmen der Studien zu ihrer Dissertation kippte Anna Dornhaus die Waben von Honigbienenstöcken horizontal, sodass den Bienen die Schwerkraft nicht länger als Bezugspunkt dienen konnte. Unter derartigen Bedingungen benutzt die Honigbiene die Sonne (oder eine von einem Wissenschaftler installierte künstliche Lichtquelle) als Bezugspunkt, wahrscheinlich genauso wie ihre im Freien nistenden tropischen Vorfahren. Doch wenn nur diffuses Licht vorhanden ist, werden die Tänze desorientiert, und die sequenziellen Schwänzelläufe innerhalb eines Tanzes verlaufen kreuz und quer. Andere Bienen folgen nach wie vor den Tänzen, erhalten jedoch keine Information bezüglich der Richtung. Vielleicht erhalten sie eine interpretierbare Entfernungsweisung, doch solange sie nicht wissen, in welche Richtung sie fliegen sollen, ist diese relativ nutzlos.

Bei einer Feldstudie in der Nähe von Würzburg verglich Anna Dornhaus den Sammelerfolg von zwei Gruppen von Stöcken, einer von orientierungslosen Tänzen mit dem der Gruppe, deren Kommunikation nicht gestört worden war. Das Ergebnis: Es gab keinen Unterschied. Das war etwas überraschend – der Tanz der Honigbiene gilt nach wie vor als spektakulärstes Beispiel tierischer Kommunikation, immerhin hat er seinem Entdecker den Nobelpreis eingebracht. Doch wenn die Bienen an dieser Kommunikation gehindert wurden, änderte sich nichts an ihrer Sammelleistung.

Möglicherweise entsprachen die Blumenressourcen in dem Gebiet, in dem wir diese Experimente durchführten – einer landwirtschaftlich genutzten Fläche in Bayern –, aufgrund ihrer räumlichen Anordnung nicht den Bedingungen, unter denen sich der Tanz evolutionsgeschichtlich entwickelt hatte. Anna Dornhaus beschloss, das Experiment zu wiederholen, diesmal im Naturreservat der spanischen Sierra de Espadán mit mehr als 300 Quadratkilometern unberührter Natur. Doch auch diesmal hatte die Störung des Informationsflusses zwischen Kundschafterinnen und Nachfolgerinnen keinen spürbaren Effekt auf das Sammelergebnis.

Wir waren schon drauf und dran, dieses sehr überraschende Ergebnis zu publizieren, beschlossen dann jedoch, das Experiment ein letztes Mal an einem anderen Ort zu wiederholen. Alle Honigbienenarten mit Ausnahme der westlichen Stockbiene leben in Asien in den Tropen, und alle besitzen eine Tanzsprache. Deshalb kann man mit Fug und Recht annehmen, dass sich diese Kommunikationsmethode in tropischer Umgebung entwickelt hat. In Tropenwäldern ist Blumennahrung ganz anders angeordnet als in gemäßigten Klimazonen, wo Blumen oft über große Flächen verstreut sind – denken Sie an eine Blumenwiese in einer gemäßigten Klimazone, wo die Blumen relativ großflächig verteilt wachsen. In Regenwäldern hingegen stammt ein Großteil der Nahrung von Bäumen, und ein einziger Baum liefert manchmal Tausende Blüten – doch der nächste blühende Baum ist mitunter einen Kilometer entfernt. Dazwischen liegt Grün, Grün und nochmals Grün – das für uns und vielleicht auch für Pflanzenfresser üppig aussehen mag, doch für eine Blumen suchende Biene eine Art Wüste ist. Im Regenwald kommen Futterquellen also oft stark geklumpt vor.

Anna Dornhaus beschloss, das Experiment noch einmal durchzuführen, und zwar im Bandipur Nationalpark, dem ehemaligen privaten Jagdgebiet des Maharadschas von Mysore. Die erste Aufgabe bestand darin, festzustellen, ob die Nahrungsquellen hier geklumpter vorkamen als in gemäßigten Zonen. Wenn Sie jemals in einem Regenwald waren, dann wissen Sie, dass diese Aufgabe für einen Einzelnen nicht zu bewältigen ist – jedenfalls nicht für ein Gebiet, das dem Territorium eines Bienenstocks entspricht (mit einem Flugradius von über zehn Kilometern).

Doch könnte man nicht einfach die Bienen beobachten und ihre ureigene Tanzsprache übersetzen, um herauszufinden, welche Futterquellen ihnen als empfehlenswert erschienen? Anna Dornhaus verwendete Bienenstöcke als „Radar" für Blumennahrung und stellte auf diese Weise tatsächlich fest, dass die Orte, die in den Tropen als ergiebig angezeigt wurden, viel stärker geklumpt lagen als in gemäßigten Zonen. Wenn man unter diesen Bedingungen die Tanzsprache manipulierte, änderte sich das Ergebnis tatsächlich beträchtlich – die Anzahl der Tage, an denen ein Überschuss von Futter eingetragen wurde, reduzierte sich auf ein Siebtel der erfolgreichen Sammeltage von Bienenstöcken mit funktionierender Kommunikation.

Also hatte die Gruppierung der Blütennahrung im Regenwald die Honigbienen im Lauf der Evolution dazu gezwungen, eine präzise Kommunikationsmethode über räumliche Koordinaten zu entwickeln. In gemäßigten Klimazonen, in denen nur ein Teil der Honigbienenarten lebt, ist die Tanzsprache unter Umständen nur ein von den tropischen Ahnen übernommenes Überbleibsel. Es ist jedoch auch möglich, dass sich die Tanzsprache in einem ganz anderen Kontext evolviert hat – aufgrund der Notwendigkeit, zu schwärmen und sich ein neues Zuhause zu suchen (siehe dazu Kapitel 8) – und dass die zu diesem Zweck evolvierte Kommunikationsmethode übernommen wurde, um sich über die Lage von Blüten auszutauschen.

Wie wir mittlerweile wissen, war das Eintragen von Futter in die Heimbasis ein wichtiger Faktor bei der Entwicklung der Intelligenz der Bienen: Der Bau einer Bleibe, in der die Brut versorgt werden kann, erfordert ein präzises räumliches Gedächtnis. Die frühen (nach wie vor solitären) Bienen teilten mit ihren parasitoiden Vorfahren die Notwendigkeit, sich genau an die Lage ihres Nests zu erinnern. Die Tatsache, dass räumliches Gedächtnis mittlerweile vor allem an sozialen Arten wie Ameisen, Honigbienen und Hummeln untersucht wird, bedeutet nicht, dass dieses Gedächtnis bei Solitären weniger wichtig ist. Im folgenden Kapitel werden wir herausfinden, wie komplex räumliche Erinnerungen sind und wie Wissenschaftler bei bestimmten Gelegenheiten die tanzenden Bienen belauscht haben, um zu verstehen, wie Raum bei Insekten mental repräsentiert ist.

6

Das räumliche Lernen

Es unterliegt nicht dem geringsten Zweifel, dass die Bienen auf die von Ihnen angegebene Weise, geleitet durch die beim Ausflug aufgenommenen Bilder ihrer Wohnung und deren näherer und entfernterer Umgebung ihren Rückweg zum Stocke finden. Vom Instinkt kann nur insofern die Rede sein, als derselbe sie anleitet, beim ersten Abflug sich die Lage der Wohnung und der nächsten Umgebung genau zu betrachten, weshalb sie sich, wie bekannt, beim ersten Ausflug – dem Vorspiel – umwenden und anfangs kleine, dann immer größere Kreise beschreibend ein genaues Bild ihres Stockes und seiner Umgebung in sich aufnehmen.

Johann Dzierzon, 1900

Jean-Henri Fabre erforschte die Heimkehrfähigkeit vieler solitärer Wespen- und Bienenarten. Er fing sie vor ihren Nestern ein, markierte sie mit bunten Farbpunkten und transportierte sie in Schachteln (aus denen ihnen der Blick hinaus verwehrt war) bis zu vier Kilometer in unterschiedliche Richtungen. Eine große Zahl der freigelassenen Bienen kehrte immer wieder zu ihrem Nest zurück, manche erst am nächsten Tag, doch meistens deutlich schneller.

Als Charles Darwin von diesen Experimenten erfuhr, schlug er Fabre in einem Brief vor, die Bienen während des Transports mithilfe von Tricks zu verwirren, um herauszufinden, mithilfe welcher Strategien sie nach Hause fanden. Fabre probierte alles aus, trug die Bienen an einen Ort, der in entgegengesetzter Richtung zu dem Ort lag, an dem er sie freiließ, schleuderte sie herum, machte Umwege, ließ sie hinter Hügeln aus – doch all diesen Irritationen zum Trotz

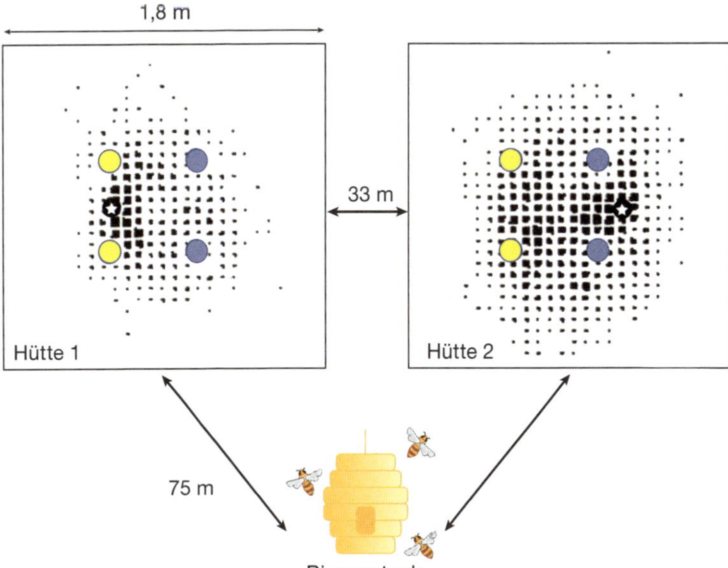

Abb. 6.1. Kontextuelles Lernen bei Honigbienen. Honigbienen lernten, zwei identische Hütten zu besuchen, in deren Innerem sich vier zylindrische Landmarken befanden (Abbildung nicht maßstabsgetreu). In der einen Hütte befand sich die Belohnung zwischen zwei blauen Zylindern, in der anderen zwischen zwei gelben (die Lage der Belohnungen wird von den Sternchen angegeben). Wenn die Belohnungen während der Tests entfernt wurden, suchten die Bienen trotzdem vorwiegend an den richtigen Stellen (die durch die Dichte und Größe der schwarzen Punkte angegeben werden), obwohl keine Reize innerhalb der Hütten Rückschlüsse auf ihre Identität zuließen; die Bienen entschieden also aufgrund von Erinnerungen, die sie gespeichert hatten, bevor sie in die Hütten einflogen.

rin Almut Kelber (die mittlerweile ebenfalls eine führende Stellung bei der Erforschung des Farbsehens verschiedener Tiere einnimmt) kontextuelles Lernen beim räumlichen Gedächtnis der Bienen erforscht.

Sie trainierten Honigbienen, Futterstellen in zwei identischen Hütten zu besuchen, die sich in einer Entfernung von 75 Metern vom Stock und 33 Metern zueinander befanden. Im Inneren waren die beiden Hütten völlig identisch – in beiden fanden die Bienen zwei blaue und zwei gelbe, rechteckig angeordnete Zylinder vor (Abb. 6.1). In der einen Hütte befand sich Futter zwischen den beiden gelben Wegmarken, in der anderen zwischen den beiden blauen. Wenn man später im Experiment die Futterquellen entfernte, suchten die Bienen –

je nachdem, in welcher Hütte sie sich befanden – an der richtigen Stelle zwischen den blauen oder den gelben Zylindern, obwohl das Innere der Hütten zum Zeitpunkt der Entscheidungsfindung völlig identisch war. Zweifellos hatten die Bienen die richtigen Erinnerungen aufgrund kontextueller Reize gespeichert – in diesem Fall entweder die Landschaft, die sie auf ihrem Flug zur Hütte gesehen hatten, oder ihr eigenes Flugverhalten (die Erinnerung an die Richtung, in die sie flogen, bevor sie die Hütte erreicht hatten).

Später konnte kontextuelles Lernen in vielen Experimenten mit Honigbienen und Hummeln bestätigt werden. Hummeln zum Beispiel können lernen, entweder gelbe oder blaue künstliche Blumen zu besuchen, je nachdem, ob diese blau oder grün beleuchtet sind. Colletts und Kelbers Experiment machte jedoch vor allem klar, dass der kontextuelle Reiz nur aus dem Gedächtnis abzurufen und in der aktuellen Entscheidungssituation nicht direkt zugänglich war. Die Bienen mussten also eine Erinnerung (Landmarken, die sie gesehen hatten, oder Handlungen, die sie getätigt hatten, bevor sie in die Hütte hineingeflogen waren) abrufen, um Zugang zu einer anderen Erinnerung (ob sie nun zwischen den vertrauten gelben oder den blauen Landmarken innerhalb der Hütte suchen sollten) zu haben.

Verfügen Bienen über eine kognitive Karte?

Im gleichen Jahrzehnt publizierte James Gould, ein Zoologe der Universität Princeton, die These, dass Bienen ein noch raffinierteres inneres Bild des Raums besäßen. Er schlug vor, dass Bienen über eine mentale Landkarte verfügten – eine geistige Repräsentation ihrer gewohnten Umgebung, die sie sich vor einem inneren Auge vorstellen können und die es ihnen erlaubt, Handlungen im Raum vorzunehmen, die mithilfe einfacher, auf Flugrouten basierender Erinnerungen nicht möglich wären. In Martin Lindauers Studien gab es einige anekdotische Berichte darüber, dass Bienen einen relativ flexiblen Zugang zu der Bibliothek haben, in der ihre räumlichen Erinnerungen abgespeichert sind: Er hatte beobachtet, dass manche

Bienen, von denen man wusste, dass sie sich an eine bestimmte Lage erinnerten, nachts tanzten und genau auf diese Lage hinwiesen, was bedeutete, dass sie den Stand der (nicht sichtbaren) Sonne hinter dem Horizont zu dieser Uhrzeit erkannten. Diese Beobachtungen lassen jedoch vor allem darauf schließen, dass Bienen eine räumliche Erinnerung auch ohne äußeren Reiz abrufen können – was die bis dahin gültige Annahme widerlegt, dass Erinnerungen einfach von äußeren Reizen („Sobald eine Biene eine gelbe Blume sieht, erinnert sie sich an die Belohnung") oder von internen Triggern („Der Magen der Biene ist voll, deshalb muss sie Wegmarken suchen, die ihr den Weg nach Hause weisen") ausgelöst werden.

Doch Gould baute seine These von der flexiblen Nutzung der mentalen Karte noch weiter aus: Er behauptete, die Zeuginnen eines Bienentanzes könnten die angegebenen Koordinaten auf ihrer eigenen inneren Karte gewissermaßen „nachschlagen" und auf Glaubwürdigkeit prüfen. Kamen die Tänzerinnen zum Beispiel von einer Futterquelle auf einem Boot in einem See zurück, überprüften (so Gould) ihre Artgenossinnen ihre eigenen mentalen Karten, kamen zu dem Schluss, dass die angegebene Futterquelle nicht existieren könne („mitten im Wasser kann es keine Blumen geben"), und ignorierten deshalb die Tänzerinnen. Diese Hypothese klingt zwar sehr verlockend, wurde jedoch von einem späteren Experiment nicht bestätigt.

Gould publizierte auch eine Studie, derzufolge Bienen unter Umständen fähig sind, neue, bisher unbekannte Abkürzungen zwischen vertrauten Futterquellen zu nehmen, ohne das richtige Ziel aus der Entfernung zu sehen (Abb. 6.2). Seinerzeit waren das revolutionäre Thesen. Das Lernen der Insekten galt damals als rein assoziativ, wie zum Beispiel bei der Erinnerung der Bienen an eine Blumenfarbe, die eine Belohnung verspricht. Die Vorstellung, ein Insekt könne tatsächlich flexiblen Zugang zu inneren Bildern seiner Umgebung haben, was es zu neuartigen Flugrouten befähigte, galt damals als höchst unwahrscheinlich.

Auch Randolf Menzel, damals Mentor meiner Diplomarbeit, war skeptisch. Im Sommer 1989 fuhr er mit einem Team von Diplomstudenten und Doktoranden ins Haus seiner Schwiegereltern, um

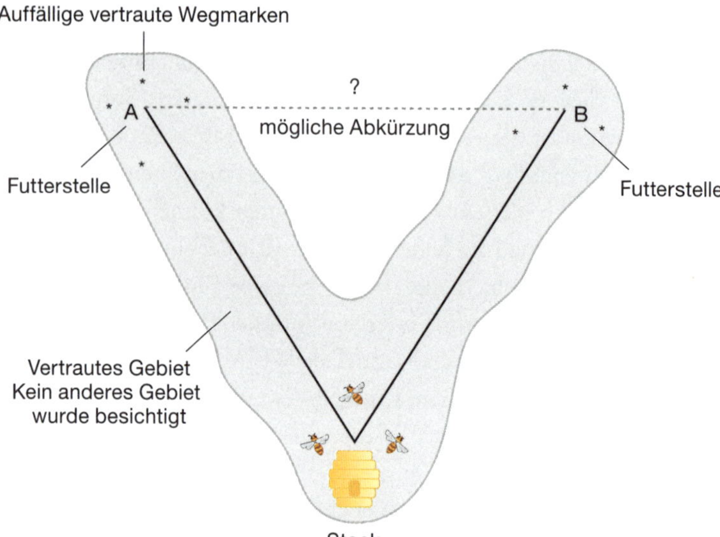

Abb. 6.2. Besitzen Bienen eine kognitive Karte? Wenn Bienen innere Karten besäßen, könnten sie sich nicht nur an Wegmarken und Routen erinnern, sondern wären auch in der Lage, neue Routen zu nehmen, die auf diesen Erinnerungen basieren, etwa Abkürzungen zwischen vertrauten Orten. Eine Biene hat zum Beispiel Erfahrung, vom Stock zu Futterstelle A und zu Futterstelle B zu fliegen. Mithilfe einer inneren Karte müsste es der Biene möglich sein, eine Abkürzung von A nach B zu nehmen, während sie aufgrund der einfachen Erinnerung an die Route gezwungen wäre, von A zum Stock und erst dann nach B zu fliegen.

Jim Goulds These zu überprüfen. Wir hatten einen kleinen Beobachtungsstock (mit Seitenwänden aus Glas und nur einer einzigen Wabe), und ungefähr 2000 Arbeitsbienen wurden mit Nummernschildchen markiert. Der Plan war recht einfach. Zuerst würden wir die Bienen darauf trainieren, zu Futterquelle A zu fliegen, die sich in einer Entfernung von ungefähr 500 Metern vom Stock befand. In den nächsten beiden Tagen bewegten wir die Futterquelle entlang eines Bogens, mit dem Stock als Mittelpunkt, ein paar Meter pro Tag, zu Punkt B.

Die Frage am Ende des Trainings lautete ganz einfach: Würden die auf B dressierten Bienen, die wir beim Abfliegen einfingen, fähig sein, eine Abkürzung zu B zu nehmen, wenn wir sie in einer dunklen Box nach A transportierten und dort freiließen? Da die Bienen markiert waren, wussten wir, welche Individuen Station A und B und alle Stationen dazwischen besucht hatten. Wir gingen davon aus, dass die Bienen während des Trainings das gesamte Gebiet kennengelernt hatten, es jedoch nur als fächerartiges Muster mit dem Stock als Ausgangspunkt gespeichert hatten. Sie hatten nicht die Erfahrung gemacht, direkt von A nach B zu fliegen; eine innere Landkarte hätte ihnen dies allerdings erlaubt. Sobald die Bienen freigelassen wurden, flogen sie in genau dieselbe Richtung, in die sie auch geflogen wären, wenn man sie am Stockeingang abgefangen hätte. Wenn sie eine innere Landkarte besaßen, benutzten sie sie in dieser Versuchsanordnung jedenfalls nicht. Aufgrund dieses und vieler ähnlicher Experimente auf der ganzen Welt kam man zu dem Schluss, dass es bei Bienen keine solche Landkarte gab.

Das war die erste wissenschaftliche Studie, auf der mein Name als Autor stand, und aus mehreren Gründen war mir nicht wohl dabei. Ein negatives Ergebnis bei einem Test zur Prüfung der kognitiven Fähigkeiten eines Tieres bedeutet niemals, dass das Tier tatsächlich nicht imstande ist, die Aufgabe zu lösen. Ein typischer Fehler aus dem Bereich der menschlichen Navigation illustriert dies: In meinem lokalen Supermarkt wurde eines Tages die Gemüseabteilung von ganz hinten nach vorne neben den Eingang verlegt. Beim nächsten Einkauf ging ich schnurstracks an dem Gemüse vorbei, das ich kaufen wollte, nahm den gewohnten Weg nach hinten und stellte fest, dass das gesuchte Produkt nicht mehr da war. Ich war einfach einem vertrauten Vektor gefolgt, bevor ich auf meine Umgebung achtete. Doch ein solcher Irrtum bedeutet nicht, dass ich unfähig bin, etwas Vertrautes an einem unvertrauten Ort zu sehen. In derselben Art und Weise sind die Bienen vielleicht am Anfang in die richtige Richtung geflogen und haben erst am Ende der erinnerten Distanz auf Landmarken geachtet. Eine weitere Komplikation bestand darin, dass unsere Tests, wie auch viele andere auf der Welt, in Gegenden stattfanden, die reich an natürlichen Landmarken waren. In so einer Anordnung kann man im Grunde nicht herausfinden, welche Geländeeigenschaften sich die Bienen zunutze machen.

Künstliche Landschaften für Experimente zur Erforschung der Bienennavigation

Mir war klar, dass man auf die von Ernst Wolf 1920 angewandte Methode (siehe Kapitel 3) zurückgreifen und die Experimente in einer Landschaft durchführen musste, die so gut wie keine markanten Landmarken besaß. Doch wo sollte ich so eine Landschaft in der Nähe von Berlin finden, wo ich inzwischen meine Doktorarbeit schrieb? 1990 fuhr ich öfters mit dem Zug nach Hamburg; auf dem Weg dorthin musste man noch die DDR durchqueren, kurz bevor es im Oktober dieses Jahres zur Wiedervereinigung kam. Aufgrund der sozialistischen Landreformen in der DDR waren viele kleinere Bauernhöfe zu riesigen Landwirtschaftlichen Produktionsgenossenschaften (LPGs) zusammengeschlossen worden; als ich aus dem Zugfenster schaute, stellte ich fest, dass die Landschaft von Horizont zu Horizont aus flachen Feldern ohne optische Orientierungspunkte bestand. Perfektes Gelände zum Testen von Bienen!

Als Nächstes brauchten wir große künstliche Landmarken, deren Lage wir bestimmen und die wir im Rahmen der Experimente rasch verschieben konnten. Im Laufe einer feuchtfröhlichen Debatte mit meinem Freund und Kollegen Karl Geiger entschieden wir uns für ein dreifüßiges Zelt, das wir schnell zusammenfalten und transportieren konnten und das in Bezug auf Stabilität ideal war. Wir hatten keinen Geldgeber für dieses Projekt, also mussten wir kreativ sein. Wir entdeckten eine ostdeutsche Firma, die bis vor Kurzem Fahnen für sozialistische Aufmärsche hergestellt hatte und froh war, neue Kunden zu finden, auch wenn sie relativ wenig bezahlten. Die Frau unseres Doktorvaters, Mechthild Menzel, nähte die Fahnenstoffe freundlicherweise zusammen, und zwar so, dass dreiseitige Pyramiden entstanden, und diese Stoffpyramiden machten wir an drei 4 Meter langen Aluminiumstäben fest (Abb. 6.3). Damit hatten wir große, mobile Landmarken (die jeweils etwa 3,5 Meter hoch waren) und konnten den Einfluss von Geländeeigenschaften auf die Navigation der Bienen unter realistischen großflächigen Bedingungen kontrolliert beobachten.

Abb. 6.3. Künstliche Landmarken bei Experimenten zu den mathematischen Fähigkeiten der Bienen und ihrer Navigation. 3,5 Meter hohe Zelte dienten als bewegliche Landmarken für Studien zu den mathematischen Fähigkeiten der Bienen und zur Rolle von Landmarken beim Einschätzen von Richtung und Distanz. Die Bienen landeten früher, wenn sie unterwegs mehr Landmarken vorfanden, und flogen weiter, wenn die Anzahl der Landmarken im Verhältnis zum Training verringert wurde.

Schließlich brauchten wir noch eine Mannschaft, die imstande war, Landmarken zu transportieren und Bienen einzufangen und zu zählen. Wissbegierige Studenten der Freien Universität Berlin und sogar meine Mutter und mein Bruder boten ihre Hilfe an. Ich fragte so gut wie jeden, sogar meine damals 82-jährige Großmutter. Sie sagte ab; ich akzeptierte ihre Weigerung aber erst nach einer längeren Diskussion. In den Sommern 1991–93 campierte eine bunt gemischte Truppe von zukünftigen Biologen samt Freunden und Verwandten jeweils zwei Wochen in Baracken auf einem Sportplatz in fünf Kilometer Entfernung vom Experimentierfeld und schlief in Stockbetten, die man – so die lokalen Behörden – aus einem DDR-Gefängnis beschafft hatte. Die Unterbringung kostete 1 DM (einen halben Euro) pro Nacht und Person. Bevor Ostdeutschland von westdeutschen Geschäftshaien kolonisiert wurde, waren die Preise ziemlich vernünftig.

Zuerst gingen wir der Frage nach, wie sehr Geländeeigenschaften zusätzlich zum Sonnenkompass zum Navigieren benutzt wurden. Wir stellten vier dreiseitige Zelte auf einer Linie hintereinander auf, in Entfernungen von 75, 150, 225 und 300 Metern vom Stock (Abb. 6.3). Die Honigbienen waren darauf trainiert, eine Futterquelle zwischen der dritten und vierten Landmarke zu besuchen. Dann vergrößerten wir Schritt für Schritt den Winkel zwischen der erlernten Kompassrichtung und den Landmarken, indem wir diese in immer größer werdenden Abständen anordneten. Je größer der Winkel zwischen der trainierten Kompassrichtung und der Linie der Landmarken wurde, desto weniger „vertrauten" ihnen die Bienen, und bei 30 Grad ignorierten sie sie schließlich vollständig, solange sie ihren Sonnenkompass verwenden konnten. War der Himmel bedeckt und waren weder die Sonne noch das Polarisationsmuster sichtbar, folgten viele den Landmarken – jedoch in geringerem Ausmaß, wenn die Landmarken in eine Richtung wiesen, die sich von der erlernten deutlich unterschied. Es ist möglich, dass sie in diesem Fall einen magnetischen Kompass benutzten.

Sowohl bei Sonnenschein wie bei bedecktem Himmel folgten Bienen ganz eindeutig den erlernten Vektoren („Fliege 187,5 Meter in Richtung Süden") und benutzten Landmarken nur zur Feineinstellung ihres Kurses. Dasselbe Verhältnis ergab sich, wenn wir die Diskrepanz zwischen einer einzigen (aus drei bunten Zelten bestehenden) Landmarke bei der Futterquelle und der trainierten Entfernung vergrößerten. Lag die Landmarke zu weit abseits vom Kurs, ignorierten die Bienen sie, beachteten sie jedoch, wenn sie näher an dem erinnerten Ort lag. Kurz und gut, wenn sich Bienen auf einer „Mission" befinden, also zu einem bekannten Ziel fliegen, lassen sie sich vom Flugvektor leiten und verwenden Landmarken als Backup für die Feineinstellung des Kurses. Dieses System erweist sich als sehr nützlich, um Fehler beim Navigieren zu korrigieren, etwa wenn sie vom Wind verweht werden.

Unsere Anordnung von vier identischen Landmarken führte von selbst zu der Frage, ob Bienen imstande wären, Landmarken zu zählen. Beim Training waren die Bienen an drei Landmarken zwischen

Stock und Futterstelle vorbeigeflogen. Was würde passieren, wenn wir einen Widerspruch zwischen der korrekt erinnerten Entfernung und der Anzahl der Landmarken einführten – wenn die Bienen zum Beispiel auf ihrem Weg zum Ziel vier oder fünf Landmarken vorfanden? Obwohl die Erinnerung an den trainierten Flugvektor stark war, landeten sie – wie wir herausfanden – umso früher, je mehr Landmarken sie auf der vertrauten Route sahen. Wenn wir andererseits die Zahl der Landmarken zwischen dem Stock und der gewohnten Futterquelle von drei auf zwei reduzierten, flogen viele Bienen über die trainierte Entfernung hinaus und landeten hinter der dritten Landmarke (die sich jetzt jenseits der trainierten Futterquelle befand). Als wir diese Studie Mitte der 1990er-Jahre veröffentlichten, war die Skepsis einiger Kollegen bezüglich der Zählfähigkeiten von Insekten sehr groß, doch diese haben sich mittlerweile bei vielen anderen Versuchsanordnungen bestätigt, sowohl bei Honigbienen als auch bei anderen Bienenarten.

Interessanterweise beruht das Zählen bei Insekten und Menschen auf unterschiedlichen Strategien. Wir können kleine Mengen simultan erfassen – was man als Subitisieren bezeichnet. So können wir zum Beispiel die Zahl auf einem Würfel extrem schnell erfassen. Bienen hingegen müssen jedes Zeichen einzeln abhaken – als würden wir Menschen mit dem Finger der Reihe nach auf jedes einzelne zu zählende Objekt zeigen (Abb. 6.4). Noch ist nicht geklärt, ob Bienen mithilfe intensiven Trainings auch lernen könnten, kleine Mengen parallel und somit schneller zu zählen.

Neuere Studien enthalten Hinweise, dass Bienen mathematische Fähigkeiten besitzen; einige Wissenschaftler postulieren, dass Bienen addieren und subtrahieren können und sogar das Konzept der Null verstehen. Doch wie bei anderen Studien zu den mathematischen Fähigkeiten von Tieren ist es im Augenblick noch nicht völlig klar, ob Bienen die Aufgabe mithilfe von Zahlen oder anderen Reizen lösen. Die ist zumindest theoretisch möglich, weil die Zahl der Objekte oft mit anderen, nicht-numerischen Reizen einhergeht, etwa der Gesamtfläche, die die zu zählenden Objekte einnehmen, der Länge der Konturen (die Summe aller Umfänge der zu zählenden

Objekte) oder der konvexen Hülle (das Polygon, das die Außenpunkte der Objekte verbindet). Alle diese alternativen Erklärungen müssen mithilfe von Experimenten sorgfältig ausgeschlossen werden.

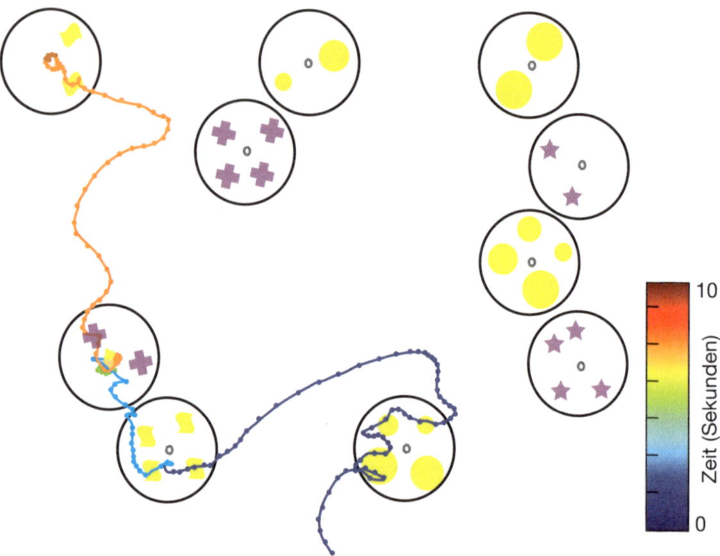

Abb. 6.4. Sequenzielles Abhandeln von zählbaren Objekten am Beispiel einer Hummel. Flugbahn einer Hummel, die darauf trainiert wurde, Reize, die aus zwei Objekten bestehen, auszuwählen und Reize, die aus vier Objekten bestehen, zu vermeiden. Auf dieser Abbildung sieht man die ersten zehn Sekunden des Scanning-Verhaltens der Hummel; der Pfad ist farblich gekennzeichnet, um den Fortschritt von früh (violett) zu spät (rot) zu markieren. Die Hummel untersucht der Reihe nach zwei Muster, die aus vier Objekten bestehen, verwirft sie jedoch, nachdem sie drei Objekte gescannt hat. Dann entscheidet sie sich für ein Muster, das die korrekte Anzahl zweier violetter Kreuze enthält (obwohl sie bisher nur bei gelben Objekten eine Belohnung gefunden hat), und entscheidet sich schließlich für ein anderes Muster, das die richtige Anzahl von zwei (gelben) Formen enthält. Die Punkte der Flugbahn sind durch Zeitintervalle von 33 Millisekunden getrennt.

Wegintegration bei Bienen

Wegintegration – auch Koppelnavigation genannt – ist die Fähigkeit, von jedem x-beliebigen Punkt in seinem Revier auf direktem Weg nach Hause zu finden, auch wenn das Ziel nicht sichtbar und der Weg dorthin indirekt und gewunden ist. Zu diesem Zweck muss das Tier seine Position relativ zu seinem Nest ständig aktualisieren (als würde es ein mentales Gummiband halten, das es mit dem Nest verbindet), indem es alle Ecken und Distanzen speichert (Abb. 6.5). Wegintegration wurde intensiv bei Wüstenameisen erforscht, vor allem von Rüdiger Wehner (siehe Kap. 3) und Tom Collett (s. o.) und

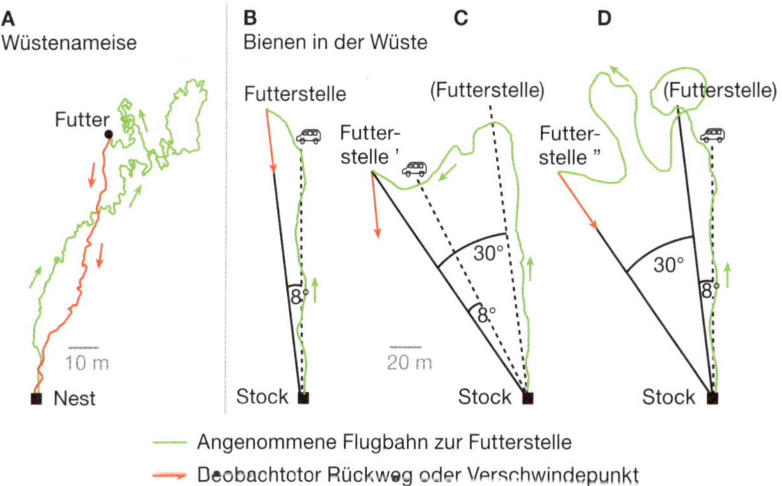

Abb. 6.5. Wegintegration bei Wüstenameisen und Honigbienen. A. Eine einzelne Wüstenameise sucht Futter auf einem gewundenen, ca. 350 m langen Weg (grün). Sobald sie die Futterquelle gefunden hat, kehrt sie nicht auf demselben Weg, sondern auf direktem Weg nach Hause zurück (rot). **B.** Honigbienen werden trainiert, über eine Landmarke (Autosymbol) zu einem Ziel zu fliegen, das sich in einer Entfernung von 175 Metern von ihrem Nest befindet. **C.** Wenn die Landmarke und die Futterstelle um 30 Grad (Futter befindet sich nun in Futterstelle') versetzt werden, greifen Bienen nicht auf Wegintegration zurück, sondern fliegen von der Futterstelle weg in die vertraute Richtung. **D.** Wenn sich die Landmarke am vertrauten Ort befindet, die Bienen die Futterstelle jedoch an einem neuen Ort vorfinden (Futterstelle"), finden sie mithilfe von Wegintegration direkt nach Hause.

deren Teams. Die Wüste, vielerorts ein Terrain ohne visuelle Landmarken, ist ein geeignetes natürliches Labor für solche Experimente.

Bis in die 1990er-Jahre hatte es nur einen indirekten Beweis für Wegintegration bei Bienen gegeben. Er stammte aus einer Studie von Karl von Frisch, bei der er Bienen darauf trainiert hatte, auf einer dreieckigen Route um einen Bergkamm herum zwischen ihrem Stock und der Futterquelle hin- und herzufliegen (die Bienen lösten das Problem nicht, indem sie über den Berg flogen). Trotz der umständlichen Route wiesen die zurückkehrenden Bienen in ihren Tänzen direkt auf die Futterquelle hin – als ob sie quer durch den Berg geflogen wären. Wie die wegintegrierenden Wüstenameisen berechneten die Bienen anscheinend eine direkte Route zur Futterquelle, indem sie die Geometrie der zwei geraden Flugstrecken integrierten. Doch ein konkreter Beweis für die Wegintegration stand noch immer aus.

1994 besuchte ich meinen Freund Jan Kunze (1968–2021) in Tucson, Arizona, wo er Experimente für seine Diplomarbeit durchführte. Zwei Fahrstunden von Tucson entfernt, im Cochise County, fanden wir eine flache Sandwüste ohne optische Orientierungspunkte namens Willcox Playa. Jan hatte bereits bei den oben beschriebenen „Zeltexperimenten" im Nordosten Deutschlands mit mir zusammengearbeitet; angeregt von den Studien Wehners und Colletts über Wüstenameisen beschlossen wir, ein Wegintegrations-Experiment mit Honigbienen in der Wüste durchzuführen. Von Freunden am US Department of Agriculture in Tucson borgten wir uns einen Bienenstock und ein Auto. Obwohl wohl noch nie eine Honigbiene in dieser Wüste ohne jegliche Orientierungspunkte und Vegetation geflogen war, fanden sich die Bienen gut zurecht und flogen erfolgreich zwischen ihrem Stock und einer von uns installierten Futterstelle hin und her.

Damals gab es noch keine Technik, mit deren Hilfe man den Flug der Bienen über längere Distanzen hätte verfolgen können; Wegintegration war bisher nur an laufenden Tieren untersucht worden, deren Futtersuche leichter zu beobachten ist. Bei Bienen konnten wir nur aufzeichnen, wann und wo sie landeten und wo sie „verschwanden" – eine Technik, die wir uns aus Studien über die

Heimkehrfähigkeit von Tauben ausgeborgt hatten, wobei ein Tier nach dem Wegfliegen so lange wie möglich beobachtet und dessen Kompasspeilung in dem Augenblick aufgezeichnet wird, in dem es aus dem Sichtfeld des Beobachters verschwindet.

Zuerst dressierten wir die Bienen auf eine Futterquelle, die sich 175 Meter nördlich des Stocks befand, in der Nähe einer Landmarke (dem Auto der USDA in Ermangelung einer besseren). Danach entfernten wir die Futterquelle von dem gewohnten Ort und stellten links davon (in derselben Entfernung vom Stock) eine neue in einem Winkel von 30 Grad auf. Zuerst suchten die Bienen in der Nähe des vertrauten Ortes, doch nach einer kurzen Suchphase entdeckten einige Tiere die neue Futterquelle. Sobald sie ihren Hunger gestillt und sich auf den Heimweg gemacht hatten, zeichneten wir ihre Kompasspeilung auf. Obwohl die Bienen nicht auf direktem Weg zu der neuen Futterquelle geflogen waren und der Stock so weit entfernt war, dass sie ihn nicht sehen konnten, flogen sie von der neuen Futterquelle auf direktem Weg zurück. Bienen verwenden also wie Ameisen Wegintegration, um von einem neuen Ort direkt nach Hause zu fliegen, auch wenn ihnen keine Landmarken den Weg weisen. Wahrscheinlich verknüpfen sie Informationen über die geflogene Distanz (die mithilfe des *optischen Flusses* gemessen wird – der Art und Weise, wie Kontraste in der Landschaft während des Fluges unterhalb der Biene vorbeiziehen) mit Informationen über die Winkel, um die sie sich bei Änderungen der Flugrichtung gedreht haben (die sie mithilfe des Sonnenkompasses messen).

Interessanterweise folgten Bienen nicht sklavisch der Wegintegration, sondern benutzten sie nur bei Bedarf. Wenn die Landmarke gemeinsam mit der Futterquelle um einen Winkel von 30 Grad links der Trainingsstation versetzt wurde, verhielten sich die Bienen, als wäre sie nicht versetzt worden, und flogen von der ursprünglichen Futterstelle in die gewohnte Richtung (Abb. 6.5). Wenn sich die Futterquelle in der erwarteten Lage relativ zur Landmarke befand, machten Bienen einen Navigationsfehler (oder vielleicht eine Ablenkung aufgrund von Wind) für die Tatsache verantwortlich, dass sie auf einem Umweg dorthin gelangt waren, ließen ihre

Wegintegrationssignale außer Acht und griffen einfach auf den vertrauten Vektor von der Futterquelle am neuen Ort zurück.

Möglicherweise müssen fliegende Insekten wie Bienen im Vergleich zu laufenden Tieren wie Ameisen flexibler in Bezug auf die Wegintegration sein. Bei ständigem Bodenkontakt hat man beim Laufen absolute Kontrolle über Distanz und Richtung. Bei fliegenden Tieren, die mitunter vom Wind verweht werden, ist das nicht der Fall. Für sie bieten vertraute Landmarken und Orte verlässlichere Hinweise auf den richtigen Heimweg als die Auswertung der aktuellen Bewegungen. Interessanterweise scheint Wegintegration bei Bienen auf visuellen Input angewiesen zu sein: Bienen, die in völliger Dunkelheit zu Futterstellen marschieren, können Entfernungen und Richtungen ganz genau messen (wahrscheinlich indem sie auf innere oder ideothetische Reize – Propriozeption – zurückgreifen), doch es gelingt ihnen nicht, von einer neu entdeckten Futterquelle den Heimweg mithilfe von Wegintegration zu finden.

In den letzten Jahren wurden die neuronalen Mechanismen, die der Wegintegration zugrunde liegen, gründlich erforscht. Kompassneuronen (die die Flugrichtung aufgrund des Sonnenstands und/oder aufgrund des polarisierten Lichts berechnen) und geschwindigkeitscodierende Neuronen (die die Entfernung aufgrund des optischen Flusses berechnen) treffen im sogenannten Zentralkomplex des Insektenhirns aufeinander (siehe Kap. 9). Diese Struktur umfasst alle neuronalen Schaltkreise, die erforderlich sind, um mithilfe von Wegintegration zu navigieren. Mithilfe dieser Informationen wurden elegante und umfassende neuronale Modelle entwickelt, die die ganze Sinnesbahn, vom visuellen Input bis zum Verhaltensoutput umfassen. Mithilfe von Vorhersagemodellen wurde ein Roboter (mit Rädern) programmiert, der erfolgreich die Wegintegration der Insekten simuliert. Derartige Modelle und Robotik müssen allerdings noch mit der kognitiven Flexibilität ausgestattet werden, die man bei den Bienen gefunden hat, welche Wegintegrationssignale selektiv ausschalten können, wenn Informationen aufgrund von Landmarken zu verstehen geben, dass die Vektorintegration zu falschen Ergebnissen geführt hat.

Radarortung von Bienen

Unsere Experimente in den 1990er-Jahren (wie auch die in den Jahrzehnten davor), bei denen wir die Orientierungsfähigkeit von Bienen testeten, die große Entfernungen zurücklegten, wiesen alle denselben Mangel auf: Wir konnten nie mit Sicherheit sagen, was die Bienen in der Zeitspanne zwischen dem Verschwinden von einer Station und dem Auftauchen bei der nächsten taten. Wann bemerkten sie, dass man sie versetzt hatte, dass sie an einem unerwarteten Ort waren, und wann begannen sie zu suchen? Was für Suchstrategien wandten sie an? Welche vertrauten Landschaftseigenschaften erkannten sie beim Suchen, und führte das Wiedererkennen dazu, dass sie direkt nach Hause flogen? Können sich Bienen unterwegs „umentscheiden" und den Kurs ändern? Wir konnten diese Fragen einfach deshalb nicht beantworten, weil es keine Sender gab, die so leicht waren, dass die Bienen sie tragen konnten und man ihre Langstreckenflüge verfolgen konnte.

Doch nur ein Jahr nach der Veröffentlichung unserer oben beschriebenen Studien zur Orientierung der Bienen (1995) entwickelte ein Team von Ingenieuren und Biologen der Agrarinstitution Rothamsted Research eine revolutionäre Technologie: harmonischen Radar. Bienen mussten hier keinen batteriebetriebenen Sender tragen, sondern nur ein 15 Milligramm schweres Gerät, das als Transponder bezeichnet wird. Dieses wird am Rücken der Biene befestigt und ist viel leichter als die Nektarlast, die eine Biene transportieren kann (Abb. 6.6).

Diese Technologie machte es möglich, eine Biene während ihres ganzen Lebens bei ihren Bewegungen im Raum zu verfolgen, angefangen bei dem Moment, wo sie zum ersten Mal ihr Nest verlässt und die Umgebung erkundet, auf ihren späteren Flügen zu Blumenpatches bis zu ihrem Tod ein paar Wochen später. Vor allem interessierten wir uns für die Frage, wie Bienen in einer natürlichen Umgebung ihre Arbeit als Blütenbesucher zwischen *Erkundung* und *Ausbeutung* der Ressourcen aufteilten. Die ersten Flüge der Hummeln und Honigbienen sind, ausgehend vom Stock oder Nest,

Abb. 6.6. Harmonischer Radar, um Insekten bei ihren Flügen zu verfolgen. Links: Der harmonische Radarsender (Schüssel unten) sendet ein Mikrowellensignal an einen Transponder (rechts). Der Transponder übersetzt das Signal in die zweite Harmonische (doppelte Originalfrequenz) und sendet es zurück an den Empfänger (Schüssel oben). Rechts: Hummelarbeiterin mit einem Transponder.

immer Orientierungsflüge – auf denen sich die Bienen genau so verhalten, wie von Johann Dzierzon (1811–1906), dem polnischen Pionier der Bienenforschung, Anfang des 20. Jahrhunderts beschrieben (siehe Motto). Zuerst ziehen sie immer größer werdende Schleifen in der Nähe der Kolonie, oft mit Blick auf das Flugloch, und prägen sich dabei den Stock und die Landmarken in der Umgebung ein. Schließlich entfernen sie sich immer weiter vom Stock und erkunden die Umgebung bis zu einer Entfernung von mehreren Hundert Metern in großen Schleifen, oft fliegen sie dabei in unterschiedliche Richtungen. Bei Honigbienen haben diese Flüge einzig und allein die Funktion, Informationen über den Raum zu sammeln; sie besuchen offenbar keine Blumen. Hummeln hingegen erkunden bei ihren ersten Flügen, die über zwei Stunden dauern können, nicht nur den Raum, sondern naschen auch erstmals an Blumen.

Einer Hummel konnten wir auf 156 Flügen folgen, bis sie am dreizehnten Tag ihrer Sammeltätigkeit während eines ganz normalen Flugs vom Radar verschwand (Abb. 6.7). Wahrscheinlich fiel sie einem insektenfressenden Vogel oder einer Krabbenspinne zum

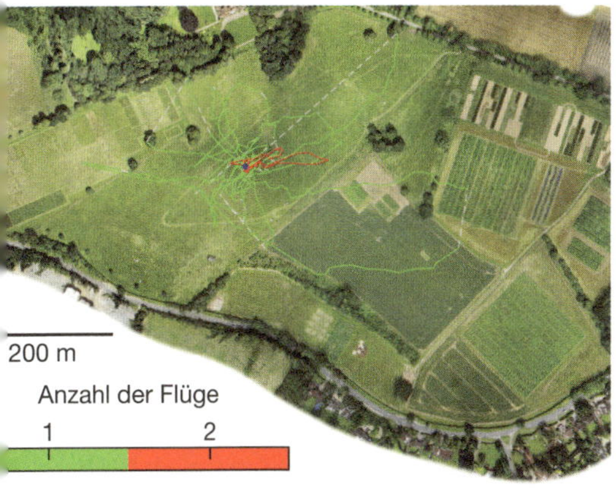

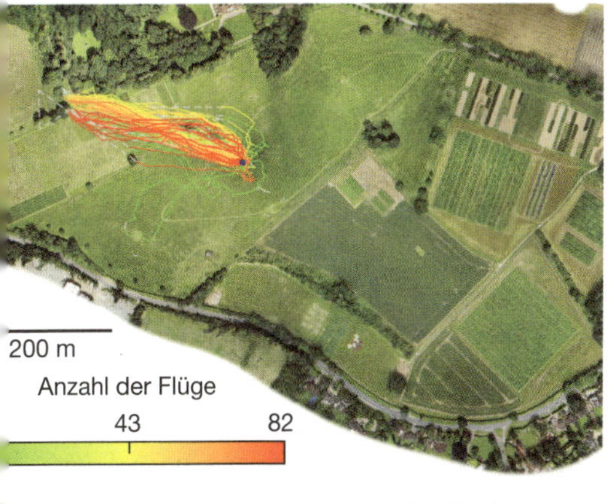

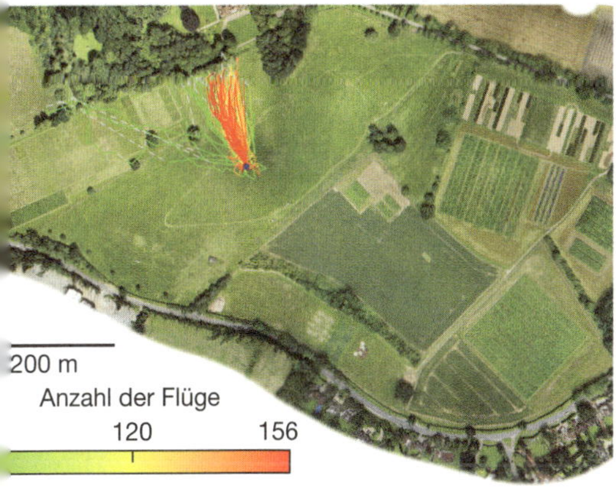

Abb. 6.7. Eine einzelne Hummel, die von ihrem Jungfernflug bis zu ihrem letzten Sammelflug beobachtet wurde. Auf allen drei Grafiken zeigt die Farbe Grün die frühe Flugaktivität an, die Gelb-, Orange- und Rotschattierungen geben die spätere Aktivität an. **Oben:** Der erste Orientierungsflug der Hummel dauerte länger als zwei Stunden und umfasste mehrere Schleifen hintereinander in unterschiedliche Richtungen, die auch immer wieder in die Nähe des Stocks führten. **Mitte:** nach einer weiteren Orientierungsschleife am Anfang des zweiten Tages fand die Hummel ein Blumenpatch, das sie von da an für mehrere Tage auf Dutzenden Sammelflügen besuchte. **Unten:** Nach einer Unterbrechung kehrte die Hummel zu dem bereits mehrmals ausgeboutoton Patch zurück, bevor sie an den restlichen Tagen ein anderes Patch ausbeutete.

Opfer. Es lohnt sich, die „Lebensgeschichte“ dieses Tiers näher zu betrachten, denn sie erlaubt unerwartete Einsichten in die Bewegungsstrategien einer Hummel im Lauf ihres Lebens.

Am ersten Tag machte die Hummel nur zwei Ausflüge. Der erste Flug dauerte zwei Stunden und 18 Minuten – das war der längste Flug, den die Hummel in ihrem ganzen Leben unternahm. Sie zog eine Reihe von Schleifen, bei denen sie immer wieder in die Nähe des Nests zurückkehrte, ohne hineinzukriechen. Die Schleifen führten in alle möglichen Richtungen, unter anderem auch an den Rand eines Waldes im Nord-Nordwesten des Nestes (was später noch von Interesse sein wird). Dieser Orientierungsflug erstreckte sich über ein großes Gebiet und führte in alle Richtungen, ausgenommen in südwestliche. Am nächsten Morgen machte die Hummel wieder einen 77-minütigen Orientierungsflug, die Schleifen führten sie jetzt in westliche und südwestliche Richtung, in ein Gebiet, das sie am Tag davor ausgelassen hatte.

Auf ihrem vierten Flug begann sie ernsthaft Nektar zu sammeln – sie hatte ein Blumenpatch entdeckt, zu dem sie im Laufe der nächsten sechs Tage mehrere Dutzende Male zurückkehren sollte. Nach ein paar Schlechtwettertagen nahm die Hummel ihre Aktivität wieder auf und besuchte am neunten Tag den bekannten Flecken, doch am zehnten Tag änderte sie unterwegs ihre Meinung und flog stattdessen zu einem anderen Ort, den sie erst einmal, vor neun Tagen, auf einem Orientierungsflug erkundet hatte. Dann besuchte sie während ihres restlichen Lebens ausschließlich diesen Ort, bis sie am 13. Tag plötzlich verschwand.

Das ist eine relativ einfache Lebensgeschichte einer Hummel: ein paar Stunden jugendlicher Suche, gefolgt von einem arbeitsreichen Leben, während dem die Hummel nur zwei Blumenpatches ausbeutet. Wir werden noch sehen, dass nicht jedes Hummelleben so einfach ist (Kapitel 10), doch das Verhalten dieser Hummel zeigt sehr eindrücklich, worin Erkundung und Ausbeutung im Wesentlichen bestehen. Ebenfalls interessant ist, dass diese Hummel keine weiteren Erkundungsflüge machte, nachdem sie ihr erstes Patch aufgegeben hatte, sondern direkt zu einem anderen (nord-nordwestlich des

Stocks) flog, das sie erst einmal, neun Tage davor, auf ihrem ersten Flug besucht hatte. Leider verschwand die Hummel auf diesem Flug teilweise vom Radar, sodass wir nicht mit Sicherheit sagen können, auf welchem Weg sie bei diesem Flug zu der Futterquelle gelangt war. Die Vermutung, dass eine Hummel sich auf dem Weg zu einem Ziel „umentscheiden" und zu einem anderen Ziel fliegen kann, an das sie sich erinnert, ist faszinierend, denn sie legt nahe, dass es doch eine innere Landkarte geben könnte, die es dem Tier ermöglicht, sich viele vertraute Ziele vorzustellen und Abkürzungen zwischen ihnen zu nehmen. Daten aufgrund von Beobachtungen wie den obigen können allerdings keine endgültige Antwort auf diese Frage liefern.

Honigbienen mit Jetlag und die Erforschung der inneren Landkarte

Aufgrund der Erfindung des harmonischen Radars fühlte mein ehemaliger Doktorvater Randolf Menzel sich veranlasst, sich noch einmal mit der Frage der kognitiven Landkarte zu beschäftigen. Abweichend von seiner Meinung im Jahr 1990 veröffentlichte er in den 2000er-Jahren mehrere Aufsätze, in denen er die Meinung vertrat, dass Bienen doch eine derartige Karte besäßen. Doch was ist die Evidenz dafür?

Menzel fuhr mit seinem Team wieder zu dem großen flachen Feld in Brandenburg, wo wir vor einem Dutzend Jahren schon einmal gearbeitet hatten, und errichtete mit den pyramidenförmigen Zelten von damals eine kleine künstliche Landschaft. Seit Fabres Studien im 19. Jahrhundert weiß man, dass Bienen von weit entfernten Orten zu ihrem Nest zurückkehren, auch wenn sie dieses nicht sehen können. Doch der harmonische Radar machte zum ersten Mal die ganze Flugbahn einer aus ihrem Stock entfernten Biene sichtbar. Mithilfe der Radarortung konnten die drei Flugphasen bestätigt werden, die Wolf bereits in den 1920er-Jahren postuliert hatte: Wenn man Honigbienen von der Futterstelle entfernte und sie woanders ausließ, verhielten sie sich anfangs, als ob man sie gar nicht versetzt hätte – sie flogen genauso weit und in dieselbe Kompassrichtung, als ob nichts passiert wäre. Am Ende des erinnerten Flugvektors wurde es dann interessant: Sie flogen langsamer und zogen Schleifen, als ob sie vertraute Landmarken suchten, die ihnen den Heimweg wiesen. Nach ein paar Schleifen erkannten die Bienen offenbar die gesuchten Geländeeigenschaften und flogen direkt zu ihren Stöcken zurück. Doch sind diese direkten Rückflüge ein Beweis für eine innere Karte?

Ein endgültiger Beweis für so eine Karte wäre die Fähigkeit des Tieres, neue Abkürzungen zwischen vertrauten Orten zu nehmen – indem es Erinnerungen an unterschiedliche Routen kombiniert. Um zu beweisen, dass sich das Tier eine neue Route hat einfallen lassen, muss man allerdings den Beweis erbringen, dass die Route tatsächlich neu ist. Das Tier darf weder aufgrund früherer Erfahrungen mit der Route vertraut sein, noch darf es das Ziel sehen. Und da die Honigbienen nicht ihr ganzes Leben lang mit dem Radar geortet worden waren, konnte man nicht völlig ausschließen, dass sie diese Route schon einmal genommen hatten. Wir wissen, dass eine Biene auf einem einzigen Orientierungsflug in alle Himmelsrichtungen fliegen kann. Außerdem hatten wir bereits bei unseren Studien in den 1990er-Jahren herausgefunden, dass Bienen Flugvektoren mit vertrauten Landmarken in Verbindung bringen. Deshalb ist es durchaus möglich, dass Bienen in dem Augenblick, in dem sie bei ihrer Suche vertraute Landmarken erkannten, den passenden Vektor abriefen, der sie nach Hause führte (und direkt, ohne Notwendigkeit einer inneren Karte, nach Hause flogen).

Menzel und seine Mitarbeiter ließen sich einen raffinierten Trick einfallen, um den wichtigsten Bestandteil eines solchen Vektors – die mithilfe des Sonnenkompasses berechnete Flugrichtung – außer Kraft zu setzen. Da die Bienen die Uhrzeit kennen müssen, um den Sonnenkompass zu benutzen, musste eine Störung ihres Zeitgefühls zwangsläufig zu einer falschen Berechnung ihrer Vektoren führen. Mithilfe des Narkosemittels Isofluran, das für gewöhnlich Patienten vor einer OP verabreicht wird, versetzten sie Bienen sechs Stunden in Tiefschlaf und unterbrachen so ihre innere Uhr. Als die Honigbienen aufwachten, hatten sie eine Art Jetlag: Sie „dachten", die Sonne stünde noch immer im Osten (Morgen), obwohl sie bereits im Westen stand (Nachmittag).

Wie erwartet, begingen diese Bienen immer denselben Fehler, wenn sie von einem neuen Ort aus flogen, da sie sich auf ihren Sonnenkompass verließen. Doch wenn sich diese Bienen mit Jetlag am Ende ihres trainierten Flugvektors an einem unbekannten Ort wiederfanden, zogen sie auf der Suche nach bekannten Landmarken wieder Schleifen und flogen dann auf direktem Weg nach Hause (was sie nicht hätten tun können, wenn sie sich bloß einen Flugvektor relativ zur Sonne eingeprägt und ihn auf ein bekanntes Umfeld angewandt hätten). Andere Autoren haben jedoch darauf hingewiesen, dass die Bienen möglicherweise einer einfacheren Strategie gefolgt sind. Sie könnten während ihres Fluges immer wieder die Diskrepanz zwischen der im Augenblick gesehenen Szenerie und einer erinnerten minimieren, und indem sie dies (vielleicht mehrmals auf dem Weg) täten, seien sie dem Stock immer näher gekommen.

Die Frage, ob Bienen mithilfe innerer Karten navigieren, ist somit noch immer ungelöst. Es wäre hilfreich, auf das wichtigste Kriterium zurückzugreifen, nämlich ob die Bienen auf Routen, die sie nachweisbar noch nie davor geflogen sind, neue Abkürzungen nehmen können. Außerdem würde es sich lohnen, vom Konzept des Heimflugs abzurücken – der Stock ist ein derart wichtiges Zentrum im Leben einer Biene, dass sie auf ihren Orientierungsflügen große Anstrengungen unternimmt, um aus allen Richtungen sicher nach Hause zu finden. Die wirklich interessanten Aufgaben im Raum ergeben sich, wenn die Bienen wie bei unterschiedlichen Blumenpatches Erinnerungen an vielerlei Orte kombinieren müssen.

Wie Gerüche Erinnerungen an die Vergangenheit evozieren

Im ersten Band seines Romans *Auf der Suche nach der verlorenen Zeit* beschreibt Marcel Proust, wie der Erzähler sich nach dem Genuss einer in Tee getunkten Madeleine plötzlich ganz lebhaft an seine lang zurückliegende Kindheit erinnert, an seine Tante und das Gebäck, das sie ihm immer servierte. Bei einem genialen Experiment, das sich an dieser Erzählung inspiriert, erforschten der in Indien geborene australische Biologe Mandyam Srinivasan und sein Team, ob auch die Erinnerungen der Bienen von Futtergeruch ausgelöst werden können.

Um herauszufinden, ob Bienen sich an Ziele erinnerten, die sie im Augenblick nicht sehen konnten, trainierte das Team Honigbienen zuerst auf zwei Futterstellen, wovon eine nach Rosen und die andere nach Zitronen duftete; die Bienen wurden an beiden Stationen ausgesetzt. Daraufhin wurde einer der beiden Düfte in den Stock geblasen – und die Bienen flogen prompt zur richtigen Futterstelle, obwohl diese während des Tests keinen Duft verströmte. Die räumlichen Erinnerungen der Bienen wurden von einem vertrauten Geruch ausgelöst, genauso wie bei Prousts Protagonist, der plötzlich den vertrauten Geschmack auf der Zunge hatte. Die Beobachtungen Srinivasans und seiner Mitarbeiter erinnern an Lindauers Vermutung, dass Bienen auch innerhalb des Stocks – sogar in dunkler Nacht – räumliche Erinnerungen abrufen können.

Bienen und das Problem des Handlungsreisenden

Oft müssen sich Bienen viel mehr als zwei Blumenpatches einprägen, denn sie müssen viele, oft über ein großes Gebiet verteilte Flecken besuchen, um ihren Honigmagen ein einziges Mal zu füllen. Dabei müssen sie eine Aufgabe lösen, die dem sogenannten Problem des Handlungsreisenden entspricht. Sie müssen die Reihenfolge für den Besuch mehrerer Orte so wählen, dass die Strecke möglichst kurz und die aufgewendete Zeit gering ist. Als ich in den 1990er-

Jahren als Postdoktorand nach Stony Brook kam, beschäftigte sich mein Mentor James Thomson mit der Frage, wie Hummeln solche Aufgaben lösen, und hatte raffinierte Experimente durchgeführt, um herauszufinden, wie sich Hummeln sowohl unter Laborbedingungen als auch in freier Natur an Routen zwischen verschiedensten Blumen erinnerten. Die Beschäftigung mit seiner Arbeit brachte mich dazu, mich wieder mit meinen frühen Forschungsfragen wie dem Lernen von Sequenzen bei Bienen und Hummeln zu beschäftigen, und der harmonische Radar gestattete uns, in freier Natur zu erforschen, wie Hummeln die Aufgabe meistern, zu mehreren Zielen zu fliegen, wenn das nächste Blumenpatch vom augenblicklichen aus nicht gut zu sehen ist.

Auf einem flachen Feld in der Nähe von London stellten wir fünf Futterstellen auf und ordneten sie in einem regelmäßigen Fünfeck (mit einer Seitenlänge von 50 Metern) an. Das Problem des Handlungsreisenden wird umso komplizierter, je mehr Orte verbunden werden müssen: Bei drei Orten gibt es nur sechs mögliche Routen (3×2×1), doch bei fünf Orten erhöht sich die Anzahl auf 120 (5×4×3×2×1). Und für Hummeln ist die Sache noch komplizierter als für einen menschlichen Handlungsreisenden, denn Hummeln haben keine gedruckte Landkarte zur Hand, auf der sie die Route zu Beginn der Reise festlegen können; sie müssen die Orte zunächst einzeln auf ihren Orientierungsflügen erkunden. Würden Hummeln trotzdem die besten der 120 Möglichkeiten finden?

Wir stellten fest, dass die Hummeln nach nur 26 Flügen über fixe Routen verfügten und alle Futterstellen in einer optimalen Reihenfolge anflogen, wobei sie in der Lernphase nur 20 der 120 möglichen Routen ausprobierten. Mithilfe von Radarortung ausgewählter Flüge fanden wir heraus, dass sich die Länge der Strecke dabei um dramatische 80 Prozent reduzierte und dass sich die Hummeln zwischen dem ersten und dem letzten Flug 1500 Meter ersparten. Wenn wir eine Futterstelle entfernten, inspizierten die Hummeln noch ziemlich lange den ehemals belohnenden Ort. Doch wenn eine gewohnte Futterstelle plötzlich nicht mehr da war, unternahmen sie auch wieder lokale Orientierungsflüge. Diese

Strategie erleichterte die Entdeckung neuer Futterstellen und ihre Integration in die optimale Route.

Die allmähliche Optimierung der Route schien ein Ergebnis von Versuch und Irrtum zu sein – nichts wies darauf hin, dass die Hummeln aufgrund einer inneren Karte plötzlich eine Eingebung hatten, aufgrund der sie die beste Route flogen. Stattdessen zeigten sie eine ständige Neigung zum Experimentieren – die Futterstellen auf neue Weise zu verbinden und eine neue bessere Route zu finden. Sogar sehr erfahrene Bienen, die bereits eine optimale Route gefunden hatten, probierten zwischendurch immer wieder neue Lösungen aus – eine Strategie, die sich nicht nur bei der Optimierung der Routen in stabilen Settings bewährt, sondern auch hilft, neue Futterplätze zu finden, wenn sich Ergiebigkeit und Lage der alten verändern.

Mittlerweile wissen wir, dass Bienen und Hummeln sehr geschickt darin sind, zwischen einer Vielzahl von Orten hin- und herzufliegen – doch bereits der mörderische parasitoide (und solitäre) Vorfahre der heutigen sozialen Bienen „erfand“ den Nestbau für die Brut, was zur Entwicklung einer sehr präzisen räumlichen Erinnerung und raschem Lernen führte. Die Hirnstrukturen, die dieses Lernen ermöglichten, erleichterten wiederum das Erlernen der Lage von Futterquellen. Wahrscheinlich eigneten sich diese Lernfähigkeiten auch dazu, sich die Eigenschaften von Blumenquellen einzuprägen, mit denen wir uns im nächsten Kapitel beschäftigen werden.

7

Über Blumen lernen

Dass Insecten die Blüthen einer und der nämlichen Species, solange wie sie können besuchen, ist für die Pflanze von großer Bedeutung, da es die Befruchtung verschiedener Individuen einer und der nämlichen Species durch Kreuzung begünstigt; es wird aber Niemand vermuthen, dass Insecten in dieser Weise zum Besten der Pflanze verfahren. Die Ursache liegt wahrscheinlich darin, dass Insecten hierdurch in den Stand gesetzt werden, schneller zu arbeiten; sie haben eben gelernt, wie sie sich in die beste Stellung an der Blüthe zu bringen haben und wie weit und in welcher Richtung sie ihren Rüssel einzuführen haben. Sie handeln nach demselben Grundsatze, wie es auch ein Fabrikant thut, welcher ein halbes Dutzend Maschinen zu erbauen hat und welcher dadurch Zeit erspart, dass er hintereinanderweg jedes Rad und jeden Theil für sie alle anfertigt.

Charles Darwin, 1877

Ein Bestäuber, der durch ein natürliches Habitat fliegt, findet für gewöhnlich Dutzende blühende Blumen vor, die sich aufgrund von Werbemethode und Belohnungsmenge unterscheiden. Im vorigen Kapitel haben wir uns mit der außerordentlichen Fähigkeit der Bienen beschäftigt, sich an eine Vielzahl von Blumenpatches zu erinnern, und davor haben wir aus von Frischs Arbeiten erfahren, dass Bienen lernen können, die Blumenfarbe mit der enthaltenen Belohnung in Verbindung zu bringen, indem sie diese und andere Sinnesreize wie Gerüche und elektrostatische Felder benutzen, um die besten Futterquellen zu entdecken. In diesem Kapitel werden wir herausfinden, wie Bienen Informationen aufgrund verschiedener Reize kombinieren und ihre Aufmerksamkeit auf einzelne, wichtige, konzentrieren, wie sie Regeln lernen, um Blumenarten zu unterscheiden, und unterschiedliche Erinnerungen, wie man Blumen bearbeitet, kombinieren.

Wie Hummeln lernen, elektronische Blumen zu handhaben

Manche Blumen erlauben den Bienen einen relativ einfachen Zugriff auf Pollen und Nektar, bieten jedoch oftmals keine hohe Belohnung. Bei einigen üppigen Blumen wie Löwenmäulern (*Antirrhinum*) und Eisenhut (*Aconitum*) wiederum müssen die Bienen ziemliche Verrenkungen vollführen, damit sie an die Beute kommen (Abb. 1.4). Tatsächlich sind solche Blumen natürliche Skinner-Boxen – jene „Knobelboxen", in denen Versuchstiere wie Ratten oder Tauben mithilfe von Versuch und Irrtum lernen, dass bestimmte Handlungen Belohnungen (oder Strafe) zur Folge haben.

Mein Mentor James Thomson und ich wollten herausfinden, wie lange eine Hummel braucht, um die richtige Bewegungsabfolge zu finden, mit deren Hilfe sie zum Zucker in der Blume gelangt, und ob das Gedächtnis der Bienen die Fähigkeit besitzt, eine Vielzahl derartiger – von Blume zu Blume verschiedener – Bewegungsabläufe zu speichern. Um Lernen und Gedächtnis seriös zu testen, muss man allerdings wissen, welche Erfahrungen die Tiere vor dem Experiment gemacht haben; bei frei fliegenden Honigbienen und anderen in freier Natur beobachteten Tieren ist das jedoch unmöglich. Doch James Thomson arbeitete mit Hummeln und wusste, wie man die Brut von wilden Königinnen aufziehen konnte. Wir beschlossen, sie in einer Flugarena im Labor zu testen, wo wir die Erfahrungen der Hummeln vor und während der Experimente genau überwachen konnten (Abb. 7.1. und 7.2).

Wir waren froh, dass wir das Sammelgebiet der Hummeln auf eine sehr überschaubare Flugarena beschränken konnten. Solange Hummeln bekommen, was sie wollen, Nektar und Pollen, fliegen sie

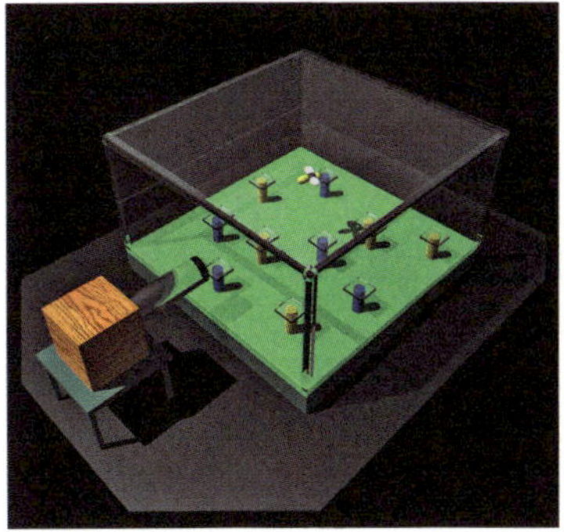

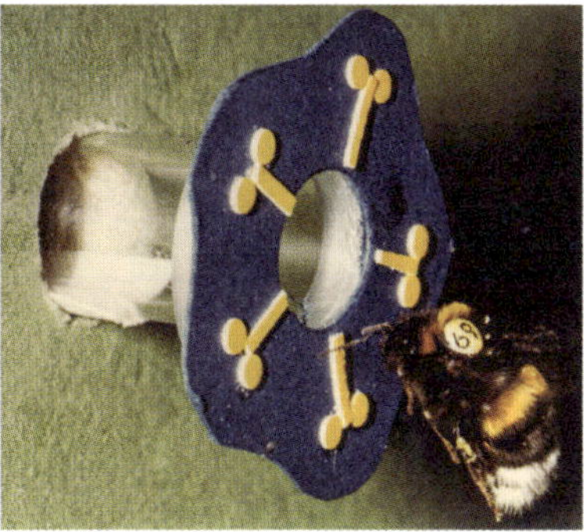

Abb. 7.1. Experimentelle Flugarena und Hummeln mit künstlichen Blumen. Links: Nestboxen, in denen sich Hummeln befinden, sind mit einer Flugarena verbunden, wo den Hummeln unterschiedliche künstliche Blumen dargeboten werden, an denen sie Nektar sammeln und die sie aufgrund ihrer Ergiebigkeit beurteilen können. **Rechts:** Eine mit einem Nummernschildchen markierte Hummel inspiziert eine künstliche Blume. Diese Anordnung erlaubt es, ein optisches Muster mit einem Geruch zu kombinieren, der durch das Plexiglasröhrchen geblasen wird.

zwischen ihrer Kolonie und der Flugarena hin und her. Solange der Forscher gewillt ist, mit der Hartnäckigkeit der Hummeln mitzuhalten, kehren sie in die Arena zurück, um ihren Magen zu füllen. (Ich habe einmal eine einzige Hummel beobachtet, die 16 Stunden lang Zuckerwasser sammelte, wonach ich, nicht die Hummel, aufgab.) Sobald Arbeiterinnen ihren Honigmagen gefüllt haben, kehren sie in den Stock zurück und spucken ihre Nahrung aus, danach fliegen sie wieder los und sammeln weitere Leckerbissen. Wir wussten, dass wir nun ernsthafte Experimente beginnen konnten.

Mit Wildblumen kann man derartige Experimente nicht auf kontrollierte Weise durchführen. Sie unterscheiden sich nach Belohnungsmenge und Struktur, und die Duftmarken von Bienen, die sie besucht haben, lassen sich nicht entfernen. Deshalb bastelte James Thomson wunderbare Plastikblumen – kleine T-förmige Rohre mit einem Mechanismus, aufgrund dessen das Röhrchen sich nach jedem Bienenbesuch wieder mit Zuckerlösung füllte (Abb. 7.2). Der Zugang zu den Blumen war farblich gekennzeichnet: Blau bedeutete, dass die Hummel in die Blume hineinkriechen musste, um zur

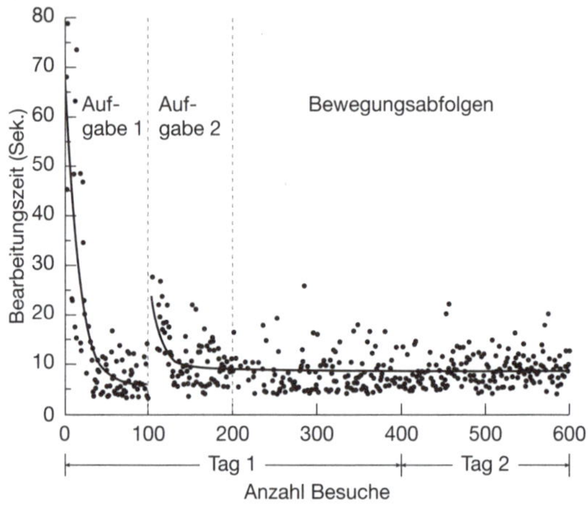

Abb. 7.2. Blumen in Form von T-Labyrinthen und die Fertigkeit einer einzelnen Hummel, sich in zwei Blumentypen korrekt zu bewegen. Oben: Eine experimentelle Flugarena, in der beobachtet werden kann, wie Hummeln Methoden lernen, um Blumen zu manipulieren. Die Hummeln mussten lernen, dass sie bei gelben Blumen innerhalb des Rohres links abbiegen mussten; bei blauem Eingang mussten sie nach rechts abbiegen. **Unten:** Bearbeitungszeit in einem T-förmigen Rohr einer Hummel als Funktion der Lernakte (Blumenbesuche). Die Hummel lernte zuerst, Blau mit dem Abbiegen nach rechts (erste 100 Besuche) und dann Gelb mit dem Abbiegen nach links (wiederum 100 Besuche) zu assoziieren. Bei den nächsten 200 Besuchen musste sie beide Aufgaben abwechselnd lösen. Weitere 200 Besuche fanden am nächsten Tag statt. Beachten Sie die Übertragungseffekte von Aufgabe 1 zu Aufgabe 2: Zuerst war die Leistung der Hummel bei der zweiten Aufgabe besser als bei Beginn der ersten, doch in der Sättigungsphase der Lernkurve war sie bei der zweiten Aufgabe schlechter als bei der zuerst gelernten Aufgabe (was auf Interferenz schließen lässt). Die Hummel zeigte eine gleichbleibende Leistung, wenn sie gezwungen war, die Blumenart zu wechseln; offenbar wurde über Nacht keine Information vergessen.

Belohnung zu gelangen, Gelb bedeutete, dass sie links abbiegen musste (eine andere Gruppe von Hummeln lernte die umgekehrten Assoziationen). So waren beide Bewegungsabfolgen gleich schwierig, aber spiegelverkehrt.

Um Treffsicherheit und Geschwindigkeit der Hummeln automatisch messen zu können, baute ich drei Lichtschranken im Inneren der künstlichen Blumen ein, eine am Eingang und eine in jedem Arm. Die Schaltkreise wurden aus elektronischen Komponenten eines Fischertechnik-Baukastens verlötet, mit dem ich als Kind gespielt hatte; ich verwendete auch meine alten Lego-Steine als Nektar-Futterquellen innerhalb der Hummelkolonien. Ich programmierte eine Turbo-Pascal-Software, die die Lichtschranken mit meinem Computer verlinkte, sodass ein bestimmter Ton hörbar wurde, wenn eine Hummel die Lichtschranke durchbrach. Das erlaubte mir nicht nur zu überprüfen, ob die Elektronik ordentlich funktionierte, sondern die Hummeln erzeugten auch eine sehr interessante Musik, da jede Lichtschranke einen anderen Ton hervorbrachte.

Die Hummeln, die lernten, die künstlichen Blumen zu bearbeiten, waren ursprünglich so unbeholfen und unerfahren, wie es Hummeln und andere Bienen bei natürlichen Blumen sind: Sie brauchten fünf- bis zehnmal länger als eine erfahrene Sammlerin, um an die Belohnung zu kommen – manchmal brauchten sie eine ganze Minute, um eine Blume zu leeren. Doch sie verbesserten sich bei jedem der folgenden Dutzend Besuche, und schließlich erreichten sie ein gleichbleibendes Effizienzniveau. Die Lerngeschwindigkeit wurde nicht davon beeinflusst, ob jedes Mal eine Belohnung vorhanden war, sondern von der Anzahl der richtigen Bewegungen. Wenn die Hummeln lernten, einen neuen Blumentyp auszubeuten, dessen Struktur jener eines bekannten Typs ähnelte, kam es zu einem *positiven Transfer*: Die Hummeln waren imstande, die bereits existierenden Kenntnisse anzuwenden, und mussten nicht wie total unerfahrene Nektarsammler von vorne beginnen (Abb. 7.2 unten). Hummeln lernten, Nektar von zwei künstlichen Blumen mit unterschiedlicher Struktur zu ernten, obwohl sie – im Gegensatz zu Hummeln, die nur an einem einzigen Blumentyp arbeiteten – dafür etwas länger brauchten und auch die Fehlerrate höher war. Zweifellos können Hummeln und andere Bienenarten – wie menschliche Fließbandarbeiter – mehrere Aufgaben gleichzeitig ausführen – allerdings sinkt dadurch ihre Effizienz. Sobald die Hummeln gelernt hatten, wie sie die Blumen behandeln mussten, wurden die Vorgänge länger als drei Wochen (die Lebensdauer einer Arbeiterin) im Gedächtnis gespeichert, allerdings trat ein gewisser Schwund auf. Offenbar vergessen Hummeln niemals im Gedächtnis gespeicherte Bewegungen. Bei Menschen, die nach Jahren wieder beginnen zu schwimmen, eiszulaufen oder skizufahren, ist es ebenso: Auch wenn man zunächst etwas unsicher ist, vergisst man diese motorischen Fähigkeiten nie komplett.

Wie Bienen Blumen Aufmerksamkeit schenken

In den meisten Habitaten ist die Menge der von den Sinnen wahrgenommenen Informationen um ein Vielfaches höher als die Fähigkeit des Hirns, Informationen auszuwerten. Johannes Spaethe, 1997 mein erster Doktorand, erforschte die Frage, wie Bienen sich selektiv auf bestimmte vertraute Blumen konzentrieren, während ihre Sinnesorgane doch auch von allen anderen Blumen, die sie beim Fliegen über eine Wiese sehen, mit Reizen bombardiert werden. Aufmerksamkeit ist eine Art „inneres Auge", das es Tieren erlaubt, sich selektiv auf bestimmte Aspekte der von den Sinnesorganen gelieferten Informationen zu konzentrieren. Dies ist vergleichbar mit dem Cocktailparty-Effekt, der es Menschen erlaubt, sich bei Anwesenheit vieler Stimmen in einem Raum auf eine einzelne zu konzentrieren; oder mit der jungen Mutter, die beim leisesten Wimmern ihres Babys aufwacht, während sie andere Schallquellen, sogar lautere, nicht hört. Doch schenken Bienen Blumen Aufmerksamkeit? Das ist keine triviale Frage, denn Aufmerksamkeit schenken bedeutet, dass man weiß, wonach man sucht – dass man etwas im Sinn hat, bevor man es tatsächlich sieht. Um zu verstehen, welche Rolle Aufmerksamkeit bei der Blumensuche spielt, müssen wir uns kurz mit dem räumlichen Sehen der Bienen beschäftigen.

Bienenaugen bestehen aus mehreren Tausend Einzelaugen, den sogenannten Ommatidien, die allesamt Linsen und Lichtrezeptoren besitzen. Jedes Ommatidium entspricht einem „Pixel"– die Optik der Biene liefert also nur ein relativ unscharfes, gerastertes Bild (Abb. 1.2). Das Bienenauge ist halbkugelförmig, deshalb blickt jedes Ommatidium in eine andere Richtung (mit einem Unterschied von etwa einem Grad zwischen benachbarten Ommatidien). Doch die räumliche Auflösung beim Sehen der Bienen wird nicht nur vom Winkel der Ommatidien beeinflusst, sondern auch von der neuronalen Auswertung danach. Das rezeptive Feld von farbempfindlichen Nervenzellen im Gehirn der Bienen ist sehr groß; diese bündeln die Signale von mehreren Dutzenden benachbarten Ommatidien. Dies hat zur Folge, dass Bienen Farben aus der Entfernung nicht sehr gut wahrnehmen können: Aus der Entfernung von einem Meter muss eine Blume riesig (mit einem Durchmesser von 26 Zentimeter) sein, damit eine Biene entweder deren Farbe erkennt oder sie aufgrund von Farbkontrasten entdeckt.

Doch wenn sich Bienen in größerem Abstand zu einer Blume befinden, sind sie imstande, einen anderen Nervenkanal mit einem kleineren rezeptiven Feld zu aktivieren. Wenn eine Blume aus der Sicht einer Biene einen Sehwinkel von mindestens fünf Grad abdeckt (wenn man ein Dreieck zwischen den Rändern der Blume und dem Bienenauge zieht, entsteht ein Winkel von fünf Grad. Der Winkel wird umso größer, je näher die Biene kommt), greift sie auf ein monochromes Signal zurück, um die Blume zu entdecken: die Diskrepanz, die der Grünrezeptor zwischen Hintergrund und Ziel wahrnimmt. Um eine Blume mit einem Durchmesser von einem Zentimeter zu entdecken, darf eine Biene aufgrund dieser Trigonometrie nicht weiter als 11,5 Zentimeter von dieser entfernt sein. Dies limitiert die Effizienz, mit der Blumen detektiert werden können, drastisch. Dementsprechend länger wird auch die Suchzeit, je kleiner die Blumen sind.

Eine Gangschaltung im Hirn der Bienen

Die Existenz dieses Zwei-Kanalsystems beim Entdecken von Blumen könnte bedeuten, dass der monochrome Kanal beim Blumensuchen immer als Erster meldet (da er Blumen aus größerer Distanz sehen kann und auch schneller ist: Er reagiert in weniger als 8 Millisekunden) und dass die tatsächliche Farbe erst aus größerer Nähe erkennbar wird (der Farbkanal ist nicht nur grobkörniger, sondern auch langsamer; der UV-Rezeptor, der langsamste von allen, braucht mehr als 12 Millisekunden ab dem Beginn des Reizes, um spürbar zu reagieren). Doch natürlich ist das Grünrezeptor-Signal viel ungenauer beim Identifizieren einer Blume als das vollständige trichromatische. Verwenden Bienen diese beiden Kanäle also passiv – zuerst den weniger genauen, hochauflösenden Kanal, wenn sie sich einer Blume nähern, und dann den äußerst genauen, aber niedrig auflösenden? In diesem Fall würden Bienen eine Menge Zeit damit vergeuden, sich irgendwelchen Blumen oder sonstigen bunten Objekten zu nähern, um dann feststellen zu müssen, dass sie zum falschen Ziel geflogen sind.

Johannes Spaethe wollte herausfinden, ob Hummeln bei der Blumensuche tatsächlich eine derart einfache, aber möglicherweise schlecht angepasste Strategie anwenden. Er stellte Plastikblumen in einer Flugarena auf und beobachtete das Flugverhalten der Bienen auf Blumensuche. Nachdem die Hummeln mit vollem Bauch zu ihrem Nest zurückgekehrt waren, wurden die Blumen neu durcheinandergewürfelt, bevor der nächste Ausflug begann. Er begann mit relativ großen Plastikblumen (mit einem Durchmesser von 28 Millimetern) und machte sie allmählich kleiner (bis zu einem Durchmesser von fünf Millimetern). Am Anfang ignorierten die Hummeln die Informationen des monochromen, hochauflösenden Highspeed-Kanals und die Blumen wurden umso schneller entdeckt, je größer der Kontrast zum grünen Boden der Arena war. Je kleiner die Blumen waren, desto langsamer und tiefer flogen die Hummeln, um die Entdeckung zu erleichtern. Doch um mit diesem trägen System auch die kleinsten Blumen zu entdecken, hätten sie so langsam fliegen müssen, dass sich der Flug nicht mehr rentierte (tatsächlich 25mal langsamer als beim Entdecken der größten Blumen). Nun schalteten die Hummeln auf ihren ungenauen, aber schnellen monochromen Kanal um. Anstatt passiv auf alle möglichen Signale zu reagieren, die sie während des Anflugs auf eine Blume empfingen, unterdrückten Hummeln den monochromen Input – außer wenn sie ganz kleine, kaum sichtbare Blumen suchten. Hummeln besitzen also eine Art Aufmerksamkeitsgangschaltung: Entsprechend den Anforderungen der Umwelt verwenden sie entweder den schnellen, hochauflösenden, doch wenig genauen Kanal (den monochromen Input) oder den äußerst genauen, jedoch langsamen und niedrig auflösenden Kanal (der Farbsignale auswertet). Johannes Spaethes Studie hat also gezeigt, dass die Fluggeschwindigkeit der Hummeln auf Futtersuche nicht von den physikalischen Eigenschaften des Fliegens, sondern von der Geschwindigkeit der neuronalen Auswertung bestimmt wird.

Wie viele Informationen kann eine Biene auf einen Blick auswerten?

Dann stellte Johannes Spaethe sich die Frage, wie die Aufmerksamkeit die Blumensuche beeinflusst, wenn gleichzeitig viele Blumentypen auf einer Wiese zu sehen sind. Verarbeiten Bestäuber, die Blumen einer bestimmten Art aufsuchen (und andere ignorieren), alle Reize, denen sie begegnen, parallel oder seriell? Wenn die Verarbeitung seriell ist (das heißt, die eingehenden Informationen der Reihe nach ausgewertet werden), dann hängt der Erfolg, ob eine bestimmte Blume gefunden wird oder nicht, davon ab, wie viele andere Gegenstände („Störfaktoren") gleichzeitig in einer Szene vorhanden sind. Wenn die Auswertung hingegen parallel geschieht, kann eine große Bandbreite von Blumen gleichzeitig geprüft werden.

Johannes Spaethe fand heraus, dass bei Honigbienen die Auswertung farblich unterschiedlicher visueller Ziele strikt seriell vonstatten geht. Das bedeutet, dass die Zielsicherheit und Schnelligkeit, mit der

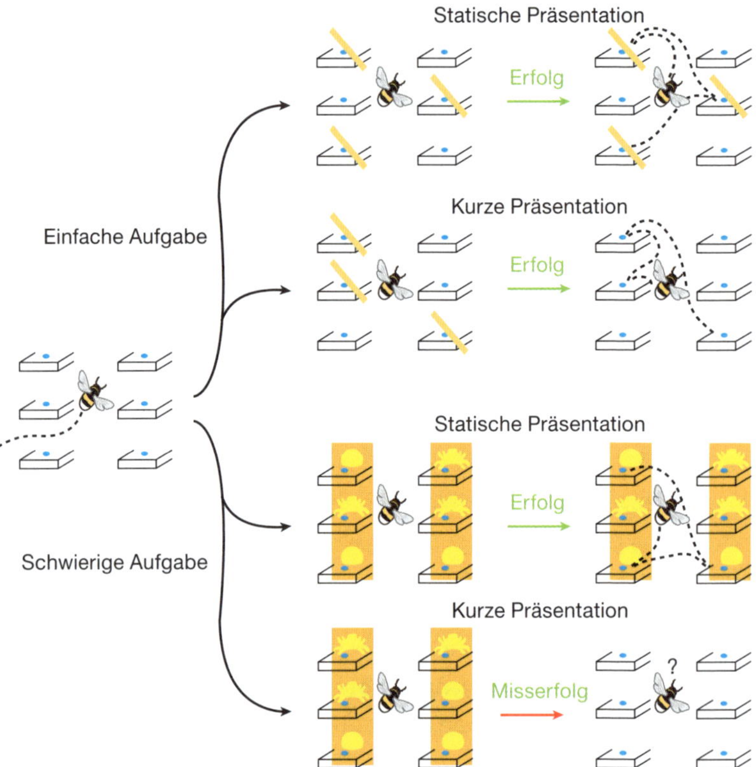

Abb. 7.3. Können Bienen Objekte auf einen Blick erkennen? Ein wesentlicher Unterschied zwischen dem Sehen der Bienen (inklusive Hummeln) und jenem der Primaten offenbart sich, wenn Reize zunehmend kürzer dargeboten werden. Während Primaten hervorstechende Details in einer Szene rasch auf den ersten Blick erkennen können, brauchen Hummeln bei der Lösung einer komplexen Sehaufgabe länger als für eine einfache. Hummeln wurden vor einem Computerschirm auf sechs kleinen Landeflächen trainiert; auf dreien befand sich eine süße Zuckerbelohnung und auf weiteren drei eine bittere Chininlösung, die sie verabscheuen. Die Hummeln konnten die einfache Aufgabe lösen (sie fanden einen gelben diagonalen Streifen, mit dem die Landefläche markiert war), egal ob man ihnen die diagonalen Streifen **(oben rechts)** lang oder kurz (25 Millisekunden) zeigte. Im Falle der schwierigeren Aufgabe (sie mussten einen Kreis, der eine Landefläche markierte, vom Bild einer Blume unterscheiden, auf der eine Spinne saß) konnten sie die Aufgabe nur dann lösen, wenn man ihnen den optischen Reiz dauerhaft präsentierte **(unten rechts)**. Das war ein Hinweis darauf, dass aktives Scannen für die Auflösung des Umrisses nötig ist.

die Honigbiene ihr Ziel fand, von der Anzahl der Störfaktoren abhängig war, die sich gleichzeitig in der Nähe des Ziels befanden. Bei Menschen ist das anders; sie können Reize parallel prüfen, solange sich Ziele und Störfaktoren nur aufgrund eines Merkmals (Farbe oder Form) unterscheiden. Das Ziel „sticht heraus“ und Dauer der Suche und Treffsicherheit werden nicht von den gleichzeitig vorhandenen Störfaktoren beeinflusst. Wenn Honigbienen sich tatsächlich auf serielles Auswerten beschränken müssen, wirkt sich das massiv auf die Blumensuche in freier Natur aus. Es bedeutet, dass der Erfolg beim Blumensuchen nicht nur von den Eigenschaften der Zielblume (Größe, Farbe und Kontrast zum Hintergrund) abhängt, sondern auch von den konkurrierenden Blumen in der unmittelbaren Umgebung.

Obwohl Hummeln diese Aufgabe effizienter lösten als Honigbienen, stellte Vivek Nityananda, ein Postdoktorand aus meinem Team, in der Folge fest, dass die Aufmerksamkeit der Hummeln von ganz anderen Faktoren abhängig ist als die der Menschen. Ein Mensch kann aus einer Szene auf einen Blick eine wichtige Information (zum Beispiel, ob ein Tier zu sehen ist) erfassen, selbst wenn diese nur ganz kurz auf einem Computerschirm auftaucht. Wenn die Reize nur ganz kurz auf einem Schirm auftauchen, scheitern Hummeln hingegen bei den einfachsten Erkennungsaufgaben. Sie machen typische Scanning-Bewegungen, während sie visuelle Muster lernen und wiedererkennen, doch sie scheitern, wenn ihnen die Möglichkeit genommen wird, Muster zu scannen. Die kleinen Insektenhirne beschränken möglicherweise ihre Aufmerksamkeitsressourcen auf die serielle Auswertung von Zielen; sie können nicht das ganze Gesichtsfeld gleichzeitig erfassen. Aus diesem Grund gibt es vielleicht sehr enge Verbindungen zwischen Aktion und Wahrnehmung: Solange es keine Aktion (keine Augenbewegung) gibt, wird auch keine Form wahrgenommen (Abb. 7.3).

Ein Kompromiss zwischen Schnelligkeit und Genauigkeit beim Blumenerkennen

Anfang der 2000er-Jahre gesellte sich der australische Forscher Adrian Dyer zu meinem Laborteam. Gemeinsam mit Anna Dornhaus und Fiola Bock fand er heraus, dass sogar eine einfache Aufgabe wie das Unterscheiden zweier Farben Aufmerksamkeitsressourcen erforderte. Mithilfe von „virtuellen Blumen“ (die wir mithilfe eines Beamers auf einen Bildschirm projizierten) fanden wir heraus, dass Hummeln sich je nach Umständen zwischen Schnelligkeit und Genauigkeit entscheiden können.

Bis dahin hatte man angenommen, dass Bienen (inklusive Hummeln, aber auch andere Tiere) so gut wie möglich zwischen ertragreichen und nicht ertragreichen Farben unterscheiden – und zwar aufgrund der Annahme, dass das Unterscheiden von Farben einfach von angeborenen Fähigkeiten des Sinnesapparates abhängig war. Doch wie sich herausstellte, besitzen Bienen große Freiheit beim Unterscheiden von Farben. Eine Biene (wie jedes Versuchstier) hat nicht den Ehrgeiz, den Forscher mit guter Leistung zu beeindrucken. Ihr Interesse besteht einzig und allein darin, so schnell wie möglich an ihre Belohnung zu kommen. Wenn es so gut wie keine Strafe für Irrtümer gibt oder die Strafe gering ist, besteht die beste Strategie unter Umständen darin, Fehler zu machen.

Stellen Sie sich einen Multiple-Choice-Test vor, bei dem man richtige Antworten ankreuzen muss – doch es gibt keine Strafe, wenn man falsche Antworten als richtig ankreuzt. In diesem Fall besteht die beste Strategie, um möglichst schnell die Höchstpunktezahl zu erreichen, darin, die Fragen gar nicht durchzulesen und alle Antworten als richtig anzukreuzen. Wenn Sie einem Tier eine ertragreiche und eine weniger ertragreiche Farbe vorlegen, die Farben jedoch so ähnlich sind, dass es ziemlich viel Zeit erfordert, sich für eine zu entscheiden, empfiehlt es sich, bei der Farbenunterscheidung schlampig zu sein und sich einfach für alle Möglichkeiten zu entscheiden – es wird ohnehin seine Belohnung bekommen. Und genau das machen Hummeln. Wenn hingegen Strafen für die falsche Entscheidung eingeführt werden – Adrian Dyer füllte bittere Chininlösung in die falsche Blume und Zuckerlösung in die richtige –, verbesserte sich die Leistung der Hummeln augenblicklich. Die Ergebnisse jahrzehntelanger Forschung, wonach Hummeln und andere Bienen bei überraschend einfachen Aufgaben – der Unterscheidung von Vierecken und Dreiecken zum Beispiel – versagten, waren mit einem Schlag widerlegt. Da Bienen eine gewisse Zeit brauchen, um die Formen zu scannen, bestand die schnellere Lösung für sie darin, nicht zu unterscheiden. Sobald Strafen eingeführt worden waren, wurde die Leistung der Bienen zehnmal besser als in früheren Experimenten zur Unterscheidung von Farben – bei schwierigeren Aufgaben mussten die Bienen jedoch Extrazeit investieren, um die angebotenen Reize zu prüfen.

In den Jahrzehnten davor war Genauigkeit das wichtigste Kriterium bei allen Experimenten zur Intelligenz von Tieren gewesen. Mittlerweile ist jedoch klar, dass auch der Zeitfaktor enorm wichtig ist. Ein Tier kann je nach den Umständen einen Kompromiss zwischen Schnelligkeit und Genauigkeit schließen – die Genauigkeit der Schnelligkeit opfern, solange es dafür keine Strafe erhält, sich jedoch Zeit nehmen und genauer hinsehen, sobald Fehler mit Sanktionen einhergehen. Derartige Kompromisse zwischen Genauigkeit und Schnelligkeit bei der Entscheidungsfindung sind mittlerweile auch bei vielen anderen Tierarten beobachtet worden. Assoziatives Lernen, bei dem Tiere einen Reiz mit einer Belohnung in Verbindung bringen, ist bei Weitem nicht der einfache Vorgang, als der er lange gegolten hat. Bei Bienen und anderen Tieren sind dafür Aufmerksamkeit und andere kognitive Prozesse notwendig.

Eine merkwürdige Blume mit der Form eines menschlichen Gesichts

Aufgrund einer Reihe von Entdeckungen in letzter Zeit hat man herausgefunden, wie außerordentlich flexibel Bienen dabei sind, bei allen Sinneseindrücken dazuzulernen. Adrian Dyer zum Beispiel hat festgestellt, dass man Honigbienen darauf dressieren kann, menschliche Gesichter zu erkennen, obwohl menschliche Gesichter im Bienenleben normalerweise eine geringe Rolle spielen. Damals – also in den frühen 2000er-Jahren – gab es eine Debatte unter Psychologen, ob Gesichtserkennung eine spezialisierte Fähigkeit ist, die ein spezielles Gesichtserkennungs-Modul im Hirn erfordert. Die Meinung ist weitverbreitet, doch es kann sich dabei genauso um eine erlernte, aufgrund von wiederholter Erfahrung verfeinerte Fähigkeit handeln. In diesem Fall sollte Gesichtserkennung auch mit einer nicht spezialisierten Mustererkennungsmethode möglich sein, wie sie Bienen für die Blumenerkennung verwenden.

Adrian Dyer und sein Team verwendeten eine Reihe von Schwarz-Weiß-Fotos von Gesichtern aus einem Standardtest, der eingesetzt wird, um eine Krankheit namens Prosopagnosie (Gesichtsblindheit) zu diagnostizieren, bei der Patienten unfähig sind, bekannte Gesichter zu erkennen. Bienen wurden darauf trainiert, eine süße Belohnung mit einem Gesicht in Zusammenhang zu bringen, während sie andere Gesichter mit einer bitteren Chininlösung assoziierten. Bienen lösten überraschend gut eine Aufgabe, bei der Patienten mit einer geschädigten *fusiform face area* des Hirns versagten. Die Ergebnisse beweisen, dass Gesichtserkennung auch ohne spezialisierte Schaltkreise technisch möglich ist – die Biene besitzt eindeutig kein Hirnmodul zur Gesichtserkennung, sie verwendet wahrscheinlich dieselben Schaltkreise wie zur Blumenerkennung.

Bei manchen sozialen Arten, die Gesichtserkennung brauchen, etwa bei Menschen oder manchen Wespenarten, die tatsächlich die Gesichter ihrer Nestgenossinnen erkennen (siehe „Unterschiedliche Lebensstile, ähnliche Hirne“ in Kapitel 9), sind die für die allgemeine Mustererkennung zuständigen Hirnschaltkreise wahrscheinlich im Lauf der Evolution optimiert worden, sodass sie zu Experten für Gesichtserkennung geworden sind. Für unsere Honigbienen sind die Bilder von menschlichen Gesichtern, die mit süßen Belohnungen assoziiert wurden, wahrscheinlich bloß „merkwürdige Blumen", doch diese Entdeckung hat wieder einmal gezeigt, wie vielseitig und flexibel ihre Lernfähigkeit ist.

Das Erkennen der Oberflächenstruktur von Blumen

Die britischen Forscherinnen Beverley Glover und Heather Whitney, die keine Zoologen oder Wahrnehmungsphysiologen, sondern Botanikerinnen sind, haben weitere Entdeckungen zur Flexibilität der Bienen beim Erkennen von Blumeneigenschaften gemacht. Oft kann man auf Eigenschaften der Sinneswahrnehmung eines Tiers schließen, indem man erforscht, was im natürlichen Habitat wichtig für diese Tiere ist. Im Fall der Bienen sind dies natürlich die Blumen. 2004 kam Beverley Glover, die sich für die Evolution der Blumen interessierte, auf mich zu. Sie forschte an einem einzigartigen System – genetisch veränderten Löwenmäulern, die viele winzige Unterschiede zu den natürlich vorkommenden Pflanzen aufwiesen. Eine einzige Mutation verursacht bei diesen Pflanzen eine Veränderung der Oberflächentextur und des Aussehens der Blütenblätter. Worin besteht die Aufgabe der natürlichen Struktur in Bezug auf die Interaktion mit Bestäubern und werden diese Interaktionen bei Mutanten verhindert?

Beverley Glovers genetisch veränderte Blumen unterscheiden sich in einem wichtigen Punkt von Wildblumen. Bei wilden Löwenmäulern (und tatsächlich vielen anderen Blumen) besteht die Epidermis (die Haut der Pflanzen) aus kegelförmigen Zellen, wohingegen die Zellen in der Oberfläche der Blätter flach sind (Abb. 7.4). Die genetisch veränderten Blüten- und Blätterzellen weisen dieselbe flache Form auf. In Zusammenarbeit mit Postdoktorandin Heather Whitney fanden wir heraus, dass eine Funktion der „rauen" Oberfläche der Blüten (die von einer Menge mikroskopisch kleiner nebeneinanderliegender Kegel verursacht wird) darin besteht, Bienen dabei zu

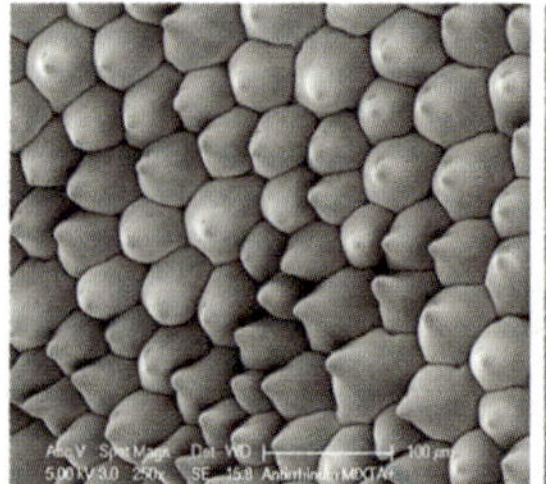

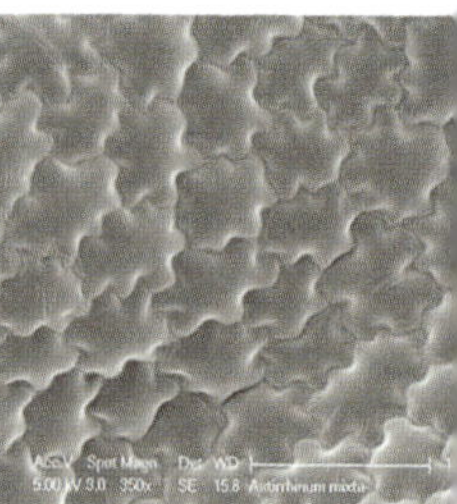

Abb. 7.4. Wild wachsende und mutierte Löwenmäuler und die Struktur ihrer Epidermis (Hautoberfläche). A. Wild wachsende Löwenmäuler (*Antirrhinum majus*) weisen eine satte Farbe auf **(links)**, während die Farbe der sogenannten MIXTA-Mutanten trotz derselben Pigmente flacher wirkt **(rechts)**. **B.** Die einzige direkte Folge der Mutation ist eine Änderung der Hautzellen, die bei Wildblumen kegelförmig sind **(links)** und bei den MIXTA-Mutanten flach **(rechts)**. Abgesehen davon, dass Hummeln damit das Landen erleichtert wird, hat dies vor allem Auswirkungen auf die Temperatur der Blume und ihre Farbe, denn konische Zellen haben den Effekt von Linsen, die das Licht in die Pigmentvakuolen leiten.

unterstützen, sich beim Landen mit den Füßen an der Oberfläche festzuhalten und die Blume leichter zu öffnen und somit schneller an die Belohnung herankommen zu können. Doch die kegelförmigen Zellfortsätze haben auch die Funktion von Linsen, die das Licht direkt in die mit Pigmenten gefüllten Teile der Zelle leiten, was den Naturblumen eine tiefere, sattere Farbe verleiht – und wodurch sie auch um ein paar Grade wärmer werden. Sind diese Temperaturunterschiede etwa wichtig für die Bestäuber?

Was ein warmblütiges Insekt über die Temperatur der Blumen lernt

Nach herkömmlicher Meinung sind nur Säugetiere und Vögel Warmblüter, doch auch Bienen sind es (zumindest meistens). Die Temperatur des Brustteils (Thorax) muss mindestens 30 Grad betragen, damit sie fliegen können, und die normale Körpertemperatur einer Biene beim Fliegen beträgt 40 Grad – im Falle der kältetoleranten Hummel liegt sie manchmal ganze 30 Grad über der Umwelttem-

Abb. 7.5. Weißglühende Hummel. Thermografisches, mit einer Infrarotkamera aufgenommenes Bild einer Hummelarbeiterin: Blau-, Rot-, Gelb-, Weißschattierungen geben steigende Temperaturen an. Am heißesten ist mit circa 38 Grad der Thorax.

peratur. Bei niedrigen Temperaturen können Bienen sich aufwärmen, indem sie mit ihren Flugmuskeln zittern (Abb. 7.5). Die im Blumennektar enthaltenen Kohlehydrate werden teilweise benötigt, um die Flugmaschine am Laufen zu halten – doch eine einfachere Art und Weise, die notwendige Wärme zu erzeugen, besteht möglicherweise darin, Blumen mit wärmerem Nektar zu suchen.

Unser Team, das aus Botanikern und aus Forschern bestand, die sich mit dem Farbsehen beschäftigten, fand heraus, dass Hummeln ausnahmslos Blumen mit wärmerem Nektar bevorzugen (selbst wenn der Unterschied nur vier Grad betrug) – so wie wir an kalten Tagen gerne ein warmes Getränk zu uns nehmen. (Wenn wir Menschen uns aufwärmen wollen, können wir auf Kosten unserer Energiereserven Wärme produzieren – oder etwas Warmes trinken und Energie sparen.) Doch aus der Ferne können Hummeln die Wärme der Blumen nicht spüren. Sie müssen vielmehr zuerst die Temperatur der Blumen testen, erst dann prägen sie sich die damit verbundenen Farben ein, was es ihnen ermöglicht, die Temperatur von vornherein zu erkennen. Im Laufe dieses Experiments bevorzugten Hummeln allmählich die Blumenfarben, die ihnen verlässlich ein warmes Getränk versprachen. Eine derartige Dreier-Interaktion zwischen Reizen, die zwei Arten von Belohnung (Nektar und Wärme) versprachen und die mithilfe direktem Körperkontakt und einem aus größerer Distanz wahrgenommenen visuellen Signal (Farbe) getestet werden, war davor noch nie beschrieben worden.

Geblendet von schillernden Farben

Bei der Assoziation von Sinnesreizen mit Belohnung besitzen Bienen offenbar eine grenzenlose Flexibilität. Sie können jedes wahrnehmbare Signal lernen. Heather Whitney und Beverley Glover haben beobachtet, dass Blumen manchmal leicht schillern – aus verschiedenen Blickwinkeln erscheinen die Blütenblätter in unterschiedlichen Farben. Doch die Blumenfarbe ist eigentlich ein verlässliches artenspezifisches Identifizierungsmerkmal – ist dann ein derartiges Schillern (in allen Regenbogenfarben) für Bienen nicht höchst verwirrend?

In Zusammenarbeit mit Physikern der Universität Cambridge fand das Team heraus, dass die Nanostruktur der Blumenoberflächen die Funktion eines optischen Gitters (kleine parallele Rippen in einem Abstand von 1–30 Nanometern) hat. Daraufhin stellten sie künstliche Blumen her, indem sie Wachsabdrücke von echten, leicht schillernden Blumen machten und diese in Epoxidharz einprägten. Stärker schillernde Blumen wurden erzeugt, indem man einen Beugungsgitterfilm als Schablone für Wachsabdrücke verwendete. Auf diese Weise erzeugten sie synthetische Blumen-Disketten, die unterschiedliche (dem Harz beigefügte) Pigmente mit verschiedenen Graden des Irisierens kombinierten. So konnte bewiesen werden, dass Hummeln vom Irisieren überhaupt nicht irritiert werden, sondern ganz im Gegenteil das veränderliche Aussehen als Reiz benutzen und schillernde Blumen von ähnlich pigmentierten, jedoch nicht schillernden Blumen unterscheiden können. Das Schillern erleichterte es den Hummeln sogar, Blumen überhaupt zu entdecken.

Mithilfe weiterer eleganter Blumendesigns vertiefte Heather Whitney die Frage, in welchem Ausmaß Hummeln vielfältige Sinnesreize kombinieren können, um Blumen zu identifizieren. Bisher hatte man angenommen, dass die von Karl von Frisch entdeckte Fähigkeit, polarisiertes Licht wahrzunehmen, nur zum Zweck des Navigierens eingesetzt würde (um den Sonnenkompass zu optimieren), doch in Zusammenarbeit mit Forschern aus Bristol entdeckte Heather, dass Hummeln tatsächlich auch Polarisationsmuster auf Blüten erkennen. Dies funktioniert allerdings nur, wenn die Hummel sich von unten der Blume nähert, also mit der dorsalen Augenregion schaut – denn nur die dorsale, nach oben blickende Augenregion reagiert auf Polarisation. Das beweist, dass sensorischer Input nicht starr mit bestimmten Verhaltensroutinen verdrahtet ist. Wenn ein sensorischer Input, egal welcher Art, mit einer Belohnung verbunden ist, prägt sich die Hummel die Verbindung bereitwillig ein (allerdings hängt das Ausmaß ihrer Bereitwilligkeit davon ab, wie wahrscheinlich diese Verbindung in der Natur vorkommt).

Wie Bienen Regeln lernen

Als ich Anfang der 1990er-Jahre in Berlin an meiner Doktorarbeit schrieb, kam Martin Giurfa, ein junger Wissenschaftler aus Argentinien, als Postdoktorand in Randolf Menzels Team. Zuerst forschten wir gemeinsam zu den angeborenen Farbvorlieben der Bienen, doch wir konnten nur John Lubbocks Beobachtung aus dem 19. Jahrhundert bestätigen, dass Blau die Lieblingsfarbe der Bienen ist. Bald darauf führte Martin eine Reihe inzwischen klassischer Studien zu den kognitiven Fähigkeiten der Honigbienen durch, zuerst in Zusammenarbeit mit Randolf Menzel und später an der Universität Toulouse, wo er bald ein eigenes Forschungszentrum bekam.

Diese Studien beschäftigten sich erstmals mit der Frage, wie das Hirn der Bienen bestimmte Objekte aufgrund gemeinsamer Eigenschaften klassifizieren kann, wie es Regeln und Konzepte erarbeitet und einzelne, im Laufe des Lebens gemachte Erfahrungen kombiniert. Martin Giurfa interessierte sich für die Frage, ob Honigbienen optische Muster aufgrund von Symmetrie oder Asymmetrie unterscheiden. Jede einzelne Biene der „symmetrischen Gruppe“ erhielt eine Belohnung, wenn sie vielfältige, völlig unterschiedliche Schwarz-Weiß-Muster erkannte, die nur eine Gemeinsamkeit hatten: Sie waren bilateral symmetrisch (konnten spiegelbildlich entlang der Mittelachse in zwei Hälften geteilt werden). Im Laufe des Trainings wurden den Bienen auch eine Reihe von asymmetrischen Mustern gezeigt, die mit keiner Belohnung einhergingen. Theoretisch könnten Bienen diese Aufgabe lösen, indem sie sich jedes einzelne mit einer Belohnung verbundene Muster einprägen – ob sie dies tun, kann mithilfe eines sogenannten Übertragungstests festgestellt werden, bei dem den Bienen Muster gezeigt werden, die sie niemals zuvor gesehen haben, die jedoch die Eigenschaften der zuvor gesehenen Muster besitzen.

Das Experiment bewies, dass Bienen tatsächlich eine Kategorie symmetrischer Muster gelernt hatten, die sie allesamt als lohnend beurteilten, während sie asymmetrische mieden. Umgekehrt bevorzugten Bienen, die auf asymmetrische Muster trainiert worden waren, im Übertragungstest asymmetrische Objekte. Bei Tieren mit kleinen Hirnen stellt das Erlernen der gemeinsamen Eigenschaften von lohnenden Mustern (wie die von Blumen) möglicherweise eine Strategie dar, Gedächtnisspeicherplatz zu sparen. Es ist effizienter, sich nur die wichtigen gemeinsamen Eigenschaften einzuprägen, anstatt sich an jedes lohnende Muster einzeln zu erinnern.

Mit einem Team internationaler Mitarbeiter erforschte Martin Giufra dann die Fähigkeit von Honigbienen, Gleichheits-Unterschieds-Regeln zu erlernen; einzelne Bienen wurden auf eine sogenannte *verzögerte Übereinstimmungsaufgabe* trainiert. Um das Konzept der Gleichheit zu lernen, zeigte man den Bienen zuerst das optische Muster A, dann ließ man sie zwischen A und B wählen, wobei A mit einer Belohnung verbunden war (Abb. 7.6). Die Bienen mussten also das erste Muster im Arbeitsspeicher ablegen – dem Kurzzeitgedächtnis mit geringer Kapazität, das wir Menschen in der Zeit zwischen dem Hören und dem Niederschreiben einer Telefonnummer benutzen. Bei dem Experiment krochen Bienen in ein Y-förmiges Labyrinth und verstauten das erste Muster im Arbeitsspeicher; im Inne-

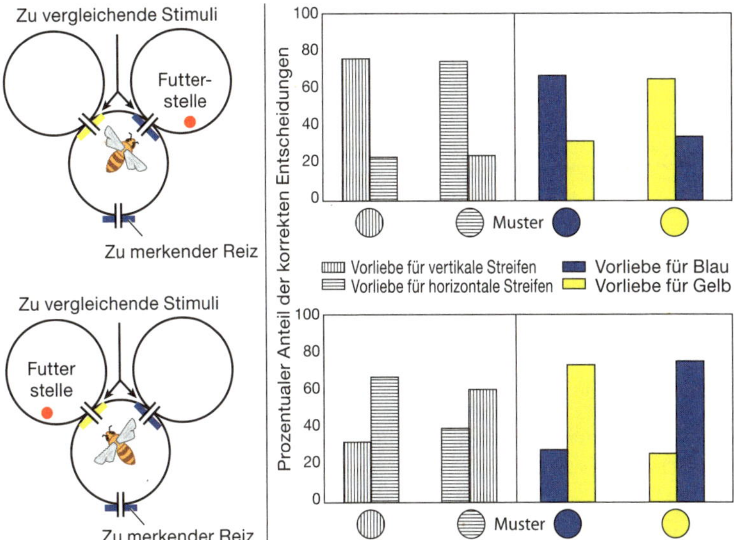

Abb. 7.6. Das Lernen von Gleichheits-Unterschieds-Regeln bei Honigbienen. Obere Reihe: Lernen der Gleichheitsregeln: Bienen wurden auf eine verzögerte Übereinstimmungsaufgabe trainiert: Wenn sie in ein Y-förmiges Labyrinth fliegen, sehen sie zuerst einen optischen Reiz (z. B. Gelb). An dem Punkt, an dem sie sich entscheiden müssen, zeigt man ihnen zwei Reize (hier Gelb und Blau), doch nur einer davon entspricht dem davor gesehenen, der den Eingang zu einer Kammer mit einer süßen Belohnung markierte. Nach dem Training sind die Bienen nicht nur fähig, verlässlich den Reiz zu wählen, den sie davor gesehen haben, sondern sie haben auch die Regel gelernt, „immer denselben zu wählen", egal wie der Reiz am Eingang des Labyrinths beschaffen ist, bzw. egal, ob er gelb oder blau ist, vertikale Streifen oder horizontale Streifen aufweist. **Untere Reihe:** Lernen, den „nicht übereinstimmenden Reiz zu wählen": In demselben Versuchsaufbau können Bienen auch lernen, „immer den nicht übereinstimmenden Reiz zu wählen", sodass sie sich kurz an den am Eingang gezeigten Reiz erinnern müssen und dann den anderen wählen.

ren des Labyrinths zeigte man ihnen dann zwei Muster, wovon eines dasselbe war wie das zuvor gesehene *(übereinstimmender Reiz)*. Nachdem diese Abfolge mit einer Reihe unterschiedlicher Reize wiederholt worden war, lernten die Bienen schließlich eine allgemeine Regel: auch aufgrund eines völlig neuen Satzes an Reizen (wenn z. B. Muster C und D auf C folgten), die sie nie davor gesehen hatten. Honigbienen konnten auch die umgekehrte Regel lernen – den

„*nicht* übereinstimmenden Reiz zu wählen". Die Bienen lernten, das Muster zu wählen, das nicht dasselbe wie das ursprüngliche war – *das nicht übereinstimmende.*

Wie gesagt, erfordern diese Aufgaben ein sogenanntes Arbeitsgedächtnis – ein flüchtiges Gedächtnis, das bei Bienen und anderen Tieren nur für ein paar Sekunden lang Informationen speichert und viel weniger Kapazität besitzt als das Langzeitgedächtnis. In diesem Fall bestand die Aufgabe für die Biene darin, die Inhalte des Arbeitsgedächtnisses abzurufen („Welchen Reiz habe ich gerade empfangen?") und die neu eingehenden Reize damit zu vergleichen; im Fall der „Gleichheits-Aufgabe" mussten sie das Ziel aussuchen, das dem im Arbeitsgedächtnis gespeicherten entsprach, und bei der „Unterschieds-Aufgabe" dasjenige, das *nicht* im Kurzzeitgedächtnis gespeichert war. Vielleicht noch beeindruckender ist die Tatsache, dass Bienen die Konzepte von Gleichheit und Unterschied auch auf andere Sinne übertragen konnten – sie wandten sie zum Beispiel auch dann an, wenn optische Reize eintrafen, obwohl sie die Regeln nur mithilfe von Geruchsreizen gelernt hatten.

Diese Studien, die beweisen, dass auch ein Tier mit einem derart kleinen Hirn wie eine Biene Regeln erlernen kann, waren so aufregend, dass der amerikanische Neurowissenschaftler Christof Koch, der die neuronale Grundlage des Bewusstseins bei Menschen erforscht, auf sie aufmerksam wurde. In einem Artikel im *Scientific American* schrieb Koch: „Bienen lassen eine bemerkenswerte Bandbreite an Talenten erkennen – Fähigkeiten, die man bei einem Säugetier wie dem Hund als Bewusstsein bezeichnen würde." In Kapitel 11 werden wir uns ausführlicher mit der Frage des Bewusstseins beschäftigen. Zunächst jedoch wenden wir uns einem anderen Faktor zu, der im Kontext des Blumenbesuchs (und des Bewusstseins) wichtig ist: dem Lernen der Zeit.

Lernen, *wann* Blumen lohnend sind

Seit Buttel-Reepens Forschungsarbeiten Ende des 19. Jahrhunderts (siehe Kapitel 4) weiß man, dass Bienen sich an den Zeitpunkt erinnern, zu dem unterschiedliche Blumenarten Nektar produzieren. Martin Lindauer fand heraus, dass tanzende Honigbienen derartige Erinnerungen auch mitten in der Nacht „offline" abrufen können (siehe Kapitel 6). Die komplexen Verhältnisse des Blumenmarkts erfordern jedoch, dass Bienen zu verschiedenen Zeitpunkten den Überblick über alle möglichen Umstände behalten müssen. Manche Blumenarten produzieren nur zu einer bestimmten Uhrzeit Nektar, doch der Nektar wird nach dem Bienenbesuch – je nach Blumenart unterschiedlich schnell und manchmal in weniger als einer Stunde – wieder aufgefüllt.

Die kanadischen Forscher Michael Boisvert und David Sherry untersuchten, ob Bienen das Intervall zwischen zwei süßen Belohnungen messen und so lange – also ohne den Rüssel herauszustrecken – warten konnten. Eine derartige Selbstkontrolle wird bei Wirbeltieren mit größerem Hirn, auch Menschen, als Indikator für Intelligenz gewertet. Die Forscher trainierten Hummeln darauf, in Intervallen von jeweils 6, 12, 24 oder 36 Sekunden belohnt zu werden – tatsächlich schafften es die Bienen aller Gruppen, ihre Reaktionen im Zaum zu halten, bis das gelernte Intervall vorbei war. Das bedeutet im Wesentlichen, dass Boisverts und Sherrys Bienen imstande waren, in die Zukunft zu blicken: Ihr Verhalten lässt auf eine an verschiedene Zeitintervalle angepasste Erwartungshaltung schließen. Manche Forscher sind der Meinung, dass diese Fähigkeit sich bei der Planung von Routen als sehr nützlich erweist, auf denen Hummeln unterschiedliche Blumen besuchen, von denen sie wissen, wie schnell sich ihr Nektarreservoir auffüllt, und dass dieses Wissen erfahrenen Nektarsammlern einen Vorteil gegenüber zufälligen Besuchern eines Blumenpatches verschafft.

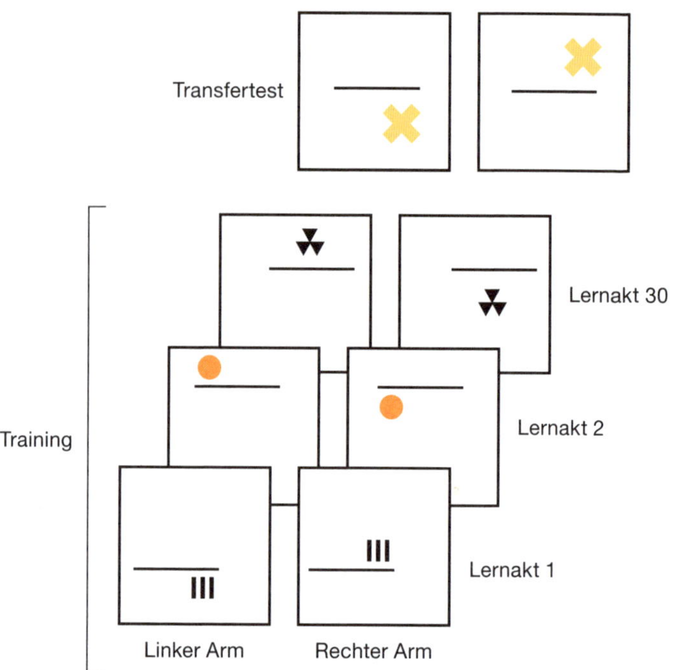

Abb. 7.7. Trainingsprogramm für Honigbienen, die das Konzept „über" und „unter" lernen. Auf dieser Abbildung sieht man Musterpaare, die Bienen der Reihe nach auf der Hinterwand eines Y-förmigen Labyrinths sahen. Bienen wurden trainiert, eine Zuckerlösung in einem Arm des Labyrinths zu finden. Jedes Musterpaar, das in dem Arm gezeigt wurde, enthielt dieselben optischen Reize, mit dem einzigen Unterschied, dass das „Ziel" sich unter oder über dem „Bezugsstimulus" – einem horizontalen Strich – befand. Den Bienen wurden während des Trainings unterschiedliche Ziele gezeigt, und sie wurden nur dann belohnt, wenn sie sich für das Paar entschieden, bei dem sich das Ziel über dem Bezugsstimulus befand (eine andere Gruppe wurde belohnt, wenn sie sich richtigerweise für den Arm entschied, in dem das Ziel sich unter dem Bezugsstimulus befand). Die genaue Lage der Ziele und der Bezugsstimuli auf der Hinterwand der Arme des Y-förmigen Labyrinths wurde von Lernakt zu Lernakt verändert, um sicherzustellen, dass sich die Bienen kein fixes Muster eingeprägt hatten. Nehmen Sie sich bitte einen Augenblick Zeit und versuchen Sie die Aufgabe zu lösen – dann werden Sie verstehen, wie schwierig sie ist (die korrekte Lösung lautet: rechts-links-links-rechts).

Lernen von Raumkonzepten

Aurore Avarguès-Weber, eine Studentin von Martin Giurfa, fand heraus, dass Honigbienen eine Aufgabe lösen können, die bei Primaten als Lernen von Raumkonzepten bekannt ist: das Erkennen von „über" und „unter". In beiden Zweigen eines Y-förmigen Labyrinths wurden Paare optischer Reize angebracht. In jedem Zweig befand sich ein Paar: ein Bezugsstimulus (z. B. eine horizontale Linie) und eine zweite geometrische Form, die sich entweder über oder unter dem Bezugsstimulus befand (Abb. 7.7). Bienen, die das Konzept „über" lernen sollten, mussten jenen Arm des Y-förmigen Labyrinths wählen, in dem sich eine Form – irgendeine Form – über dem Bezugsstimulus befand, während die, die das Konzept „unter" lernen sollten, jenen Arm wählen mussten, in dem sich ein beliebiger Gegenstand unter dem Bezugsstimulus befand. Bienen meisterten diese Aufgabe sehr schnell, und sie bewältigten sogar einen Übertragungstest, bei dem man ihnen ein völlig unbekanntes Ziel zeigte, das sich jedoch in der richtigen Position bezüglich des vertrauten Bezugsstimulusses befand. Aurore Avarguès-Weber beobachtete, dass Bienen diese Aufgaben schneller bewältigten als Primaten, die dafür Hunderte oder sogar Tausende Lernakte brauchten; Bienen hingegen brauchten nur ein paar Dutzend. Menschenkinder mit ihren vielleicht 100 Milliarden Neuronen schaffen solche Tests erst im Alter von einem halben Jahr. Im nächsten Abschnitt werden wir herausfinden, dass Honigbienen – ganz anders als Primaten – diese Aufgaben mithilfe eines Schnellverfahrens meistern.

So einfach wie möglich: Wie Honigbienen bei der Aufgabe, ein Konzept zu erlernen, „mogeln"

Wie lösen Honigbienen Aufgaben bezüglich der Raumerkennung, und verwenden sie dieselbe Strategie wie Primaten? Wir haben bereits gehört, dass Bienen optische Muster erkennen, indem sie sie aktiv und der Reihe nach scannen, und dass sie nicht imstande sind, sie aus der Ferne auf einen Blick zu erfassen. Marie Guiraud und

Mark Roper, zwei Doktoranden aus meinem Team, analysierten die Flugbahnen von Honigbienen innerhalb eines Y-förmigen Labyrinths, um herauszufinden, wie sie die Aufgabe lösen, „über" und „unter" zu erkennen. Hunderte Stunden High-Speed-Video-Material, auf dem die Entscheidungsstrategien der Bienen zu sehen sind, wurden im Detail analysiert. Wie sich herausstellte, mussten die meisten Bienen, die die Aufgabe lösten, die Ziele aus der Nähe inspizieren – doch sie schauten nur auf den unteren Teil des Musters, bevor sie sich für eine der beiden Futterquellen entschieden. Wie konnten sie diese Aufgabe lösen, indem sie nur auf einen Teil des Paares schauten? Dieses Detail musste geklärt werden, denn es zeigt, wie Tiere unter Umständen ganz andere Strategien zum Lösen einer Denkaufgabe anwenden als Menschen – und dass diese Strategien trotzdem außergewöhnlich raffiniert sein können.

Die getesteten Bienen hatten oft eine Vorliebe für eine bestimmte Seite (sie bevorzugten entweder den rechten oder den linken Zweig des Labyrinths) oder entschieden sich beliebig für einen Zweig. Um zu untersuchen, was danach passiert, widmen wir uns zunächst jenen Bienen, die auf die „über"-Aufgabe trainiert worden waren. Wenn sie zur Hinterwand des Labyrinths gelangten, auf dem das Ziel und der Bezugsstimulus abgebildet waren (Abb. 7.7), flogen sie immer zu dem unteren Gegenstand. Entsprach dieser dem Bezugsstimulus (der horizontalen Linie), wussten die Bienen, dass sie am richtigen Ort waren: Keine weitere Inspektion des Gegenstands darüber war notwendig. Jede Anordnung mit dem Bezugsstimulus unten ist richtig. Wenn der untere Gegenstand *nicht* der Bezugsstimulus war, musste die Biene keinen anderen Gegenstand in der Anordnung inspizieren – sie wusste, dass sie sich im falschen Zweig des Labyrinths befand und einfach in den anderen hineinfliegen musste, um ihre Belohnung zu bekommen.

Bienen, die auf die „unter"-Aufgabe trainiert wurden, verfolgten die gegenteilige Strategie. Wenn sich in dem Zweig des Labyrinths, in den sie anfänglich hineinflogen, der Bezugsstimulus unten befand – falscher Ort, Rückflug, keine weitere Inspektion notwendig. Wenn sich in dem Zweig, in den sie anfänglich hineinflogen, alles, *nur nicht* der Bezugsstimulus unten befand, war die Biene am richtigen Ort. Die Bienen bewältigten also eine als sehr schwierig geltende Lernaufgabe – und zwar mithilfe einer Strategie, die nicht erforderte, irgendein Konzept zu erlernen. Das bedeutet natürlich nicht, dass sie die Aufgabe nicht so lösen könnten, wie Menschen – oder zumindest Experimentalpsychologen – es von ihnen erwarten würden; manche Bienen könnten dies mithilfe intensiveren Trainings durchaus schaffen.

Wir haben uns in diesem Kapitel mit der Psychologie der Bienen in Bezug auf den Blumenbesuch beschäftigt. Es liegt auf der Hand, dass die Biene nicht nur das Bild einer Blumenart speichern muss, nachdem sie in ihr eine Belohnung gefunden hat. Sie speichert vielmehr eine reichhaltige Sinneserfahrung – Input von allen Sinnesorganen – und sie kann die Erfahrungen, die sie mit unterschiedlichen Blumenarten gemacht hat, übereinanderlegen und daraus gemeinsame Eigenschaften ableiten. Mittlerweile wissen wir, dass Bienen große Intelligenz besitzen, die sich jedoch von der anderer Tiere, auch jener der Menschen, grundsätzlich unterscheidet. Egal, über welche spezifischen Lösungsstrategien sie verfügen, Bienen besitzen kognitive Fähigkeiten, die man bis vor Kurzem für ein Privileg von Wirbeltieren mit viel größeren Hirnen hielt. Das mag überraschen angesichts der weitverbreiteten Meinung, dass für intelligentes Verhalten ein viel größeres Hirn erforderlich ist oder zumindest damit einhergeht. Doch wenn man sich mit der Literatur beschäftigt, die nach wie vor diese Meinung vertritt, sieht man schnell, dass Forscher die kognitiven Fähigkeiten von Tieren eher intuitiv und nicht auf Basis der dafür erforderlichen neuronalen Prozesse als „einfach" oder „fortgeschritten" klassifizieren. Mit dieser Frage werden wir uns ausführlich in Kapitel 9 über „Das Hirn der Biene" beschäftigen und feststellen, dass mit einem Hirn, das nur eine sehr geringe Anzahl an Neuronen besitzt, tatsächlich anspruchsvolle Lernaufgaben bewältigt werden können.

Schon jetzt haben wir festgestellt, dass scheinbar einfache Prozesse wie assoziatives Lernen (bei dem eine Farbe mit einer Belohnung in Zusammenhang gebracht wird) keineswegs einfach sind und kognitive Leistung von Kontext, Motivation und Aufmerksamkeit abhängig ist. Andererseits können Bienen (und sicher auch andere Tiere) eine scheinbar komplexe Lernaufgabe auch lösen, indem sie relativ einfache Ticks anwenden. Manche Forscher glauben noch immer, dass das Lernen von Kategorien (das Sortieren vielfältiger individueller Reize nach gemeinsamen Eigenschaften, wie symmetrische im Gegensatz zu asymmetrischen Blumen) eine größere kognitive Leistung darstellt, als sich an individuelle Blumenmuster zu erinnern. Das mag durchaus sein – außer wenn der Speicherplatz im Gedächtnis beschränkt ist. Bei kleinen Tieren wie Insekten, die kein größeres Hirn tragen können, üben die physischen Beschränkungen des Gedächtnisses möglicherweise einen Selektionsdruck für kluge Arten der Informationsspeicherung wie etwa das Lernen von Kategorien aus. Diese Befunde stellen die Vorstellung, dass für kognitive Fähigkeiten große Gehirne erforderlich sind, insgesamt infrage. Unter Umständen werden vergleichbare kognitive Fähigkeiten bei verschiedenen Arten von völlig unterschiedlichen Strategien bewirkt, auch die ihnen zugrunde liegenden neuronalen Schaltkreise und Prozesse können unterschiedlich sein. Bevor wir eine kognitive Operation als Funktion eines neuronalen Schaltkreises verstehen, sollten wir uns hüten, sie als „niedrigere" oder „höhere" Form der Intelligenz zu bewerten.

Bisher haben wir uns mit den Lernfähigkeiten von individuellen Bienen beschäftigt. Doch die beschriebenen Arten sind zum Großteil soziale Arten, deshalb werden wir uns im nächsten Kapitel mit den vielen außerordentlichen Möglichkeiten beschäftigen, wie Bienen voneinander lernen können, wozu auch einzigartige symbolische Kommunikationssysteme, eine Art demokratische Entscheidungsfindung sowie die Fähigkeit gehören, einander bei einfachen Formen des Werkzeuggebrauchs nachzuahmen.

8

Von sozialem Lernen zur „Schwarmintelligenz"

> Im Sommer 1857 habe ich einen noch seltsameren Fall beobachtet, als ein Insekt offensichtlich die komplexe Aktion eines Insekts einer anderen Gattung beobachtete … Ich sah mehrere Hummeln … die mit ihren Kauwerkzeugen Löcher in die Unterseite des Kelches von Bohnenblüten bissen und so den Nektar saugten … Am nächsten Tag sah ich alle Bienen aus dem Stock ausnahmslos Nektar durch die Löcher saugen, die die Hummeln gebissen hatten … ich musste denken, dass die Bienen die Hummeln beobachtet hatten und ihre Aktionen verstanden … oder dass sie es einfach den Hummeln nachmachten.
>
> Das ist, sofern es sich bestätigt, ein sehr lehrreicher Fall von erworbenem Wissen bei Insekten. Wir wären erstaunt, wenn wir sähen, wie eine Affengattung das Futterverhalten von einer anderen Gattung übernähme … noch mehr würden wir staunen, wenn wir das Verhalten bei Insekten beobachteten, die für ihre instinktiven Verhaltensweisen bekannt sind, von denen man im Allgemeinen annimmt, dass sie konträr zu den intellektuellen sind!
>
> **Charles Darwin, 1884 und 1841**

Soziales Lernen – die Fähigkeit zu lernen, indem man andere beobachtet (meistens Artgenossen, aber nicht immer) oder sich von anderen beeinflussen oder leiten lässt – gilt als eine Grundlage der menschlichen Zivilisation. Bedeutet das, dass es in winzigen Hirnen wie jenen der Bienen so ein Lernen nicht gibt? Eine Sonderform des sozialen Lernens, den Schwänzeltanz, haben wir bereits in Kapitel 5 kennengelernt. Aber können Bienen auch voneinander lernen, indem sie, wie Darwin vermutete, das Verhalten anderer Bienenarten (zum Beispiel Hummeln) in freier Natur beobachten?

Von anderen Bienen lernen, welche Blumen man am besten besucht

Es gibt gute Gründe, soziales Lernen bei Bestäubern zu untersuchen, die das Nektar- und Pollenangebot verschiedener Pflanzenarten vergleichen und die besten Angebote auswählen müssen. Um verlässliche Informationen über eine gute Blumenart oder einen ertragreichen Patch zu erhalten, müssen sie oft zahlreiche Proben nehmen, und wie wir bereits gesehen haben, sind bei komplexen Blumenstrukturen oft mehrere Dutzende Versuche nötig, um die richtige Methode zu finden und an die Belohnung heranzukommen. Da oft viele Bestäuber (aller möglichen Arten) konkurrierend auf einer Wiese arbeiten, gibt es jede Menge Möglichkeiten, Informationen von anderen zu erhalten. Außerdem leben soziale Insekten in Kolonien, gemeinsam mit Dutzenden bis Tausenden enger Verwandten. In diesen „Superorganismen" gibt es einen großen Bedarf am Teilen von Informationen und dem Lernen voneinander – in einer Weise, die bei den meisten Wirbeltieren ihresgleichen sucht.

In ihrem Flugbereich findet eine unerfahrene Biene alle möglichen Blumenarten vor, die sich je nach Qualität und Quantität des Nahrungsangebots unterscheiden. Die blutige Anfängerin kann entweder Proben von allen Arten nehmen – oder aber andere Bestäuber bei ihren Sammelaktivitäten beobachten. Ein nützliches Schnellverfahren, um rentable Ressourcen zu finden, besteht unter Umständen darin, dort zu sammeln, wo auch andere tätig sind – vor allem, wenn diese derselben Art angehören und deshalb dieselben Nahrungsbedürfnisse haben und morphologisch dieselbe Passung mit den entsprechenden Blumen aufweisen. Um herauszufinden, ob Hummeln auf diese potenziell wichtige Informationsquelle zurückgreifen, baute meine Doktorandin Ellouise Leadbeater eine einfache „Wiese" mit lauter gleichermaßen lohnenden künstlichen Blumenarten – blauen und gelben

Blumen. Unerfahrene Individuen (die davor noch nie Blumen besucht hatten) landeten mit Vorliebe auf Blüten, die schon von einer erfahrenen Hummel besetzt waren. Danach blieben Anfänger der Blumenart treu, zu der man sie anfänglich geführt hatte; sie wechselten eigentlich nur, wenn sie eine Artgenossin auf einer anderen Blumenart sahen. Die Neulinge fühlten sich also nicht immer von anderen Hummeln angezogen: Sie folgten erfahrenen Nektarsammlerinnen nur, wenn diese eine neue Art von Futterquelle versprachen.

Lernen, indem man eine andere Hummel aus der Distanz beobachtet

In einer gleichzeitig durchgeführten Studie fanden Bradley Worden und Daniel Papaj von der Universität Arizona, Tucson, ebenfalls heraus, dass sich unerfahrene Hummeln nicht nur einfach zu erfahrenen hingezogen fühlten. Bei den von ihnen beschriebenen Experimenten wurden die Neulinge mithilfe einer Glasplatte von den „Vorzeigehummeln" getrennt. Nachdem sie die erfahrenen Hummeln aus der Distanz auf einer der beiden Blumenfarben beobachtet hatten, wurden sie auf einer Wiese mit denselben Farben ausgesetzt – und zeigten eine starke Vorliebe für die Farbe, die, wie sie gesehen hatten, davor von ihren Kolleginnen besucht worden war.

Die Entdeckung war insofern bemerkenswert, als den Hummeln hinter dem Glasschirm keine Belohnung geboten wurde – sie konnten nur die Aktivitäten der Nektarsammlerinnen aus der Ferne beobachten. Dennoch lernten sie die lohnende Blütenfarbe. „Verstanden" die beobachtenden Bienen, was sie sahen, wie Darwin vermutete? Wir lieferten damals eine Erklärung, die uns als sparsamer erschien – und die mit klassischem assoziativem Lernen, wenn auch in zwei Schritten, zu tun hatte. Wir vermuteten, dem Ganzen läge ein Prozess zugrunde, der seit Pawlows Zeiten als *Konditionierung zweiter Ordnung* bezeichnet wird: Ein Individuum lernt zuerst, dass Reiz A mit einer Belohnung einhergeht, sieht dann Reiz A und B gemeinsam – und glaubt in der Folge, dass auch Reiz B lohnend ist.

Eine weitere Doktorandin, Erika Dawson, und Aurore Avarguès-Weber gesellten sich zu dem Team, um herauszufinden, ob Hummeln eine solche Konditionierung zweiter Ordnung an den Tag legen, wenn sie voneinander lernen, die lohnendsten Blüten zu finden. Fürs Erste testeten sie, ob Hummeln lernen können, die Präsenz von Artgenossinnen (Reiz A) mit einer Belohnung zu assoziieren. Wenn die so trainierten Hummeln ihre Kolleginnen auf einer speziellen Blumenfarbe (Reiz B) sehen, kommen sie unter Umständen zu dem Schluss, dass auch B lohnend sein muss, weil A als wahrscheinliche Belohnung bekannt ist und A und B gemeinsam gesehen wurden (Abb. 8.1). Tatsächlich ließ das Experiment nicht nur diesen Schluss

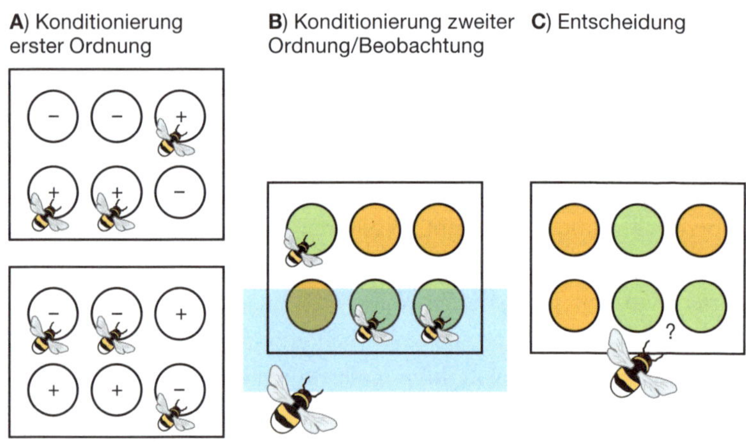

Abb. 8.1. Geschieht soziales Lernen durch Beobachtung bei Hummeln mithilfe von Konditionierung zweiter Ordnung? Ein scheinbar komplexes Verhalten (das Imitieren der Farbvorlieben anderer Hummeln) könnte das Ergebnis von assoziativem Lernen sein: Hummeln interpretieren das Verhalten ihrer Artgenossen als wahrscheinlichen Hinweis auf eine süße Belohnung (+ im Viereck **A oben**) oder auf eine bittere Chininlösung (– im Viereck **A unten**). Wenn die so trainierten Beobachterinnen später durch eine Glasscheibe beobachteten, dass ihre Artgenossinnen grüne Blumen besuchten (Viereck **B**), assoziierten sie das Verhalten der Hummeln mit dem, was sie davor darüber gelernt hatten (Viereck **A**). Durften die Beobachterinnen dann in Abwesenheit der Demonstratoren frei wählen, bevorzugten sie Grün, sofern sie auf der ersten Stufe ihres Trainings gelernt hatten, dass die Anwesenheit anderer Hummeln eine Belohnung versprach, oder Orange, sofern sie wussten, dass die Anwesenheit der Artgenossen einen bitteren Geschmack bedeutete (Viereck **C**).

zu, sondern auch jenen, dass man die Beobachtung eines Artgenossen auf einer Blume auch andersherum interpretieren konnte: Wenn Hummeln die Anwesenheit anderer Tiere mit bitterem Chinin in Zusammenhang bringen, dann entscheiden sie sich in der Folge für eine Blumenfarbe, die von den beobachteten Artgenossen *nicht* angeflogen worden war.

In Kapitel 6 wurde bereits dargestellt, dass Bienen (inklusive Hummeln) auch ohne Belohnung wichtige Informationen sammeln können, und zwar nur mithilfe von Beobachtung, etwa auf Orientierungsflügen, bei denen sie Informationen über die Landmarken rund um ihren Stock sammeln. Die oben beschriebenen Experimente zeigten, dass Bienen auch zwei aus der Ferne gesehene Reize assoziieren können, während sie nur die Hintergrundinformation besitzen, dass einer der beiden Reize lohnend ist. Die Flexibilität derartiger Verbindungen wurde bestätigt, als Erika Dawson gemeinsam mit Elli Leadbeater herausfand, dass Honigbienen lernen konnten, auf einen beliebigen Reiz (farbiges Licht) als Hinweis auf eine Gefahr zu reagieren. Sie assoziierten die Lichter mit dem Alarmpheromon, das normalerweise freigesetzt wird, wenn Honigbienen ihr Nest gegen Räuber verteidigen. Die Bienen hatten sich im Wesentlichen die Funktion eines „Warnlichts" eingeprägt, indem sie sich ein soziales Signal, das Alarmpheromon, zunutze machten.

Von anderen Arten lernen

Erika Dawson bestätigte im Experiment Darwins Vermutung, dass unterschiedliche Bestäuber-Arten einander möglicherweise imitieren. Bei ihren Experimenten ahmten Hummeln die Entscheidungen der Honigbienen nach, wenn sie davor gelernt hatten, dass die Anwesenheit der Honigbienen eine Belohnung versprach. Es kann sehr nützlich sein, von anderen Arten zu lernen. Wettbewerb unter Artgenossen, vor allem, wenn sie derselben Kolonie angehören, kann dagegen zu Überausbeutung der Ressourcen und daher zu Konkurrenzdruck führen. Unter diesen Umständen besteht eine lohnende

Strategie mitunter darin, die Entscheidungen von Individuen bei der Nahrungssuche zu beobachten, die zwar einer anderen Art angehören, aber ähnliche Nahrungsquellen und Habitate nutzen – sie können Nektarsammler auf die Lage einer neuen, potenziell lohnenderen Ressource hinweisen. Andere Arten haben unter Umständen ein anderes Aufmerksamkeitsniveau, andere Wahrnehmungsfähigkeiten oder andere Methoden, Informationen zu sammeln. Wenn man sie beobachtet, kommt man unter Umständen an Informationen, die durch eigenes Ausprobieren oder durch die Beobachtung von Artgenossen schwer zu haben sind. Unter Arten, deren Bedürfnisse sich nur teilweise überschneiden, ist die Konkurrenz oft auch weniger groß.

Eine Studie, bei der zwei unterschiedliche Honigbienen-Arten, *Apis mellifera* und *Apis cerana*, in ein und demselben Stock untergebracht wurden, zeigte, dass Bienen lernen können, den Schwänzeltanz (siehe Kapitel 5) einer anderen Bienenart zu dechiffrieren. Die beiden Arten codieren die Flugdistanz auf unterschiedliche Art und Weise: Der Ort ein und derselben Futterquelle wird von den Tänzerinnen der jeweiligen Art ähnlich, aber leicht unterschiedlich angegeben. Doch wenn sie sich in demselben Stock „unterhalten", kann die *Apis cerana* wahrscheinlich mithilfe von Versuch und Irrtum lernen, den Tanzdialekt der *Apis mellifera* zu entziffern. Zuerst fliegen die *Apis-cerana*-Sammlerinnen vermutlich aufgrund der fehlerhaften Entzifferung des Tanzes zu einem Ort, der keine Belohnung bietet. Wenn die darauffolgende Suche sie zum tatsächlichen Ort der Futterstelle bringt, kalibrieren sie die Entzifferung des Distanzcodes neu, sodass sie schließlich den fremden Dialekt richtig verstehen. Die stachellose *Trigona spinipes* wiederum kann die Ressourcen anderer Bienenarten finden, indem sie die Geruchsspuren ausspioniert, die diese zu einer üppigen Futterquelle legen. Sie kann diese Ressource komplett übernehmen, indem sie die Bienen, die diese ursprünglich entdeckten und ausbeuteten, vertreibt oder sogar tötet.

Wie man mithilfe von Beobachtung diebische Tricks lernt

Darwin (siehe das Zitat am Anfang dieses Kapitels) vermutete, dass Bienen verschiedener Arten voneinander lernen, mithilfe spezieller Methoden an Belohnungen in Blüten heranzukommen. Im Besonderen beschrieb er eine Technik, die heute als Nektarraub bezeichnet wird, eine schlaue Methode, wie Bienen (inklusive der Hummeln) mit kurzem Rüssel Blumen mit langen Spornen ausbeuten können: indem sie ein Loch in den Kelch oder Sporn bohren und den Nektar „stehlen", ohne die Blumen bestäuben zu müssen.

Elli Leadbeater bot den Hummeln Blüten mit langen Kelchen an, die entweder auf „legitime" Weise genutzt werden konnten (indem die Hummeln in die Kelche hineinkrochen) oder indem sie mithilfe ihrer Kieferwerkzeuge Löcher in deren unteres Ende bohrten (Abb. 8.2). Die meisten Hummeln nahmen zunächst „den langen Weg" zum Nektar; nur eine Minderheit entschied sich für die innovative Methode, spontan ein Loch in den Nektarkelch zu bohren. Doch nachdem einige Hummeln ein Loch ins untere Ende des

Abb. 8.2. Nektarraub bei Hummeln. Auf dem Bild sind mit einer Nektarpumpe verbundene Bohnenblumen zu sehen. **Links:** Eine Hummel kriecht auf „legitime Weise" in die Blume und saugt Nektar, wobei sie die Fortpflanzungsorgane der Blüte berührt. **Rechts**: ein „Nektarräuber" saugt die Belohnung durch ein Loch, das ins untere Ende der Blüte gebissen wurde, ohne die Blume zu bestäuben. Unerfahrene Hummeln können diese Technik durch Beobachtung erfahrener Nektarräuber lernen.

Kelchs gebissen hatten, gingen immer mehr zu Nektarraub über, wobei sie anfangs die von anderen Hummeln gebissenen Löcher nutzten. Nachdem sie diese „Abkürzung“ einmal kannten, gingen sie immer wahrscheinlicher dazu über, selbst Löcher in die Blumenkelche zu bohren. Mithilfe eines derartigen Beispiels von sozialem Lernen kann man erforschen, wie sich gruppenspezifisches Verhalten von den „Erfindern“ zu anderen in der Gruppe verbreitet.

Der britische Naturschutzbiologe Dave Goulson beobachtete die mit dem Nektarraub verbundenen Gewohnheiten von alpinen Hummeln auf einer Wildpflanze namens Kleiner Klappertopf (benannt nach den reifen Früchten, in denen die Samen klappern). Die aus langen Röhren bestehenden Blüten haben zwei dünnhäutige Zonen (auf jeder Seite eine) in der Nähe der Honigdrüse. Hummeln mit kurzem Rüssel finden das rasch heraus und beißen Löcher in die rechte oder linke Seite der Blüte. Goulson und seine Kollegen entdeckten, dass es offenbar lokale „Traditionen“ für „Rechtshändigkeit“ oder „Linkshändigkeit“ gab. Blumenpatches wurden entweder auf die eine oder andere Weise genutzt, und blütenspezifische Einseitigkeiten wurden im Lauf der Blütezeit noch größer. Das lässt die Vermutung zu, dass die Anstifter des Nektarraubs auf einem bestimmten Patch sich rasch auf die linksseitige oder die rechtsseitige Methode spezialisieren. Eine derartige Spezialisierung schafft wiederum Chancen für die Beobachter, die Methode entweder nachzuahmen oder die von den Innovatoren gebissenen Löcher zu entdecken und zu nutzen.

Kultur und Tradition bei Bienen?

Wir Hummelforscher haben nicht als Erste die Vermutung angestellt, dass es bei Bienen möglicherweise Verhaltenstraditionen gibt. In den frühen 1980er-Jahren beschäftigte sich Martin Lindauer (Kapitel 3) mit den Grundlagen der kulturellen Traditionen bei Honigbienen. Bei einer seiner experimentellen Studien untersuchte er, wie der tägliche Rhythmus in einer Honigbienenkolonie, der als Reaktion auf die Verfügbarkeit von Nahrung entstanden war, als „Tradition“ weitergegeben wird – sogar an Bienen, die diese Umweltbedingungen nie direkt kennengelernt haben.

Lindauer brachte einer Gruppe von Bienen bei, dass Futter nur eine Stunde am Tag verfügbar war, entweder von 5.00 bis 6.00 Uhr am Morgen oder von 8.00 bis 9.00 Uhr am Abend. Die Bienen lernten, ihr Aktivitätsmuster auf die Verfügbarkeit von Nahrung abzustimmen. Dann wurden aus jeder Kolonie Brutzellen entfernt und Larven und Puppen wurden in einem Inkubator, ohne Kontakt zu ihren älteren Nestkolleginnen, ausgebrütet. Nach dem Schlüpfen behielten sie die unüblichen Aktivitätsmuster ihrer Mutterkolonien bei – waren also entweder Frühaufsteher oder Spätarbeiter. Der Mechanismus, mit dessen Hilfe die junge Brut exakt auf die Aktivität der Kolonie konditioniert wird, ist nach wie vor ein Geheimnis; Lindauer vermutete, die Bienenlarven oder Puppen in ihren Zellen registrierten verstärkte Vibrationen der Wabe, die von tanzenden Bienen während der Rekrutierungsphase verursacht werden.

Die in den vorangegangenen Kapiteln beschriebenen Formen des sozialen Lernens betreffen Phänomene des Futtersammelns, die relativ eng mit der natürlichen Biologie der Biene verbunden sind, sie beschreiben Aufgaben des Auswertens und des Manipulierens, mit denen ein Blumenbesucher täglich zu tun hat. Das Wesentliche der menschlichen kulturellen Traditionen besteht jedoch darin, dass sie auch Phänomene umfassen, die relativ weit von dem angeborenen Verhalten unserer Art entfernt sind. Kann man die Verbreitung von derartigem nicht instinktiven Verhalten auch bei Bienen oder Hummeln beobachten – ein Verhalten, das sie in freier Natur nicht zeigen?

2008 gründete ich das *Research Center for Psychology* an der Queen Mary University in London, und ich freute mich, mehrere Forscher in mein Team aufnehmen zu dürfen, die die Intelligenz der angeblich klügsten nicht menschlichen Wirbeltiere, wie zum Beispiel Raben und Schimpansen, erforschten. Wenn man die Intelligenz der Wirbeltiere untersucht, konfrontiert man Tiere für gewöhnlich mit Aufgaben, die sie in ihrer natürlichen Umgebung nicht lösen müssen – etwa an einer Schnur zu ziehen, um an eine Belohnung heranzukommen, die sie sonst nicht erhalten würden.

Ich erinnere mich noch an das Meeting, als einer der Vogelforscher erklärte, dass Papageien bei dieser Aufgabe gescheitert waren. Ich rief aus: „Ich wette, unsere Hummeln schaffen das!" Alle im Raum antworteten: „Aber klar doch."

Meine Postdoktoranden Sylvain Alem und Cwyn Solvi ließen sich ebenfalls nicht entmutigen und gaben ihre laufenden Projekte auf, um zu erforschen, ob Hummeln die „widernatürliche" Aufgabe, an einer Schnur zu ziehen, um an eine Belohnung in einer künstlichen Blume unter einer Plexiglasscheibe heranzukommen (Abb. 8.3), lösen können. Die Hummeln schafften es tatsächlich, allerdings brauchten die meisten ein stufenweises Training, bei dem die Blume zuerst frei zugänglich war und dann bei jedem Versuch weiter unter die Scheibe geschoben wurde. Wir testeten mehr als 100 Individuen, doch nur zwei entschieden sich für die „innovative" Lösung und zogen spontan die Blume unter dem Tisch hervor. Unerfahrene Hummeln konnten allerdings auch lernen, indem sie eine erfahrene „Lehrerin" beobachteten (entweder indem sie direkt mit der Vorzeigerin interagierten oder indem sie aus einer Distanz von sieben Zentimetern in einer Beobachtungskammer zuschauten, wie ein erfahrenes Tier an der Schnur zog).

Doch damit nicht genug. Ein derartiges Lernen führte zu einer wahren kulturellen Verbreitung – dasselbe Phänomen kann man auch bei Menschen beobachten, wenn etwas Neuartiges Mode wird und sich rasch in der Bevölkerung ausbreitet. Tatsächlich verbreitete sich die Fähigkeit, an einer Schnur zu ziehen, von einem einzelnen trainierten Individuum zum Großteil der Nektarsammlerinnen einer Kolonie. Wir fanden heraus, dass es mehrere aufeinanderfolgende Sätze („Generationen") von Lernenden gab. Ursprünglich unerfahrene Beobachterinnen eigneten sich erst einmal die Methode an, indem sie mit erfahrenen Individuen interagierten, und wurden dann selbst zu Lehrern für die nächste Generation. Auf diese Weise überdauerte die Fähigkeit im Hummelvolk das Leben der angelernten Nektarsammlerinnen (Abb. 8.3).

Bei diesem Experiment gingen wir davon aus, dass die Hummeln keine besonders geniale Leistung erbracht hatten. Wir erklärten uns die Ergebnisse aufgrund einer Kombination von Attraktion zu Artgenossen, assoziativem Lernen (der Erfahrung, dass die Präsenz von Artgenossen eine Belohnung versprach) und Lernen durch Versuch und Irrtum (herauszufinden, wie man an einer Schnur zog), und wir

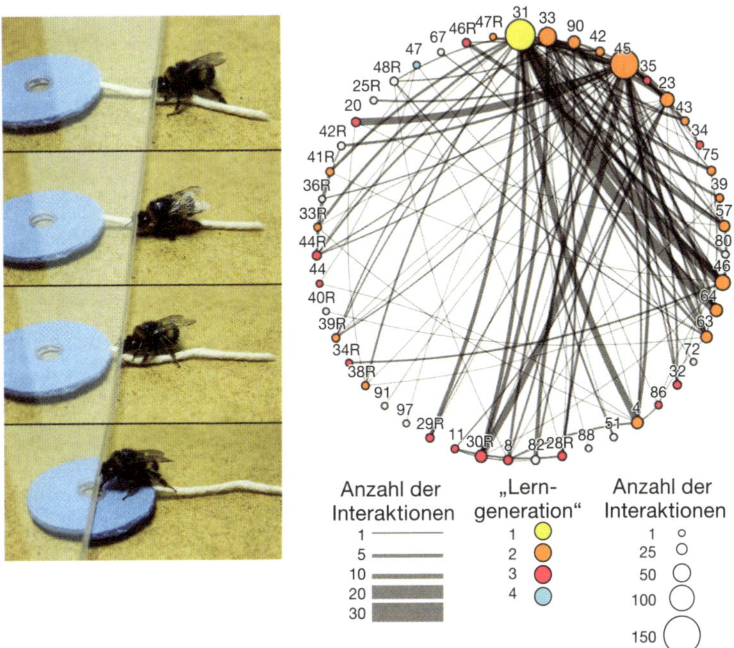

Abb. 8.3. Hummeln ziehen an einer Schnur. Links: Die Bildserie zeigt eine Hummel, die an einer Schnur zieht, um Zugang zu einer künstlichen blauen Blume unter einer Plexiglasscheibe zu erhalten. In der Mitte der Blume befindet sich ein Tropfen Zuckerlösung. **Rechts:** Verbreitung des Schnurziehens in einer Hummelkolonie: Die mit Zahlen versehenen Punkte bezeichnen die individuellen Hummeln. Die Linien bedeuten, dass zwei Hummeln zumindest einmal interagierten. Die Dicke der Linien stellt die Anzahl der Interaktionen zwischen zwei Individuen dar. Die Größe der Punkte gibt die Anzahl der Interaktionen einer Hummel mit anderen an. Die Farbe stellt die Lern-„Generation" der Tiere dar. Die erste zum Schnurziehen fähige Hummel ist gelb markiert und befindet sich ganz oben. Sobald eine Hummel lernt, an der Schnur zu ziehen, ist ihr Punkt orange und bedeutet „erstrangiger Lerner" (sie hat von der gelben Hummel gelernt), rosa bedeute zweitrangiger Lerner (sie hat mit der erstrangigen und niedrig-rangigeren Hummeln interagiert); Türkis bedeutet drittrangiger Lerner (sie hat mit den zweitrangigen und darunter interagiert). Graue Punkte bedeuten, dass die Hummel die Technik während der Beobachtungszeit nicht gelernt hat.

dachten, diese Kombination reiche für die kulturelle Verbreitung von Sammeltechniken. Es gab keinen Hinweis darauf, dass Hummeln, die andere Tiere beim Lösen der Aufgabe beobachteten, „verstanden, was sie taten“ (wie Darwin es formuliert hatte), oder dass sie versuchten, das beobachtete Verhalten zu imitieren. Vielleicht ist nichts Besonderes am sozialen Lernen oder an der Präsenz eines Artgenossen in einem Lernsetting; vielleicht ist eine zweite Hummel nichts anderes als ein weiterer Gegenstand in der Umwelt, der flexibel mit einer Belohnung oder einer Strafe in Zusammenhang gebracht werden kann?

Doch so einfach ist es nicht. Artgenossen haben für jedes Tier eine besondere Bedeutung. Auch für solitäre Arten ist es sehr wichtig, Artgenossen zu erkennen, immerhin müssen sie einen Partner für die Fortpflanzung wählen. Das gilt umso mehr für soziale Arten, die einander für das Bauen von Behausungen, die Aufbewahrung von Nahrungsvorräten und gegenseitige Verteidigung brauchen. Und obwohl Bienen von den Angehörigen anderer Arten lernen können, sind Artgenossen als Informanten überzeugender, was die Nutzung der Ressourcen anbelangt. Das ist durchaus sinnvoll, denn Artgenossen haben dieselben Nahrungsbedürfnisse und weisen auch dieselbe morphologische Ausrüstung auf, mit der sie Nektar oder Pollen ernten (spezifisch lange Rüssel, Kauwerkzeuge in einer bestimmten Stärke usw.).

Wie wichtig Artgenossen für soziales Lernen sind, wird augenscheinlich, wenn diese bei einem Experiment durch leblose Reize, etwa Holzklötze, ersetzt werden, die dieselbe Information über die Qualität der süßen Belohnung tragen. Neulinge schenken lebendigen Bienen auf Blumen mehr Aufmerksamkeit als künstlichen Bienen oder sonstigen Objekten. Als wir ein Gerät verwendeten, das ich aus dem Fischertechnik-Baukasten meiner Kindheit zusammengebastelt hatte, um Hummeln auf künstliche Blumen zu locken, fanden wir heraus, dass die Bewegungen lebendiger „Lehrerinnen“ unerlässlich sind, um die Aufmerksamkeit der Beobachter auf die richtigen Blumen zu lenken.

Werkzeuggebrauch durch Beobachtung lernen

Mit einer Serie von Experimenten versuchten wir Darwins Idee zu prüfen, dass Bienen (oder Hummeln) vielleicht nicht nur nachahmten, was sie bei anderen beobachteten, sondern in gewisser Weise den Zweck der Aufgabe verstanden. Für diese Studie arbeitete Cwyn Solvi in unserer Arbeitsgruppe mit dem finnischen Postdoktoranden Olli Loukola zusammen. Hummeln mussten dabei einen Ball in die Mitte einer kreisförmigen Arena bugsieren, um Zugang zu einer Belohnung zu erhalten – eine Aufgabe, die der Verwendung eines Werkzeugs oder einer Wertmarke entsprach. Hummeln, die beobachteten, wie ein erfahrenes Tier oder eine Plastikmodellhummel die Aufgabe löste, waren bei der Lösung der Aufgabe effizienter als Hummeln, die die Handlungen eines „Gespensts" sahen (einen Ball, der mithilfe eines Magneten unterhalb der Plattform bewegt wurde) oder bei denen es gar keine Demonstration gab.

Um herauszufinden, ob die Beobachter verstanden, was das gewünschte Resultat einer Aufgabe war, erlaubten wir uns einen einfachen Trick mit den trainierten „Lehrerinnen". Wir legten drei Bälle in die Arena, und zwar in unterschiedlicher Entfernung zum Ziel. Die beste Lösung der Aufgabe bestand natürlich darin, den Ball zu bewegen, der am nächsten zur Mitte lag (Abb. 8.4). Doch die beiden Bälle, die am nächsten zur Mitte lagen, waren am Boden angeleimt, und so hatten die Demonstratorinnen, bevor sie mit einer Beobachterin zusammengespannt wurden, gelernt, dass sie nur den Ball bewegen konnten, der am weitesten von der Mitte entfernt war. Die Beobachterin war drei Male anwesend, wenn die Demonstratorin den am weitesten entfernten Ball zum Ziel bewegte. Danach erhielten beide eine großzügige süße Belohnung, mit der sie ihren Magen füllen konnten.

Die Beobachterin hatte allerdings selbst keine Erfahrung im Ballrollen, sie beobachtete den Vorgang bloß dreimal. Danach musste die Beobachterin den Test allein absolvieren (wobei sie allerdings alle drei Bälle ungehindert rollen konnte – sie waren in diesem Test nicht festgeklebt). Bei den meisten Versuchen benutzten

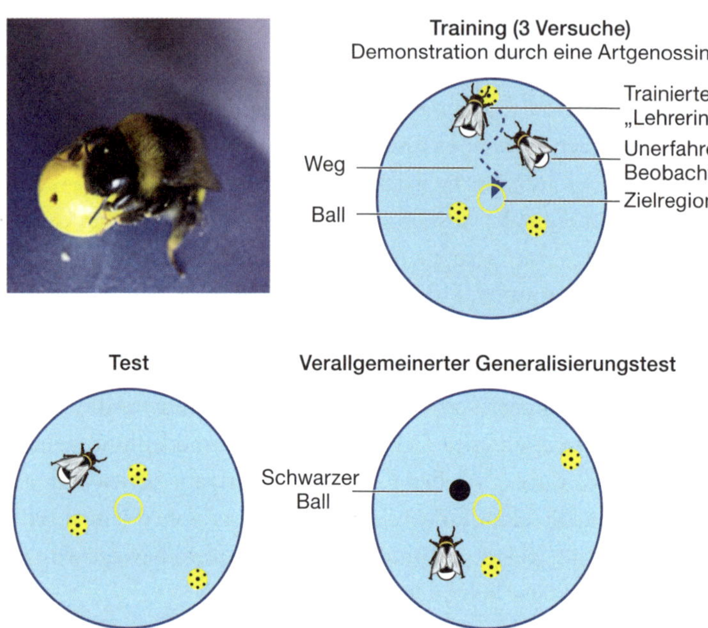

Abb. 8.4. Soziales Lernen der Verwendung eines Objekts bei Hummeln. Oben links: Eine Hummelarbeiterin bewegt einen Ball, indem sie rückwärts geht und den Ball dabei mit den Vorderbeinen hält. **Oben rechts:** Die Aufgabe besteht darin, einen gelben Ball in die Mitte der runden blauen Zone zu bugsieren (der innere Kreis ist gelb markiert). Eine erfahrene Arbeiterin („Lehrerin“) hat gelernt, dass nur der von der Mitte am weitesten entfernte Ball bewegt werden kann (die anderen sind angeklebt.) Eine unerfahrene Hummel sieht zu. **Unten links:** Die Beobachterin kann in der Folge zwischen drei beweglichen Bällen entscheiden. Sie entscheidet sich aber nicht für den von der Mitte am weitesten entfernten Ball (der, wie sie gesehen hat, von der Lehrerin bewegt wurde), sondern wählt den Ball, der am nächsten zur Mitte ist – eine verbesserte Art und Weise, die Aufgabe zu lösen. **Unten rechts:** Selbst wenn man der Hummel einen neuen, schwarzen Ball gibt, wählt sie immer noch die beste Option und entscheidet sich für den am nächsten liegenden Ball und nicht den gelben, der bisher mit einer Belohnung assoziiert war.

die Hummeln spontan den Ball, der am nächsten zur Mitte lag – ein Hinweis darauf, dass sie sich nicht nur zu dem Ort hingezogen fühlten, wo sie ihre Artgenossen gesehen hatten. Anstatt einfach die Lehrerinnen zu imitieren, lösten die Beobachterinnen die Aufgabe effizienter, indem sie den Ball benutzten, der dem Ziel am nächsten lag (sogar, wenn er eine andere Farbe hatte als der während der Demonstration). Dies geschah meistens beim ersten Versuch; sie mussten keine Versuch-und-Irrtum-Methode anwenden. Diese spontane Verbesserung der von der Lehrerin an den Tag gelegten Strategie war für uns ein Hinweis darauf, dass die Hummeln in gewisser Weise verstanden, was das gewünschte Ergebnis der Aufgabe war, und ihre Aktionen dementsprechend anpassten. Sie übernahmen offenbar nur den Zweck des Verhaltens, nicht die Methode des Demonstrators und auch nicht das Objekt, das zum Sinnesreiz (der Farbe) des Balls passte, der, wie sie beobachtet hatten, bewegt worden war. Vor einem Jahrhundert hatte Charles Turner bereits vermutet, dass es bei Insekten und anderen Tieren ein „Bewusstsein für Resultate" gab; er hatte zum Beispiel beobachtet, dass eine Ameise, die auf einer kleinen Insel gefangen war, mithilfe verschiedener Materialien eine Brücke zum nahen Festland zu bauen versuchte.

Warum sollte es einen Selektionsdruck für die Entwicklung kognitiver Fähigkeiten geben, die in freier Natur niemals gebraucht werden, zum Beispiel das Verständnis, wo man einen Ball hinrollen soll, um Futter zu bekommen? Der Vorteil einer Art allgemeiner Intelligenz, die flexible Problemlösungen erlaubt, besteht darin, mit unvorhergesehenen Herausforderungen fertig zu werden. Nach der Publikation der Ballstudie erzählte uns eine Leserin in einer Mail, sie habe beobachtet, wie eine Hummel eine kleine Schnecke aus der Nestöffnung rausrollte, in die die Schnecke zufällig hineingeraten war, und dabei dieselbe Methode anwandte wie die Bienen in unserer Studie. Die Bewältigung solcher Aufgaben kann sehr wichtig sein, wenn es um das Überleben oder den Zugang zur Brut oder zu Nahrungsvorräten geht.

Bis jetzt haben wir immer wieder gesehen, dass angeborene Anlagen und Lernen Hand in Hand gehen. Das angeborene Interesse für Artgenossen lenkt die Aufmerksamkeit auf deren Methoden bei der Nutzung von Futterquellen – was es wiederum erleichtert, von ihnen zu lernen, und zwar auf eine Weise, die nicht als bloße Nachahmung des beobachteten Verhaltens, sondern manchmal sogar als dessen spontane Optimierung bezeichnet werden kann. Eine

Artgenossin ist vielleicht ein naheliegender Tutor für eine Hummel, allerdings nicht der einzig mögliche. Wieder haben wir es mit Flexibilität zu tun: Wenn Angehörige anderer Arten verlässlich auf Belohnung hinweisen, können auch sie zu Vorbildern werden.

Ausschwärmen, um ein neues Heim zu finden

Auch bei der Bienenkommunikation gibt es faszinierende Interaktionen zwischen angeborenen Verhaltensroutinen und sozialem Lernen. Ein Beispiel, den Schwänzeltanz, haben wir bereits erwähnt. Die symbolischen Codes für Distanz und Richtung sind zum Großteil angeboren, doch die Information wird im Nest von den Nachfolgerinnen gelernt und dann beim Ausfliegen angewandt. Ein weiteres Beispiel für ein Zusammenspiel von angeborener und erlernter Kommunikation ist die Spaltung des Bienenvolkes. In diesem Fall verlässt ein Teil der Arbeiterinnen (vielleicht 10.000 Bienen) mit der alten Königin den Stock oder das Nest und sucht sich eine passende neue Bleibe. In der Vorbereitungsphase wird die Königin von den Arbeiterinnen ständig „bedrängt“ (gebissen, gestoßen oder gerüttelt), damit sie für das Ausschwärmen abnimmt (immerhin hat sie seit dem Sommer davor das Leben eines Höhlentiers geführt). Vor dem Aufbruch belästigen aktive Arbeiterinnen auch andere, sesshafte Arbeiterinnen, indem sie sie rütteln, und schließlich pflügen sie in Form von „buzz runs“ durch Gruppen inaktiver Arbeiterinnen.

Das Ausschwärmen wurde von Literaturnobelpreisträger Maurice Maeterlinck (1862–1949) sehr poetisch beschrieben; seine Gedanken darüber, wie schwierig es ist, Bienen zu verstehen, haben wir im Vorwort zitiert. Maeterlinck, ein reicher Exzentriker, wohnte gemeinsam mit seiner (verheirateten) Freundin, der Schauspielerin und Sängerin Georgette Leblanc (1869–1941), in einem verlassenen Kloster und bewegte sich auf Rollschuhen durch die riesigen Räume. Wie viele der wunderbarsten Käuze der Welt war er fasziniert von Bienen, und 1901 schrieb er ein grandioses Buch mit dem Titel „Das Leben der Bienen“. Über das Ausschwärmen der Honigbiene heißt es darin: „In dem Augenblick, wo dieses Zeichen (zum Aufbruch) gegeben wird, scheinen sich alle Tore der Stadt mit einem Mal zu öffnen, wie von einem plötzlichen, irren Stoße, und die schwarze Menge strömt oder vielmehr stürzt heraus, je nach der Anzahl der Öffnungen in einem doppelten, dreifachen oder vierfachen, geraden, straffen, zitternden und ununterbrochenen Strahle, der sich alsbald in der Luft zu einem summenden Netze von hunderttausend wild schwirrenden, durchsichtigen Flügeln zerteilt."

Wenn Sie meinen, Maeterlinck habe sich hier hinwegtragen lassen, beobachten Sie einmal selbst das Phänomen. James Makinson, mein ehemaliger Postdoktorand und Mitarbeiter, sagt, er habe aufgrund dieses Schauspiels die Entscheidung getroffen, Biologe zu werden. Buttel-Reepen (1900) beschreibt den Geisteszustand der ausschwärmenden Bienen als eine Art Rausch *(Schwarmdusel)*, der mit verminderter Aggression und einer erhöhten Attraktion für Licht einhergeht, und fragt sich, ob er, wie etwa auch spielerisches Verhalten, mit einer Art Vergnügen verbunden ist. Es ist nach wie vor ein Geheimnis, wie das Schwärmen ausgelöst wird, z. B. wer darüber entscheidet, welche Bienen ausfliegen und welche zu Hause bleiben. Bemerkenswert ist auch, dass die Bienen die Früchte jahrelanger Arbeit (Wachswaben, Larven, die darin ausgebrütet werden, Honig- und Pollenvorräte) zurücklassen und in eine völlig unbekannte Zukunft aufbrechen, wo sie sogar unter den besten Umständen wieder von ganz vorne anfangen müssen.

Was passiert, nachdem sich der Schwarm wie eine Traube auf einem Ast niedergelassen hat, ist gut erforscht. Die Bienen müssen eine passende neue Bleibe suchen. Es geht um viel. Westliche Honigbienen nisten unter natürlichen Bedingungen gewöhnlich in Baumhöhlen – doch nicht jede Höhle eignet sich: Sie muss groß genug sein, doch nicht zu groß, nicht zu feucht, eine nicht zu große Öffnung haben, die verteidigt und gegen eindringenden Regen geschützt werden kann, usw. Eine wichtige Aufgabe dabei besteht nicht nur darin, so eine Bleibe zu finden, sondern auch die Zustimmung des ganzen Schwarms zu erhalten. Uneinigkeit ist ausgeschlossen. Arbeiterinnen können nicht lange ohne Königin überleben, nicht einmal in großen Gruppen, also müssen sie zu einer Übereinkunft kommen, bevor ihnen die Nahrung ausgeht oder das Wetter zu einer ernsten Bedrohung wird. Das neue Heim muss idealerweise mitten in üppigen Nahrungsressourcen liegen, denn die Bienen müssen ihr neues Nest mit Honigwaben und Vorräten füllen, um den Winter zu überleben. Das ist eine existenzielle Herausforderung, und wenn die Bienen eine falsche Entscheidung treffen, verhungern oder erfrieren sie in der kalten Jahreszeit.

Maeterlinck beschreibt die Entscheidungsfindung so:

> „Wenn der Mensch den Schwarm nicht pflückt, so ist seine Geschichte hier noch nicht zu Ende. Er bleibt an seinem Aste hängen, bis die zur Rekognoszierung und zum Quartiermachen ausgesandten Spürbienen, die sich von Anbeginn des Schwärmens an nach allen Windrichtungen zerstreut haben, um eine neue Wohnung zu suchen, sich wieder eingefunden haben. Eine nach der andern kehrt zurück und berichtet, was sie gefunden hat, denn da wir nicht im stande sind, in das Denken der Bienen einzudringen, so müssen wir uns das Schauspiel, dem wir beiwohnen, wohl auf menschliche Weise erklären. Es ist also wahrscheinlich, dass man ihren Meldungen aufmerksam lauscht. Die eine rühmt gewiss einen hohlen Baumstamm, die andere die Vorteile einer alten Mauerspalte, einer Felsenhöhle oder einer verlassenen Grube. Oft geschieht es, dass der Schwarm zaudert und bis zum nächsten Morgen berät. Endlich wird die Wahl getroffen und die Einstimmigkeit erzielt. In einem bestimmten Augenblick beginnt der Schwarm zu kribbeln, sich zu zerteilen und mit ungestümem, andauerndem Fluge, der jetzt kein Hindernis mehr kennt, über Hecken, Getreide- und Leinfelder, Heuschober und Teiche, Flüsse und Ortschaften hinweg, in gerader Linie einem bestimmten und jedesmal sehr entfernten Ziele entgegenzufliegen. Selten kann der Mensch ihnen auf diesem zweiten Teil ihres Fluges folgen. Sie kehren zur Natur zurück und wir verlieren die Spur ihres Schicksals."

Es ist erstaunlich, wie richtig Maeterlincks Vermutungen waren, obwohl damals kaum etwas über die Existenz und die Aktivitäten der Spähbienen und über die Kommunikation der Honigbienen bekannt war. Doch älteren Berichten zufolge galt es bereits als wahrscheinlich, dass ausschwärmende Bienen ihre Entscheidung schon vor dem Aufbruch aus dem provisorischen Quartier treffen. Baron August Sittich Eugen Heinrich von Berlepsch (1815–1877), kurz *Bienenbaron* genannt, beschrieb 1852, wie er einen Schwarm beobachtete, der sich auf einem Zitronenbaum seines Anwesens niedergelassen hatte. Er beobachtete, wie die Bienen anfänglich in alle Richtungen ausschwärmten und verschlungene Beobachtungsflüge machten. Am nächsten Morgen befand sich der Schwarm noch immer an seinem Platz, und der Bienenbaron gab seinem Stallburschen den Befehl, zwei Pferde zu satteln und alle Tore des Anwesens weit zu öffnen, sodass sie den Schwarm gleich beim Abflug zu seinem Ziel verfolgen konnten.

Etwas später sah er, wie mehrere Bienen auf geradem Weg Richtung Süden flogen, kurz darauf brach der ganze Schwarm in diese Richtung auf. Die beiden Reiter folgten dem Schwarm, der in einer Höhe von „vier bis neun Fuß“ flog, und „man konnte an der Spitze des Schwarmzuges ziemlich deutlich die Zugführer beobachten“. Während der ersten Viertelstunde reichte die mittlere Gangart der Pferde (Trab), um mit dem Schwarm Schritt zu halten, doch dann beschleunigten die Bienen, sodass die Reiter galoppieren mussten. Der Bienenbaron berichtet: „Beim nächsten, nicht ganz ¾ Stunden entfernten Dorfe angekommen, ging der Schwarm in einen Bauerngarten. Ich setzte, wie auf einer Parforcejagd, über den Zaun, war mit dem Pferde mitten im Schwarm und sah nun, wie er in einen hohlen Birnbaum einzog. Dieser Einzug geschah mit einer solchen Sicherheit und einer solchen Schnelligkeit, dass es mir gar nicht mehr zweifelhaft erschien, dass der Schwarm diese Stelle sich [schon vor dem Aufbruch] … (durch die Spurbienen) auserkoren hatte.“

Wie man mithilfe von Tänzen eine neue Bleibe findet

Ein Jahrhundert später erforschte Martin Lindauer eingehend, wie die Spähbienen dem Schwarm ihre Empfehlungen mitteilen. Im Frühling 1949 beobachtete er einen Honigbienenschwarm, der sich in einem Busch niedergelassen hatte, und zu seiner Überraschung sah er, dass viele Arbeiterinnen den Schwänzeltanz aufführten (bisher hatte man geglaubt, dass diese Kommunikationsmethode nur Informationen über die Lage einer Futterquelle vermittelte, siehe Kapitel 5). Zunächst nahm er an, dass die Bienen auf ein lohnendes Blumenpatch hinwiesen, wahrscheinlich um den Schwarm während der Suche mit Nahrung zu versorgen, doch irgendetwas stimmte nicht. Einige der tanzenden Bienen waren offenbar staubbedeckt, doch nicht mit dem schwarzen Pollen der Mohnblumen – als Lindauer sie einfing und an ihnen schnupperte, stellte er fest, dass sie nach Ruß rochen. Lindauer dämmerte, dass diese „dirty dancers" gerade aus einem unbenützten Kamin im ausgebombten München zurückkamen – sie waren Spähbienen, die nicht Blumen, sondern einen Platz zum Nisten gesucht hatten. Somit hatte er die Entdeckung gemacht, dass die Bienen die Sprache, mit der sie über Blumenflecken kommunizierten, auch benutzten, wenn sie eine neue Bleibe suchten.

Diese Geschichte ist eine interessante Fallgeschichtsstudie, wie behutsame Beobachtung zu wissenschaftlichen Entdeckungen führen kann, die mithilfe automatisierter Datenaufzeichnung, etwa Ethomik, unmöglich wären – eine Methode, bei der man mithilfe von Multi-Kamera-Systemen, Bewegungserfassung, KI, das ganze Bewegungsrepertoire von Tieren zu klassifizieren versucht. Es gibt wohl kaum einen intelligenten Agenten, der (sofern er nicht darauf programmiert ist) nicht nur die Neugier besitzt, sich zu fragen, warum Tänzerinnen von schwarzem Staub bedeckt sind, sondern außerdem auch die Intuition, an ihnen zu schnuppern und den richtigen Schluss bezüglich des Ziels (und dessen Funktion) zu ziehen, auf das die Bienen hinweisen. Menschliche Neugier, gepaart mit wissenschaftlicher Beobachtungsgabe und Erkenntnis ist kaum zu

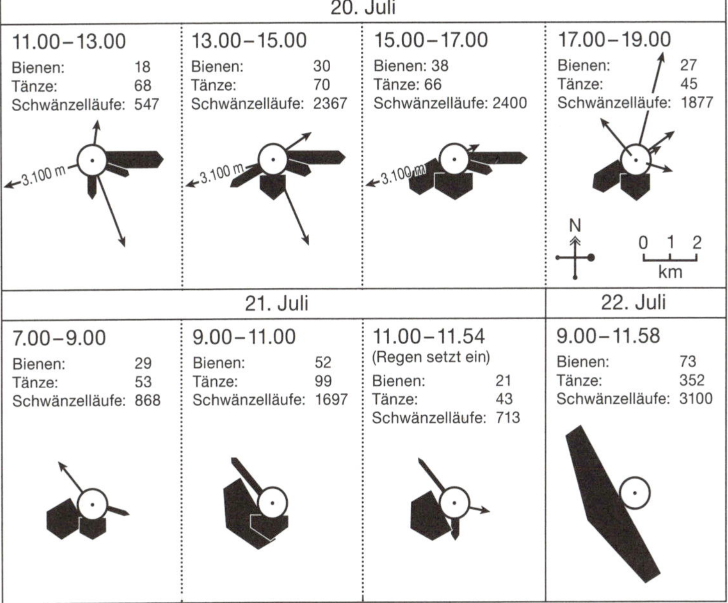

Abb. 8.5. Schwärmen der Honigbienen. Oben: Ein kleiner Honigbienenschwarm, der als Traube an einem Ast hängt. Vorübergehende Bleiben wie diese können mehr als drei Tage bestehen, während der Spähbienen mögliche endgültige Bleiben erkunden und ihre Entdeckungen durch Tänze auf der vertikalen Oberfläche des Schwarms kommunizieren. **Unten**: Entscheidungsfindung in einem Honigbienenschwarm, ab dem Augenblick, in dem die erste mögliche Bleibe angekündigt wurde, bis zum endgültigen Abfliegen. Die einzelnen Abbildungen zeigen den Zustand in einem Abstand von zwei Stunden, in einem Beobachtungsraum von drei Tagen. Ein Kreis mit einem schwarzen Punkt stellt den Ort des (stationären) Schwarms dar; Pfeile zeigen die Richtung und die Entfernung der möglichen endgültigen Bleibe an; die Dicke der Pfeile zeigt die Anzahl der tanzenden Bienen an, die in der abgebildeten Zeitspanne für diese Bleibe werben. Nachdruck mit freundlicher Genehmigung von Seeley et al. (1999).

schlagen. Einen Schachcomputer zu bauen ist im Gegensatz dazu eine einfache Aufgabe.

Lindauer fand heraus, dass viele Dutzende Spähbienen ein Gebiet bis zu 70 Quadratkilometern erforschen; wenn sie zum Schwarm zurückkehren, teilen sie mithilfe der Tanzsprache die Koordinaten aller geeigneten Hohlräume mit, die sie gefunden haben (Abb. 8.5). Nachfolgerinnen dechiffrieren die räumliche Information, die sie erhalten haben, prägen sie sich ein und fliegen dann aus, um die angegebene Örtlichkeit selbst zu inspizieren – eine höchst spezialisierte Form des sozialen Lernens. Die Bienen erhalten eine Menge widersprüchlicher Informationen: Mehrere Spähbienen kommen mit Informationen über unterschiedliche Orte und deren unterschiedliche Qualität zurück. Im Laufe mehrerer Stunden oder Tage wird jedoch ein Konsens gefunden, und schließlich scheinen sich alle Tänzerinnen des Schwarms auf einen Ort geeinigt zu haben: Nun bricht der Schwarm auf und fliegt zu der neuen Bleibe, auf die man sich geeinigt hat und die mitunter mehrere Kilometer entfernt ist. Als Lindauer zum ersten Mal seinem Lehrer, Karl von Frisch, von diesen Beobachtungen erzählte, rief dieser aus: „Gratuliere! Sie haben einer idealen Parlamentsdebatte beigewohnt; Ihre Bienen können offenbar ihre Meinung ändern, wenn andere Spähbienen einen besseren Ort für ein Nest gefunden haben."

Demokratische Entscheidungsfindung im Honigbienenschwarm

Eine Generation später erforschte Tom Seeley das Verhalten der Bienen beim Ausschwärmen eingehender – tatsächlich widmete er Jahrzehnte seiner wissenschaftlichen Karriere (und ein ganzes Buch mit dem sprechenden Titel *Bienendemokratie*) dem Vorgang der Entscheidungsfindung. Er fand heraus, dass die Organisation der Konsensbildung völlig dezentralisiert ist: Kein einziges Individuum zählt die Stimmen, die einen bestimmten Platz befürworten, noch gibt es einen Anführer oder synchrone Reaktionen auf einen Befehl; die

Individuen vergleichen auch nicht die Informationen bezüglich der Qualität der Niststelle, die sie aufgrund der Tänze erhalten haben. Bessere Orte werden einfach mithilfe längerer Tänze angezeigt; die Wahrscheinlichkeit, dass eine Arbeiterin, die sich beliebig im Schwarm bewegt, auf eine Tänzerin mit besseren Informationen stößt, ist dann aufgrund des Zufallsprinzips einfach höher. Mehr Individuen inspizieren deshalb besser geeignete Örtlichkeiten, die von längeren Tänzen angezeigt werden, und kehren dann zu dem Schwarm zurück, um in ihren eigenen Tänzen darauf hinzuweisen – ein Schneeballeffekt, bei dem immer zahlreichere Individuen der bestmöglichen Option zustimmen.

Wenn Tänzerinnen unterschiedliche Nistplätze bevorzugen, werden allerdings hemmende Signale eingesetzt. Wenn Tänzerinnen andere Tänzerinnen treffen, die auf einen anderen Nistplatz hinweisen (vielleicht erkennen sie dies mithilfe des an ihnen haftenden Geruchs), versuchen sie, deren Tanz mithilfe von „Stoppsignalen" zu unterbrechen (sie stoßen mit dem Kopf und summen mit einer Frequenz von über 350 Hz). Derartige wechselseitige Hemmung zwischen Gruppen von Tänzerinnen kann eine Pattstellung brechen und die Konsensfindung beschleunigen. Die endgültige Entscheidung, wegzufliegen, wird nicht vom Schwarm selbst getroffen, sondern in dem Augenblick, wenn eine bestimmte Anzahl von Spähbienen bei der neuen Bleibe eingetroffen ist. Sobald eine Anzahl von 20 oder 30 Späherinnen gleichzeitig an einem Ort präsent ist, der sich als Nest eignet, fliegen diese zum Schwarm zurück und leiten den Aufbruch ein. Dabei legen sie dasselbe Verhalten an den Tag, das ursprünglich den Aufbruch aus dem Stock bewirkt hat: Arbeitsbienen rütteln andere Arbeitsbienen und laufen summend durch Grüppchen inaktiver Arbeiterinnen.

Sobald sich der Schwarm in Bewegung gesetzt hat, agieren sachkundige Späherinnen (die schon davor das Ziel inspiziert hatten) als Führerinnen, um den Schwarm in die richtige Richtung zu lenken. Sie fliegen sehr schnell voran, fallen dann langsamer fliegend in den Schwarm zurück, um kurz darauf wieder sehr schnell vorauszufliegen. Erstaunlicherweise kann man auch Menschenmengen auf diese

Weise steuern, indem eine Minderheit informierter Individuen die Richtung vorgibt. Bei solchen Mengenbewegungen muss jedes Individuum nur seine Bewegungen an die des nächsten oder an den anpassen, der sich am auffälligsten bewegt (niemand muss die Anzahl der Individuen zählen, die sich in eine Richtung bewegen) – mit dem Ergebnis, dass sich die beabsichtigte Bewegung auf alle Individuen der Gruppe ausweitet.

Hirnlose Individuen in einem intelligenten Schwarm?

Bei derartigen kollektiven Entscheidungsfindungsprozessen, bei denen Individuen als Informationssammler oder Anführer der Gruppe fungieren, gibt es einen Synergieeffekt: Der Schwarm scheint mehr zu wissen als die Summe der einzelnen Mitglieder. Das Verhalten eines Bienenschwarms (oder jeder funktionierenden Kolonie sozialer Insekten) ist mitunter so gut organisiert und koordiniert, dass sie wie ein einziger Organismus wirken. Aus diesem Grund verwendet man den Begriff *Superorganismus,* wobei eine Analogie zwischen den Spezialisten in der Kolonie der sozialen Insekten und den Zellen und Organen eines mehrzelligen Tieres hergestellt wird. In dieser Hinsicht haben die individuellen Spähbienen des Schwarms funktionale Ähnlichkeiten mit den Sinnes- und Nervenzellen, die im Hirn eines Tieres Informationen sammeln und auswerten, wie Tom Seeley in seinem Buch *Bienendemokratie* festgestellt hat. Soziale Bienen haben in dieser Hinsicht einen Sonderstatus, weil es in einer Kolonie eine hohe Anzahl von Verwandten gibt: Alle Arbeiterinnen sind Töchter ein und derselben Mutter. Diese Verwandtschaft bedeutet, dass Individuen außerordentlich große Fitnessvorteile gewinnen, wenn sie ihre Informationen auf eine Weise teilen, dass die ganze Kolonie davon profitiert, was wiederum die evolutive Entwicklung der vielen einzigartigen, bereits erwähnten Kommunikationsformen begünstigt hat.

Aufgrund derartiger Beobachtungen glauben manche, bei sozialen Insekten sei das Individuum bloß eine hirnlose Maschine und intelligentes Verhalten ergäbe sich nur aufgrund der Selbstorganisation der Gruppe. Deshalb wird – manchmal in raunenden Tönen – die Meinung geäußert, Schwarmintelligenz sei das Resultat eines kollektiven Bewusstseins, das sich qualitativ von individuellem Bewusstsein unterscheidet. Unter diesem Aspekt ist es hilfreich, die psychologischen Konzepte, die hinter den Begriffen „Bewusstsein" und „Intelligenz" stehen, von ihrem metaphorischen Gebrauch zu trennen. Nur Individuen besitzen Bewusstsein oder Intelligenz. Einzelne soziale Insekten setzen ebenso wie einzelne Menschen bestimmte sozio-kognitive Prozesse so ein, dass sie die Koordination der Gruppe erleichtern (obwohl sich die Prozesse und Resultate wesentlich unterscheiden), die wiederum sowohl der Gruppe als Ganzes als auch individuellen Mitgliedern zugutekommen. Sowohl bei Menschen als auch bei Bienen ermöglicht dies die Lösung von Aufgaben, die ein Individuum allein nicht lösen könnte, und sogar von Aufgaben, die ohne Koordination in der Gruppe überhaupt unlösbar wären. Sowohl bei Menschen als auch bei Bienen können kollektive Unternehmungen mitunter als eine Art Schwarmintelligenz *erscheinen*, die ein kollektives Bewusstsein erfordert.

Doch die Erinnerung an bestimmte Nistplätze zum Beispiel ist nur im Hirn jener Individuen gespeichert, die den Platz inspiziert haben oder die von informierten Individuen aufgrund von Tänzen davon erfahren haben. Selbst wenn es, wie Buttel-Reepen vermutete, einen speziellen emotionalen Zustand geben sollte, der mit dem Schwärmen einhergeht, handelt es sich nach wie vor um den Zustand von Individuen, nicht um den des Schwarms als kollektives Wesen. Es gibt kein Gefühl, der Schwarm zu *sein*, und somit auch kein kollektives Bewusstsein. Es gibt nur das Gefühl, ein Individuum *im* Schwarm zu sein, und innerhalb des Schwarms gibt es so viele Bewusstseins- und Erfahrungszustände, wie es Individuen gibt. Individuen können gewiss kooperieren, und selbst wenn sie – wie Menschen – konkurrieren, können die kollektiven Bemühungen vieler Individuen etwas so Großartiges hervorbringen wie die Skyline von Manhattan. Doch der Sitz der Intelligenz, des Bewusstseins und der Erfahrung befindet sich nach wie vor im Hirn des Einzelnen, und inzwischen wissen wir, dass individuelle Bienen tatsächlich über kognitive Fähigkeiten verfügen. Die kollektiven Problemlösungsstrategien, die wir bei sozialen Insekten beobachten, haben sich über viele Generationen evolutiv entwickelt und wurden nicht von Schwärmen durch eine Form des Denkens hervorgebracht, die das Lösen neuer Aufgaben auf innovative Weise ermöglicht.

Bienen besitzen also äußerst wichtige kognitive Fähigkeiten, die es ihnen erlauben, neue Sammeltechniken zu entwickeln und voneinander zu lernen, was die kulturelle Verbreitung ebendieser Techniken erleichtert. Bisher konnte nicht bewiesen werden, dass derartige Fähigkeiten mehrere biologische Generationen überdauern. Möglicherweise verhindert der Abbruch des Nektarsammelns im Winter (wie bei Hummeln und Honigbienen in gemäßigten Zonen üblich) die Übertragung von kultureller Information über mehrere Jahre. Soziale Bienen in den Tropen, die ihre Flugaktivitäten über das ganze Jahr fortführen, eignen sich vielleicht am besten, um kulturelle Prozesse zu untersuchen.

Könnte es bei Bienen eine Art kumulative Kultur geben, bei der sich ein innovatives Verhalten auf ein früheres, in einer Population bereits weitverbreitetes stützt? Es ist durchaus vorstellbar, dass Bienen, die an einer Schnur ziehen, ihre Fähigkeit später auf eine völlig neue Aufgabe anwenden – doch realistischerweise kann man sich kaum natürliche Aufgaben vorstellen, für die diese Fähigkeit sich als vorteilhaft erwiese. Deshalb ist das Fehlen einer bestimmten Verhaltensfähigkeit bei wild lebenden Tieren kein Beweis, dass sich diese Fähigkeit im Lauf der Evolution nicht entwickeln kann oder dass diese Tiere keine Intelligenz besitzen, sondern weist in vielen Fällen einfach auf das Fehlen von entsprechenden Aufgaben in deren natürlicher Umgebung hin.

Bis jetzt haben wir über die außergewöhnlichen individuellen und sozialen Lernfähigkeiten der Bienen gesprochen. Aber wie finden alle diese Fähigkeiten in jenem winzigen Minicomputer, dem Hirn der Bienen, Platz? Darum geht es im nächsten Kapitel.

9

Das Hirn der Bienen

Die Exzellenz der psychischen Maschine nimmt nicht entsprechend der Hierarchie in der Tierwelt zu; man muss vielmehr zur Kenntnis nehmen, dass die Nervenzentren von Fischen und Amphibien eine unerwartete Vereinfachung erfahren haben. Natürlich hat die Größe ihres Gehirns zugenommen, doch wenn man ihre Hirnstruktur mit der von Bienen oder Libellen vergleicht, sind sie überaus gewöhnlich, roh und rudimentär. Es ist, als wolle man eine alte Standuhr mit einer eleganten Taschenuhr vergleichen, einem Ausbund an Raffinesse, Feinheit und Präzision. Wie immer zeichnet sich die Natur bei ihren Meisterwerken mehr in ihren kleinen Kreationen aus als in den großen.

Santiago Ramón y Cajal und Domingo Sánchez y Sanchez, 1915

Ich wünschte, ich könnte Ihnen eine schöne kleine Geschichte erzählen, die ungefähr so lautet: „Das Hirn der Biene ist klein und einfach aufgebaut, und deshalb ist es ganz einfach zu erforschen."

Doch bereits das obige Zitat ist ein Hinweis darauf, dass ich Ihnen dieses Narrativ nicht liefern kann. Das Bienenhirn ist tatsächlich kompakt, doch da dieser kleine Bio-Computer zu einer außergewöhnlichen Verhaltenskomplexität fähig ist, dient es seit langer Zeit als Modell für die Hirnforschung.

Über einen historischen Exkurs werden wir in diesem Kapitel erfahren, dass einige bahnbrechende Entdeckungen der Hirnforschung zuerst bei Bienen gemacht und erst später auf den Menschen und seine Verwandten bei den Säugetieren übertragen wurden.

Der erstgenannte Autor des obigen Zitats, Santiago Ramón y Cajal (1852–1934), war ein Pionier der Hirnforschung, der eindeutig von der Komplexität des Bienenhirns im Vergleich zu dem mancher Wirbeltiere beeindruckt war. Schon früh zeigte er Freude am Experiment: Im zarten Alter von 11 Jahren produzierte er Schießpulver und stellte aus Schrott eine Kanone her, mit der er prompt das neue Gartentor des Nachbarn zerschoss. Die Explosion brachte dem jungen Cajal eine dreitägige Gefängnisstrafe ein, doch 1906 erhielt er den Nobelpreis für Physiologie oder Medizin und gilt seit damals als Gründungsvater der Neurowissenschaft.

Eine seiner grundlegenden Ideen ist die „Neuronenlehre" – die Erkenntnis, dass das Nervensystem nicht ein sich über den ganzen Körper erstreckendes, zusammenhängendes Netz ist, sondern aus Einheiten, den Neuronen (Nervenzellen), besteht, die über spezielle Verbindungen (Synapsen) kommunizieren. Im Bienenhirn gibt es ungefähr 850.000 Nervenzellen, im menschlichen Hirn im Vergleich dazu 100.000-mal so viele (86 Milliarden) Doch die Anzahl der Neuronen sagt nichts über Intelligenz oder Hirnkapazität aus. Ein Eimer voller Transistoren ist nicht komplexer als eine Handvoll. Es kommt vielmehr darauf an, wie die individuellen Elemente der Schaltkreise verbunden sind. Bevor wir der Frage nachgehen, wie die relativ spärlichen Neuronen der Bienen verdrahtet sind, um so beeindruckende kognitive Fähigkeiten hervorzubringen, beschäftigen wir uns kurz mit der Anatomie des Bienenhirns.

Der Aufbau des Bienenhirns

Wie unser Hirn ist auch das der Biene symmetrisch aufgebaut. Der größte und wichtigste Teil des Insektenhirns ist das Protocerebrum. Es enthält die optischen Loben, die die Informationen der Facettenaugen verarbeiten, und die Pilzkörper, auffällige dorso-frontale Strukturen, in denen Informationen vieler Sinnesorgane zusammengeführt werden, die jedoch auch eine wichtige Rolle bei höheren integrativen Leistungen wie Lernen und Gedächtnis spielen. Im Protocerebrum

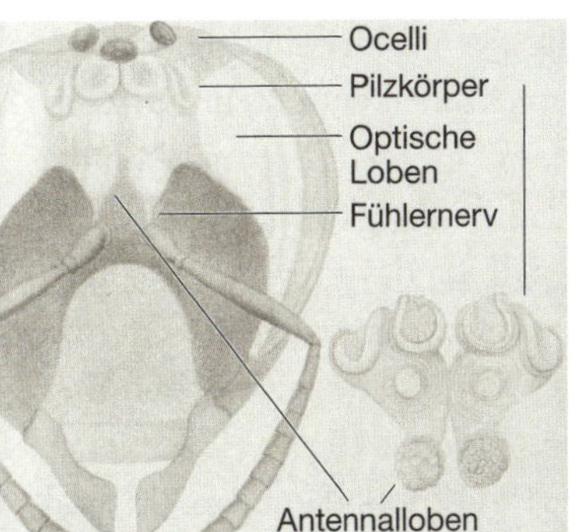

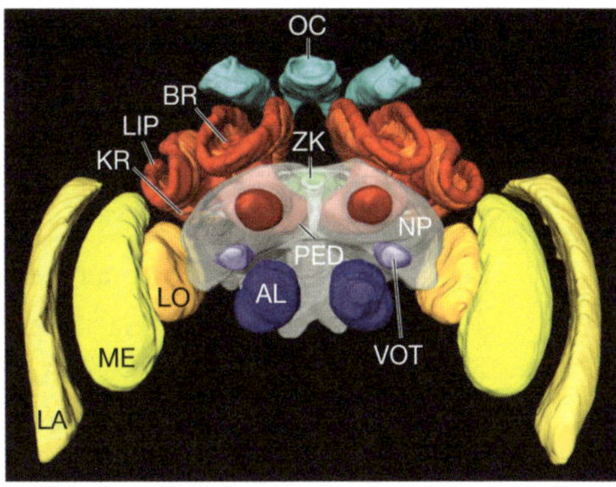

Abb. 9.1. Frontale Ansicht des Bienenhirns, 1850 und 2021. Links: Von Félix Dujardin stammt die allererste zeichnerische Darstellung des Gehirns einer Honigbiene, in Form eines transparenten Bienenkopfes. Gut sichtbar sind die Faltungen in den Kelchen (Calyces) der von Dujardin entdeckten Pilzkörper, sowie die drei dorsalen Ocelli und die Antennalloben (mit den Riechnerven). Das Nebenbild zeigt die Gliederung des Pilzkörpers und der Antennal-Glomeruli. **Rechts:** Darstellung eines Hummelgehirns mithilfe von Mikro-CT, einer computergestützten Röntgenmethode. Die optischen Loben (Gelb) enthalten Nervenzentren, Lamina (LA), Medulla (ME) und Lobula (LO). Durch den vorderen optischen Tuberkel (VOT) senden sie auf zwei parallelen Bahnen Informationen an andere Hirnregionen. Die Pilzkörper (rot) sind der Sitz des Lernens und des Gedächtnisses, sie werden in Kragen (KR), Lippen (LIP), basaler Ring (BR) und Pedunculus (PED, auch Stiel) unterteilt. Die Antennalloben (AL) sind die wichtigsten Schaltzellen zur Verarbeitung von Gerüchen. Ganz oben befinden sich die Ocellen (OC, auch Punktaugen) sowie ihre neuronalen Relais (türkis). Die restlichen Neuropile (NP) sind transparent dargestellt, damit man den Zentralkomplex (ZK) darunter sehen kann.

befindet sich außerdem eine unpaarige Struktur, der Zentralkomplex, der für die visuelle Verarbeitung des polarisierten Lichts sorgt und damit den Sonnenkompass stützt; außerdem wertet er Informationen über die eigene Position und Bewegung (wie für die Wegintegration nötig, siehe Kapitel 6) und Informationen über Landmarken aus. Der Zentralkomplex sendet auch Befehle an andere Nervenzentren, die ihrerseits die Bewegungsprogramme beim Laufen und Fliegen steuern (Abb. 9.1). Von einigen Gelehrten wurde sogar vorgeschlagen, dass der Zentralkompex der Sitz des Bewusstseins bei Insekten sein könnte.

Die paarigen Antennalloben verarbeiten vor allem die Riech- und Geschmackssignale der Fühler. Die optischen Loben bestehen aus drei Ganglien (Nervenknoten, die sowohl Nervenzellkörper als auch die Verbindungen zwischen Nervenzellen enthalten und zahlreiche Rechenfunktionen haben): Lamina, Medulla und Lobula. Das Sehsystem nimmt ungefähr die Hälfte des ganzen Gehirns ein. Man könnte meinen, das sei kein Zufall, da das Hirn – wie bereits erwähnt – so viele Funktionen bei der Erkennung von Blumen und Mustern bedient. Doch Cajals kluge Worte über Standuhren und Taschenuhren führen uns vor Augen, dass die Größe eines Geräts überhaupt kein Maßstab für dessen Funktion, Komplexität und Funktionsweise ist. Wir tappen nach wie vor im Dunklen, warum die optischen Loben der Bienen so groß sind und warum sie aus drei und nicht etwa zwei Ganglien auf je einer Seite des Hirns bestehen; genausowenig wissen wir, warum ihr neuronaler Schaltkreis so komplex ist.

Sowohl die optischen Loben als auch die Antennalloben schicken Informationen an den Pilzkörper. Der französische Biologe Félix Dujardin (1801–1860) hat diese Strukturen als Erster beschrieben, er verglich die Hirnstrukturen vieler Insektenarten, die sich seiner Meinung nach hinsichtlich ihrer Intelligenz unterschieden. Dujardin beobachtete, dass manche Verhaltensweisen bei Insekten gar keine Intelligenz erforderten: Geköpfte Insekten mancher Arten können aufgrund ihres dezentralisierten Nervensystems nach wie vor gehen und sogar fliegen und auf den Füßen landen. Er verglich das Gehirn dieser Arten mit dem jener Insekten, die Nester bauen, ihre Brut versorgen und eine „Erinnerung an gesehene Orte und Dinge haben". Bemerkenswerterweise vermutete er, dass die Kommunikation der Honigbienen über die Lage von Blumenflecken ein Indiz für ihre Intelligenz sei (man fragt sich, wie er 1850 auf diese Idee kommen konnte). All das, vermutete er (richtigerweise), wäre ohne Kopf (oder Hirn) nicht möglich.

Dann sezierte Dujardin das Hirn vieler Insekten und suchte nach somatischen Entsprechungen der oben erwähnten Fähigkeiten. Er entdeckte Hirnareale, die sich je nach untersuchter Art in Größe und Struktur stark unterschieden – er bezeichnete sie als *corps pedonculés* (gestielte Körper) und wies darauf hin, dass sie Pilzen ähnelten. Der Begriff *corps pédonculés* hielt sich nicht, *Pilzkörper* schon. Er fand heraus, dass diese Strukturen bei Hautflüglern komplexe, regelmäßige Windungen hatten, und verglich sie mit der ebenfalls gewundenen Großhirnrinde der Säugetiere (Abb. 9.1 oben). Er kam zu dem Schluss: „In dem Maße, in dem die Intelligenz die Oberhand über den Instinkt gewinnt, sind die *corps pédonculés* und die Antennalloben bei den intelligenteren Insekten im Verhältnis zur Größe des Gehirns tendenziell stärker ausgebildet – das sieht man, wenn man Maikäfer mit Heuschrecken, Schlupfwespen, Holzbienen, solitären Bienen und schließlich sozialen Bienen vergleicht, bei denen *corps pédonculés* und Antennalloben ein Fünftel des Hirns und 1/940stel des Körpers einnehmen; bei Maikäfern hingegen machen sie weniger als 1/33.000stel des Körpers aus."

Nicht nur Dujardins Ausführungen über die Hirnstruktur und seine akribischen Zeichnungen sind außergewöhnlich. Bereits vor 100 Jahren nahm er den heute verbreiteten Ansatz vorweg, nicht die absoluten Hirngrößen zu vergleichen, sondern die Hirngröße relativ zur Körpergröße (Hirn-Körper-Verhältnis) sowie die Größe bestimmter Hirnregionen im Verhältnis zur Größe des ganzen Hirns. Er versuchte auch die relativen Größen mit der Intelligenz der Tiere in Zusammenhang zu bringen. Doch wie viele zeitgenössische Wissenschaftler war er sich nicht ganz sicher, worin Intelligenz nun genau besteht und wie man sie messen kann. Das obige Zitat *scheint* darauf hinzudeuten, dass die Größe des Pilzkörpers, der bei den (angeblich intelligentesten) Honigbienen am größten ist, ein Indiz sein könnte, doch in Dujardins Publikationen findet sich kein Hinweis darauf, dass die Hirne der Honigbienen größer seien als die der solitären Bienen. Mittlerweile wissen wir, dass alle nistenden, ihre Brut versorgenden Hautflügler (auch die solitären) im Vergleich zu ihren vagabundierenden Verwandten größere Pilzkörper mit komplexen Windungen haben (siehe Kapitel 5). Der evolutionär bedingte Übergang von einem heimatlosen zu einem nestgebundenen Insekt, das sich an die Lage seines Zuhauses und seiner Brut erinnern musste, und die Aufgabe, im Umkreis dieses Zuhauses Nahrung zu finden, ging mit einer Zunahme des Volumens des Pilzkörpers einher.

Entgegen Dujardins Vermutungen scheint die Entwicklung des sozialen Lebens oder des Kommunikationssystems der Honigbienen jedoch in keiner Verbindung mit großangelegten Änderungen der Hirnstruktur zu stehen. Sogar einzigartige evolutionäre Innovationen, die eindeutig mit sozialem Leben zu tun haben, wie die Tanzsprache der Honigbiene, haben offenbar keine Entsprechung in der makroskopischen Hirnanatomie. So gibt es zum Beispiel kein spezifisches „Tanzmodul", aufgrund dessen sich das Hirn einer Honigbienen-Arbeiterin von dem einer verwandten Art ohne Tanzsprache unterschiede. Alle neurobiologischen Unterschiede, die es zweifellos zwischen sozialen und solitären (und tanzenden und nicht tanzenden) Bienen gibt, müssen in den Details der neuronalen Schaltkreise gesucht werden, nicht in der Größe von Hirnteilen.

Die Entdeckung von Nervenzellen im Bienenhirn

Der amerikanische Schriftsteller und Biologe Frederick Kenyon (1867–1941) hat als Erster die feineren Verdrahtungen im Inneren eines Bienenhirns untersucht. Seine experimentelle Studie aus dem Jahr 1896, bei der es ihm gelang, zahlreiche Typen von Nervenzellen des Bienenhirns einzufärben und zu typisieren, ist in den Worten Nick Strausfelds, des international wohl bedeutendsten Neuroanatomen der Insekten, „eine Supernova". Kenyon zeichnete nicht nur überaus detailgetreu das verzweigte Muster verschiedener Nervenzellentypen, er wies auch zum ersten Mal darauf hin, dass man bestimmte Klassen von Nervenzellen vornehmlich in bestimmten Hirnregionen finden kann.

Eine solche Klasse sind die ihm zu Ehren so benannten Kenyon-Zellen, die er im Pilzkörper entdeckte. Ihre Zellkörper – der Teil der Nervenzelle mit den Chromosomen und den die DNA transkribierenden Proteinkomplexen – befinden sich in der peripheren Zone, im Kelch (Calyx) des Pilzkörpers (dem „Kopf" des Pilzes), ein paar zusätzliche befinden sich seitlich oder unterhalb des Kelches. Dendritische Zweige (verzweigte Strukturen, die „Signalempfänger" einer

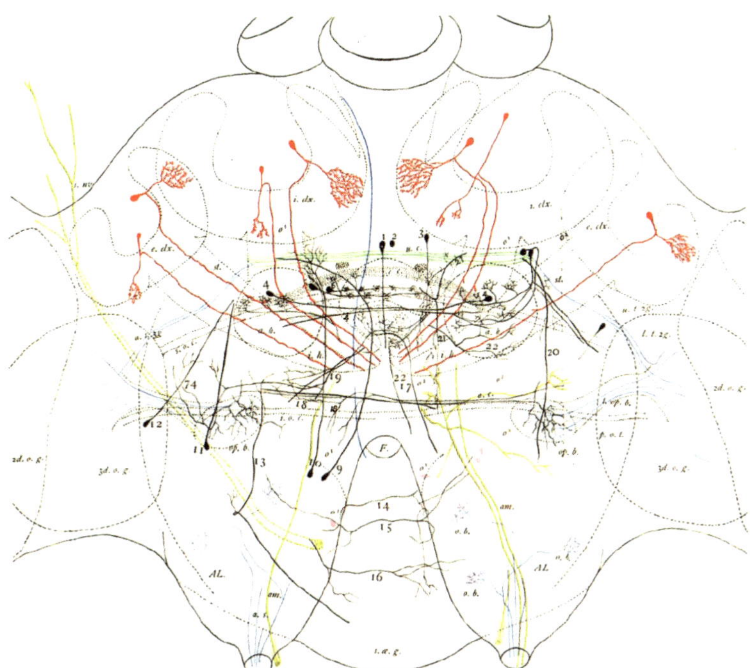

Abb. 9.2. Vorderansicht eines Bienengehirns mit einigen unterschiedlichen Neuronenarten (F. Kenyon, 1896). Kenyon-Zellen (rot, innerhalb der Pilzkörper): eine eindeutig zu erkennende Zellart mit dendritischen Verzweigungen in den (als „cix" gekennzeichneten) Kelch des Pilzkörpers. Ganz links und rechts befinden sich die Lobulas (drittes optisches Ganglion = „3. o.g.") und die Medullas (zweites optisches Ganglion = „2.o.g."), Unten sieht man die abgeschnittenen Fühlernerven und die Antennalloben („AL", direkt über den abgeschnittenen Fühlernerven). Der Zentralkomplex (samt der protocerebralen Brücke, dem fächerförmigen Körper und dem ellipsoiden Körper) ist ebenfalls in der Mitte des Hirns zu sehen (für weitere Details siehe Abb. 9.5). Zahlreiche Neuronen, die die beiden Gehirnhälften verbinden, sind schwarz eingezeichnet.

Nervenzelle) innervieren den Kelch, und Zellaxone (das Output-Kabel, das Informationen sendet) verbinden jede einzelne Zelle mit dem Pedunculus, dem Stiel des Pilzkörpers (Abb. 9.2).

Aufgrund der Beobachtung einiger dieser Neuronen, die eine ganz charakteristische Form aufweisen, vermutete Kenyon richtigerweise, dass es Zehntausende ähnlich geformter Zellen geben muss, mit parallelen Projektionen in den Pedunculus des Pilzkörpers.

(Tatsächlich gibt es in jedem Pilzkörper mehr als 170.000 Kenyon-Zellen.) Er fand Nervenzellen, die die Antennalloben (die wichtigsten Relais, die olfaktorische Reize prozessieren) mit dem Eingangsbereich des Pilzkörpers (den Kelchen, in die sich die dendritischen Zweige verästeln) verbinden – und er vermutete, ebenfalls richtigerweise, dass im Pilzkörper alle möglichen Sinneseindrücke integriert werden.

Ich lade Sie ein, ein paar Minuten lang das komplexe, verästelte Hirndiagramm zu bewundern, das Kenyon 1896 gezeichnet hat (Abb. 9.2). Darauf sind verschiedene Arten von Nerventypen samt vermuteten Verbindungen zu erkennen. Viele Nervenzellen sind so üppig verzweigt wie ausgewachsene Bäume – nur sind sie natürlich viel kleiner. Allerdings sind auf der Zeichnung nur etwa 20 der ca. 850.000 Neuronen im Gehirn einer Honigbiene zu sehen. Inzwischen wissen wir, dass jedes Neuron aufgrund der vielen zarten Verästelungen über bis zu 10.000 Synapsen mit anderen Neuronen verschaltet sein kann. Im Hirn einer Honigbiene gibt es vielleicht eine Milliarde Synapsen – und da die Effizienz der Synapsen aufgrund von Erfahrung verändert werden kann, bestehen nahezu unendlich viele Möglichkeiten, den Informationsfluss durch das Hirn aufgrund von Lernen und Gedächtnis zu verändern. Es ist überraschend, dass manche Forscher nach der Veröffentlichung von Kenyons Werk noch immer glauben konnten, das Insektenhirn sei „einfach", oder dass man von der Größe des Gehirns in irgendeiner Weise auf die Komplexität der Informationsverarbeitung im Hirn schließen könnte.

Kenyon litt offenbar unter den Ängsten, die heutzutage alle Wissenschaftler am Anfang ihrer Karriere plagen. Trotz seiner wissenschaftlichen Entdeckungen fand er keine ständige Anstellung, er wechselte oft die Institutionen und hatte immer mit finanziellen Schwierigkeiten zu kämpfen. Schließlich scheint er die Nerven verloren zu haben, und 1899 wurde er „wegen unberechenbaren und bedrohlichen Verhaltens" gegenüber Kollegen festgenommen, die ihn beschuldigten, verrückt zu sein. Noch im selben Jahr wurde er in eine Irrenanstalt eingewiesen, offenbar ohne Möglichkeit, sich zu rehabilitieren, und vier Jahrzehnte später starb er dort – wie Nick Strausfeld schreibt, „ungeliebt, vergessen und allein".

Das war nicht die letzte Tragödie bei dem Versuch, das Bienenhirn zu verstehen.

Neuronen, die optische Informationen im Bienenhirn auswerten

Wahrscheinlich hat Kenyon nie erfahren, welchen Einfluss er auf Cajals Arbeit jenseits des Atlantiks hatte. Cajal ließ sich von Kenyons Entdeckungen inspirieren, das Nervensystem der Biene ausführlicher zu erforschen. Gemeinsam mit seinem Kollegen Domingo Sánchez konzentrierte er sich auf das drei Ganglien (Lamina, Medulla und Lobula) umfassende Sehsystem verschiedener Insektenarten, unter anderem auch das der Honigbiene.

Wie gesagt besteht das Facettenauge der Insekten aus Tausenden Einzelaugen, die allesamt sechseckige Linsen aufweisen. Letztere ist die Oberfläche einer Struktur, die als Ommatidium bezeichnet wird. In dieser Struktur befinden sich die Fotorezeptoren, die auf unterschiedliche Wellenlängen reagieren. Verschiedene Bienenarten besitzen zwischen 1000 und 16.000 Ommatidien (die Arbeiterinnen der Honigbienen haben ca. 5500, siehe Kapitel 1). UV- und Blaulicht-Rezeptoren verlaufen über Axone (Nervenzellenfortsätze) in die Medulla (lange optische Fasern), während die Grünrezeptoren in der Lamina endigen (kurze optische Fasern). Die optischen Ganglien sind in Säulen, sogenannten *cartridges* (Kartuschen), organisiert – tatsächlich gibt es in der Lamina und in der Medulla genauso viele *cartridges* wie Ommatidien. In der Lobula ist die Anzahl der *cartridges* etwas niedriger. Sowohl Medulla als auch Lobula sind über Axone mit dem Zentralkomplex verbunden. Die Säulen der optischen Ganglien sind hoch repetitiv, sie enthalten Kopien ein und derselben Neuronenart in jeder Säule (Abb. 9.3).

Cajal staunte über die vielen verschiedenen Neuronenarten. Er stellte fest: „Die Retina der Insekten ist erstaunlich komplex und

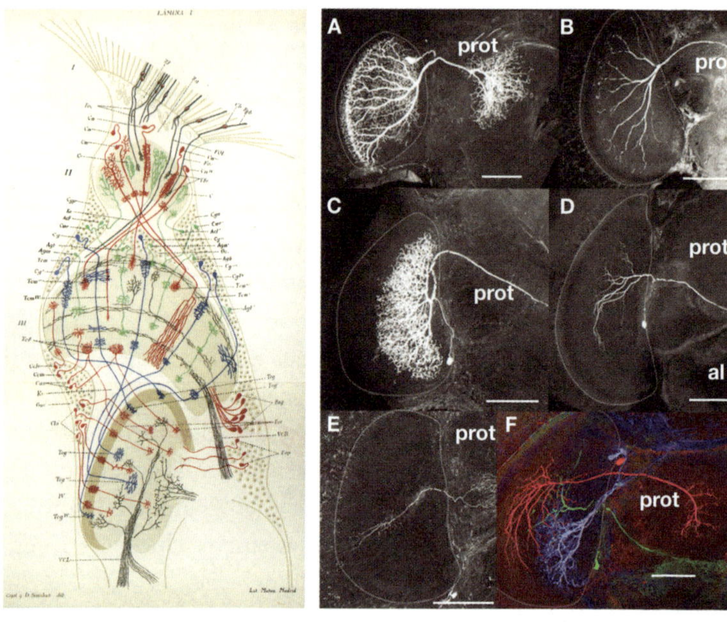

Abb. 9.3. Vielfalt der Neuronenarten im Sehsystem der Biene. Links: Neuronenarten im Sehsystem der Bienen (aus dem 1915 erschienenen Artikel von Cajal & Sánchez). Die fächerförmige Region ganz oben ist die Retina des Auges. Die drei schattierten Regionen darunter sind (von oben nach unten) die optischen Nervenzentren Lamina, Medulla und Lobula, mit zwei Chiasmen (Nervenkreuzungen) zwischen diesen Ganglien. Erkennbare Neuronenarten werden in unterschiedlichen Farben dargestellt. Die Lage der Zellkörper ist außerhalb der neuronalen Verschaltungsregionen dargestellt, wo die Eingangs- und Ausgangsbereiche verbunden sind. **Rechts**: Nervenarten in einem der optischen Ganglien – der Lobula – einer Hummel, die mit fluoreszierenden Färbemitteln sichtbar gemacht wurden. Auf diese Weise wird ihre Verbindung mit dem Protocerebrum („prot"), dem Zentralkomplex, sichtbar. Manche Neuronen sind extrem weitverzweigt (z. B. A, C) und erhalten Signale von den ganzen Augen, während andere „säulenartig" angeordnet sind (z. B. E). Vielleicht liefern sie nur Informationen von einigen benachbarten Ommatidien (entsprechend einigen Pixeln) vom Auge ans Hirn. Maßstab: 100 µm.

verwirrend und hat keine Entsprechung bei anderen Tieren. Man ist völlig überwältigt, wenn man über die riesige Zahl und die feine Anordnung all dieser histologischen Strukturen nachdenkt, die so zart sind, dass man sie selbst mit dem stärksten Mikroskop kaum sieht." Mittlerweile wissen wir, dass auch die bescheidene Fruchtfliege über 150 Neuronenarten allein in ihren optischen Ganglien besitzt (die Anzahl der Bienenneuronen kennen wir noch nicht, doch wahrscheinlich ist sie ebenso hoch; in der menschlichen Netzhaut finden sich weniger als 100). In einer einzigen Medulla-Kolumne können sich mehrere Dutzend Neuronenarten (mit leicht unterschiedlichen Verzweigungen) befinden (Abb. 9.3).

Bei vielen dieser Neuronen kann man Verschaltungen beobachten, die lotrecht zum Informationsfluss von der Netzhaut zum Zentralkomplex stehen; manche haben die Funktion, lokale Vergleiche zwischen Signalen von benachbarten Ommatidien zu ziehen, zum Zweck der Kontrastfeststellung und der Verstärkung. Immerhin definieren Kontraste die Grenzen und somit die Identität von Dingen und Lebewesen. Andere Neuronen haben weite „rezeptive Felder", sie integrieren die Informationen ganzer Augenregionen, etwa um die durchschnittliche Helligkeit einer Szene zu bewerten. Aufgrund dieser tangentialen Neuronen ist die Medulla schichtweise angeordnet – bei Bienen hat sie acht Schichten, während die Lobula aus sechs Banden besteht, die sich wiederum aus multiplen neuronalen Querverbindungen zusammensetzen (die menschliche Retina hat nur zwei Schichten derartiger lateraler Verbindungen).

In Medulla und Lobula befinden sich mehrere Neuronenarten, die als „einfache Merkmalerkennungsneuronen" beschrieben werden; jede davon analysiert den speziellen Aspekt einer Szene oder eines Objekts: Neuronen, die Farbe oder Helligkeit codieren, Bewegungssensoren usw. In der Lobula der Biene zum Beispiel befinden sich zwei Arten sogenannter Kantenerkennungsneuronen. Um die Eigenschaften von optischen Neuronen zu messen, stecken Forscher für gewöhnlich Mikroelektroden in oder auf die jeweiligen Neuronen und bombardieren das Tier mit einer Unmenge an optischen Reizen – bunten Lichtern, Punkten, die sich in unterschiedliche Richtungen bewegen, kurzen Flashes und langen Reizen, Balken, die sich unterschiedlich schnell und in verschiedene Richtungen bewegen –, um die jeweiligen Reaktionen der Neuronen ganz genau zu messen. Die Kantenerkennungsdetektoren in der Lobula reagieren am stärksten auf Balken, die sich durch das Sichtfeld des Auges bewegen, doch die maximale Sensibilität liegt bei einem Winkel von entweder +110 oder –110 Grad zur Vertikalen. Sie reagieren auch auf andere Orientierungen, doch weniger stark. Die meisten optischen Signale (auch Blumen) haben Kanten, auf die die Neuronen mehr oder weniger stark reagieren, während das Bienenauge sie scannt. In Kürze werden wir herausfinden, dass die Kombination von nur zwei Typen von Kantenerkennungsneuronen sich sehr gut dazu eignet, eine Vielfalt an optischen Mustern zu erkennen.

Was kann mit einfachen Merkmalerkennungsneuronen bewirkt werden?

Im Lauf der Jahre haben Forscher Bienen alle möglichen Aufgaben gestellt, Muster zu erkennen und unterscheiden. Oft waren die Muster viel komplizierter, als man sie bei natürlichen Blumen findet – etwa in vier Quadranten unterteilte schwarz-weiße Kreise, wobei sich in jedem Quadranten unterschiedlich ausgerichtete Balken befanden. Bienen haben bei allen diesen Aufgaben gut abgeschnitten – doch bedeutet das, dass sie sich an die Bilder in ihrer ganzen Komplexität erinnern?

Mark Roper aus meinem Team hat in Zusammenarbeit mit Chrisantha Fernando von Google DeepMind künstliche neuronale Netzwerke nach dem Muster von Bienengehirnen konstruiert, die nur über zwei einfache Merkmalerkennungsneuronen verfügten – bzw. zwei Arten von Lobulaneuronen, die beide besonders empfindlich auf in eine bestimmte Richtung orientierte Linien und Kanten reagieren. Diese Algorithmen waren imstande, komplexe optische Muster zu erkennen, etwa einen gevierteilten Kreis, mit in unterschiedlichen Winkeln angeordneten Balken in jedem Quadranten. Eine Biene kann also diese komplexen optischen Muster im Gedächtnis speichern, indem sie sich einfach an die Signale dieser Neuronen erinnert – ohne tatsächlich „virtuelle Bilder“ im Gedächtnis zu speichern oder anders gesagt, ohne ein Bewusstsein für die tatsächlichen Muster zu haben. Die Modelle zeigen, dass eine Biene, die *nur* solche Merkmalserkennungsneuronen benutzt, sogar besser abschneidet als eine Biene in empirischen Tests. Dabei sind diese Modelle im Grunde nur simple Karikaturen der realen Komplexität. Sie verwenden nur zwei der mehreren Dutzend Arten von Neuronen in der Lobula, und die Anzahl der Synapsen (Verknüpfungspunkten zwischen Neuronen) in den Modellen ist im Vergleich zu den zahlreichen Verknüpfungen in echten neuronalen Schaltkreisen verschwindend gering.

Die Vielfalt und Komplexität der Nervenzellarten im Sehsystem der Bienen stehen im scharfen Gegensatz zur extremen Einfachheit der Schaltkreise, die für viele scheinbar anspruchsvolle kognitive Aufgaben minimal erforderlich sind. Ein Netzwerk aus nur vier Neuronen zum Beispiel reicht aus, um die Zählfähigkeiten der Bienen zu erklären, die ihnen erlauben, Gegenstände sequenziell abzuzählen (siehe Kapitel 6). Wenn man einen Informatiker fragt, welches möglichst einfache neuronale Netzwerk nötig ist, um eine gegebene kognitive Fähigkeit zu verbessern – etwa das Lernen einer Abfolge von Landmarken, Wegintegration oder die Fähigkeit, die Resultate der eigenen Aktionen vorherzusagen (ein bewusstseinsähnliches Phänomen) –, dann wird die Antwort oft lauten, dass dafür ein Netzwerk von Dutzenden bis zu maximal einigen Hundert Neuronen ausreicht. Somit lautet die große ungelöste Frage zum Gehirn der Biene und deren Intelligenz nicht: „Wie können Tiere mit so kleinen Hirnen wie Bienen so kluge Dinge tun?", sondern im Gegenteil: „Warum brauchen Tiere wie Bienen ein so großes Gehirn?"

Ein lernfähiges Neuron

Damit die Biene sich Merkmale von Blumen (Farben und Gerüche) einprägen kann, muss es eine Bahn der Sinnesverarbeitung geben, die auf die süße Belohnung im Nektar reagiert und die Signale an dieselbe Gehirnregion schickt, in der auch Informationen aus den peripheren optischen und olfaktorischen Nervenzellen ankommen. Martin Hammer, ein Student Randolf Menzels, beschrieb eine

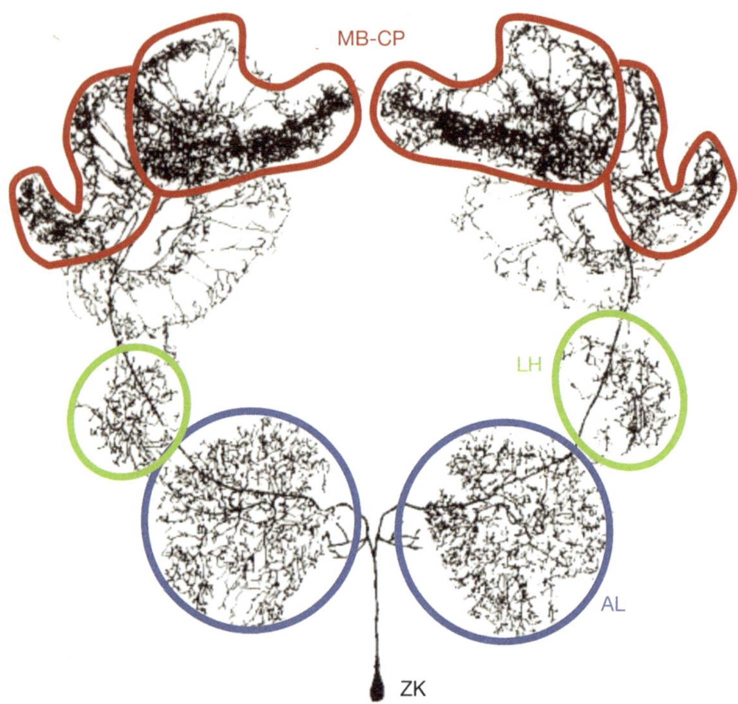

Abb. 9.4. Die verzweigte Struktur eines „Belohungsneurons" im Bienenhirn. Das sogenannte VUMmx1-Neuron sendet ein „Süßigkeitssignal" an viele Hirnregionen. Sein Zellkörper (ZK) befindet sich im Unterschlundganglion des Hirns, seine Zweige führen in die Antennalloben (AL), die lateralen Hörner (LH) und zu den Kelchen des Pilzkörpers (CP). Eine künstliche Stimulation dieses Neurons kann der Biene vorgaukeln, sie hätte Zucker gekostet, und die Biene kann lernen, diese illusorische Empfindung mit einem anderen gleichzeitig präsentierten Geruch zu assoziieren. Abdruck aus Hammer (1993) mit Genehmigung der Zeitschrift.

solche Bahn im Gehirn der Honigbiene – in Form einer einzigen Nervenzelle, die er als VUMmx1 (ventral unpaarig median maxillar, Abb. 9.4) beschrieb. Dieses Neuron gehört möglicherweise zu den verzweigtesten im Bienenhirn; sein Zellkörper befindet sich im Unterschlundganglion (in der Nähe der Mundwerkzeuge (Maxillen), wo es Input von den Zuckerrezeptoren der Biene erhält). Seine Zweige (und somit die Informationen) ziehen in die Antennalloben und auch in die Kelche des Pilzkörpers, der zusätzlich olfaktorische

Informationen (von den Antennalloben) und optische Information (aus der Medulla und der Lobula) erhält.

Martin Hammer entdeckte, dass man einer Biene durch Elektrostimulation dieses einzelnen Neurons vorgaukeln konnte, sie hätte eine süße Belohnung erhalten. Das bedeutet, dass die Bienen Blumengerüche auch ohne tatsächliche Belohnung lernen konnten: Nahm die Biene einen Geruch wahr, während der Forscher das VUMmx1-Neuron triggerte, lernte sie den Geruch, als ob sie tatsächlich eine süße Belohnung erhalten hätte. Das ist zwar nicht der endgültige Beweis, dass dieses Neuron das *einzige* Belohnungsneuron im Bienenhirn ist, doch zumindest kann man behaupten, dass die experimentelle Elektrostimulation denselben Effekt hat, wie wenn die Biene mit ihrem Rüssel etwas Süßes findet. Das Dopamin-Belohnungssystem der Säugetiere verfügt im Gegensatz dazu über Zehntausende Nervenzellen, die alle dieselbe Botschaft senden. Das Insektenhirn hat keinen Platz für derartigen Überfluss; in manchen Fällen kann eine Funktion tatsächlich von einer einzigen Zelle übernommen werden.

Aber ist das nicht riskant? Was ist, wenn die einzelne Zelle von einer Krankheit befallen wird? Wenn eine Funktion nur von einem einzigen Mechanismus getragen wird, ohne das Vorhandensein eines Alternativmechanismus, dann führt die Schädigung dieser Zelle zur Katastrophe – es könnte jedoch durchaus sein, dass die Arbeitsbiene eine so kurze Lebensdauer hat, dass die Evolution sie nicht vor solchen Eventualitäten bewahren muss.

Martin Hammers bahnbrechende Entdeckung wurde 1993 in *Nature* veröffentlicht. Seine Laborkollegen hatten damals das Gefühl, seine akademische Karriere sei nun gesichert. Doch dem war nicht so. Es gelang ihm nicht, in den Jahren nach seiner aufsehenerregenden Publikation eine sichere Anstellung zu bekommen. Er litt zeitweise unter Depressionen, zweifelte immer wieder an seinen wissenschaftlichen Fähigkeiten und hatte Mühe, mit den Absagen umzugehen, die er auf seine Bewerbungen bei diversen Universitäten erhielt. Martin Hammer versuchte, noch mehr zu publizieren, indem er besonders viel arbeitete – ein Teufelskreis, der sein privates und Familienleben schwer beeinträchtigte. Am 24. September 1997, zehn Tage nach seinem 40. Geburtstag, starb Martin Hammer bei einem Autounfall. Ein Abschiedsbrief wurde nicht gefunden, doch die Umstände sprachen für sich – er war mit dem Auto mit hoher Geschwindigkeit und bei normalen Straßenbedingungen gegen einen Baum geprallt, ohne Beteiligung anderer Fahrzeuge. Er war nicht angeschnallt.

Der Pilzkörper – die Festplatte des Bienengedächtnisses

Neuronale Drähte aus der optischen und olfaktorischen Peripherie sind mit den intrinsischen Kenyon-Zellen des Pilzkörpers verbunden – die synaptische Verschaltung erfolgt in kugeligen, im Mikroskop sichtbaren Strukturen, den Microglomeruli (Abb. 10.7 im nächsten Kapitel). Das von Martin Hammer entdeckte Belohnungsneuron VUMmx1 ist mit demselben Bereich des Pilzkörpers verbunden. Die drei Bahnen der Sinnesverarbeitung – sowohl die, die Zucker signalisieren, als auch die, die Informationen über Blumengerüche und Farben liefern, laufen hier zusammen. Noch wichtiger ist, dass die Microglomeruli plastisch sind – sie verändern sich beim Lernen. Wenn das Tier gleichzeitig Signale vom Belohnungsneuron und einen Reiz wie ein Farbsignal einer Blume erhält, manifestiert sich dies im neuronalen Netzwerk in Form von neuen oder verstärkten synaptischen Verbindungen. Die Pilzkörper sind also neuronale Gedächtnisspeicher.

Die enorme Speicherkapazität dieser neuronalen „Festplatte" rührt daher, dass sich der Pilzkörper ein Prinzip zunutze macht, das auch beim maschinellen Lernen zum Einsatz kommt, die sogenannte Fan-out-Fan-in-Architektur. Es gibt nur wenige Hundert neuronale „Drähte" aus den Antennalloben (der olfaktorischen Bahn) und dem optischen System – doch sie sind mit 170.000 Kenyon-Zellen verbunden, und die wiederum werden von 400 extrinsischen Pilzkörper-Neuronen ausgelesen. Diese sind mit Regionen des Zentralkomplexes verbunden, wo Verhaltensreaktionen selektiert und koordiniert werden. Die Verschaltungen von Sinnesprojektionsneuronen (die Signale von den Sinnesorganen zum Pilzkörper senden) und Kenyon-Zellen sind relativ spärlich. Jede Kenyon-Zelle wird nur von ungefähr zehn Sinnesprojektionsneuronen innerviert. Das Resultat ist ein sogenannter *sparse code* / „spärlicher Code" – nur ein kleiner Teil der Kenyon-Zellen ist für die einzelnen hereinkommenden Sinnesreize empfänglich. Das führt zu einer hohen Spezifität: Selbst wenn die Biene zwei ähnliche Szenen sieht, kann das zu einem völlig unterschiedlichen Aktivierungsmuster der Kenyon-Zellen führen. Diese Art der Codierung führt zu einer äußert hohen Speicherkapazität des Gedächtnisses.

Das sieht man sehr schön anhand eines Landmarken-Orientierungs-Modells bei Ameisen, bei dem die Forscher die beschriebene „fan-out" Architektur mithilfe von 360 visuellen Projektionsneuronen und 20.000 Kenyon-Zellen simulierten. Obwohl die Anzahl der Kenyon-Zellen viel kleiner war als die tatsächliche der Bienen, konnte das Modell 350 realistische Szenen aus der vielfältigen Umgebung der Ameise im Gedächtnis speichern, ohne dass es zu Verwechslungen kam. Bei einer Anzahl von 80 erinnerten Szenen konnten die vom Computer generierten Ameisen noch immer jede einzelne erkennen (mit einer minimalen Fehlerrate – siebenmal geringer als der Zufall), sogar wenn sie 25 cm von dem Ort versetzt wurden, wo sie sich die Szene eingeprägt hatten. Wir müssen uns jedoch vor Augen halten, dass derartige Modelle extreme Vereinfachungen der realen neuronalen Schaltkreise darstellen, weshalb die tatsächliche Gedächtnisleistung von Bienen (und Ameisen) wahrscheinlich viel höher ist.

Wenn Ihnen also jemand sagt, dass die Bienen aufgrund ihres kleinen Gehirns nur eine geringe Gedächtnisleistung haben oder nur eine Information behalten können, können Sie ihn eines Besseren belehren.

Komplexes Lernen mit einfachen Gehirnschaltkreisen

Mein Doktorand Fei Peng, ein ausgebildeter Psychologe, hatte seine Fähigkeiten, Gehirnmodelle herzustellen, bei der obigen Studie über Ameisen erworben. Danach konstruierte er ein Modell des Bienen-Pilzkörpers, um zu erforschen, wie die komplexen Lernfähigkeiten dieser Tiere bei der Geruchserkennung zustande kommen. Bienen können nämlich auf höchst unterschiedliche Weise reagieren, wenn sie mit vielfältigen, potenziell widersprüchlichen Gerüchen konfrontiert werden (wovon einer unter Umständen mit einer Belohnung und der andere mit keiner Belohnung oder schlecht schmeckendem Futter einhergeht). Ein Phänomen, das bei solchen Experimenten vorkommt, wird als *peak shift* („Spitzenverschiebung") bezeichnet: Tiere reagieren nicht nur auf einen Geruch, der in der Vergangenheit Belohnung versprochen hat, sondern sogar noch stärker auf Gerüche, die dem lohnenden Reiz ähnlicher und dem nicht lohnenden Reizen unähnlicher sind. Das gilt als eine Form des Regellernens, wobei die Biene nicht einfach auf einen Reiz reagiert, den sie von früher kennt, sondern Informationen über unterschiedliche Gerüche kombiniert, um auf den besten Geruch zu schließen. Bienen zeigen auch negative und positive *pattern discrimination*: Sie lernen bereitwillig, in bestimmter Weise auf eine Mischung zweier Gerüche und in entgegengesetzter Weise auf die jeweiligen Bestandteile der Mischung zu reagieren. Bei positiver *pattern discrimination* lernen sie zum Beispiel, dass eine Mischung von Rosen- und Geranienduft lohnend ist, doch weder Rosen- noch Geranienduft für sich allein eine Belohnung verspricht. Derartige Phänomene galten bisher als höhere Form der Intelligenz als das einfache assoziative Lernen.

Fei baute sein Pilzkörpermodell rein auf der Basis des Wissens, wie neuronale olfaktorische Information im Bienengehirn prozessiert wird – u. a. aufgrund der bekannten Tatsache, dass Synapsen, die Projektionsneuronen aus den Antennalloben der Bienen mit den Kenyon-Zellen des Pilzkörpers verbinden, sich verändern können, wenn infolge von Lernen Assoziationen zwischen Gerüchen und Zuckerbelohnungen hergestellt werden. Obwohl kein Aspekt des

Modells „frisiert“ wurde, um die oben beschriebenen komplexen Lernphänomene hervorzubringen, brachte sie das Modell von ganz allein hervor. Der Modell-Pilzkörper führte viel mehr komplexe Operationen aus als die, auf die er programmiert worden war.

Fei entdeckte, dass die Neuronen-Schaltkreise, die für „einfaches“ assoziatives Lernen zuständig sind, auch „intelligentere“ Formen des Lernens ermöglichen können und auch zu Multitasking fähig sind – sie replizieren eine Bandbreite unterschiedlicher Lernleistungen –, ohne dass diese Fähigkeit dem Modell eingeschrieben worden wäre. Diese Entdeckungen stellen nicht nur die Auffassung infrage, dass Lernformen, die bisher als „höhere Intelligenz“ galten, rechnerisch komplexer sind als „einfaches“ assoziatives Lernen, sondern zeigen darüber hinaus, dass eine neuronale Struktur, die sich nur entwickelt hat, um den grundlegenden Anforderungen assoziativen Lernens Genüge zu tun, ohne weitere evolutionäre Feineinstellung intelligentere Formen des Lernens hervorbringen kann.

Der Zentralkomplex der Insekten: ein raffiniertes Navigationsinstrument

Zusätzlich zum Pilzkörper gibt es im Bienenhirn noch eine andere wichtige Struktur, in der viele Bahnen der Sinnesverarbeitung zusammenlaufen und auch Erinnerungen gespeichert werden: den Zentralkomplex. Alle Insekten weisen diese wunderbar regelmäßige Struktur auf, und sie ist bei Insekten mit ganz unterschiedlichen Lebensstilen ähnlich strukturiert, was darauf hinweist, dass der Zentralkomplex allen Arten angestammt ist und mehr oder weniger ähnliche Funktionen erfüllt.

Der Zentralkomplex ist die einzige unpaarige Struktur im Bienenhirn, und wie der Name schon sagt, hat er sowohl eine zentrale Lage im Hirn als auch eine zentrale Funktion für die Integration verschiedener Sinneseindrücke und Selektion der Verhaltensweisen. Er besteht aus vier Teilen: dem fächerförmigen Körper, dem Ellipsoidkörper (die miteinander den Zentralkörper bilden, siehe Abb. 9.1

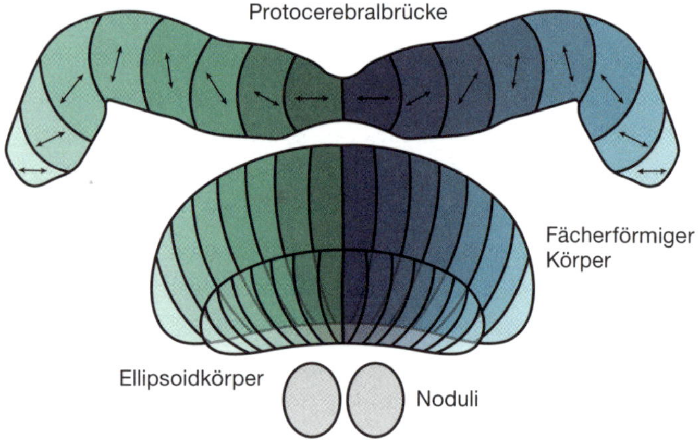

Abb. 9.5. Der Zentralkörper der Insekten und seine Hauptbestandteile: die Protocerebralbrücke, der fächerförmige Körper, der Ellipsoidkörper und die gepaarten Noduli. Nervenzellen in der Protocerebralbrücke sind auf unterschiedliche Orientierungen des polarisierten Lichts eingestellt (wie von den in beide Richtungen zeigenden Pfeilen angezeigt), sodass die Protocerebralbrücke als ganze eine Karte des polarisierten Himmelslichts enthält. Die Protocerebralbrücke, der fächerförmige Körper und der Ellipsoidkörper sind säulenartig angeordnet. Neuronen aus den jeweiligen Säulen in der Protocerebralbrücke sind oft mit den entsprechenden Säulen im fächerförmigen oder Ellipsoidkörper verbunden.

und 9.5), der Protocerebralbrücke und den gepaarten Noduli. Wie viele Hirnstrukturen bei Tieren (und auch die optischen Ganglien bei Insekten) ist der Zentralkörper säulenartig strukturiert – lokale neuronale Netzwerke sind in ihrer internen Verdrahtung hoch repetitiv. Sechzehn Kolumnen ziehen sich durch die Protocerebralbrücke und den Zentralkörper, und es gibt viele Schichten, wo die Kolumnen sich überkreuzen. Der Zentralkomplex ist multifunktional: Studien vieler Insektenarten weisen darauf hin, dass er eine wichtige Funktion bei der Navigation inklusive der Errechnung des Sonnenkompasses, der Wegintegration und der Speicherung von Landmarken hat.

Manche Elemente des Zentralkomplexes erfordern spezielle Aufmerksamkeit, denn sie sind großartige Beispiele für das intensive Zusammenspiel zwischen neuronaler Schaltkreisstruktur und Funktion. Neuronen in der Protocerebralbrücke codieren die Richtung der Sonne und bilden auf diese Weise einen neurobiologischen, an die Uhrzeit angepassten Kompass (das ist überaus wichtig, denn der Sonnenstand taugt nur dann als Kompass, wenn man die Tageszeit kennt). Was aber passiert, wenn man die Sonne nicht sehen kann? In Kapitel 3 haben wir erfahren, dass Bienen auf polarisiertes Licht reagieren. Da das Polarisationsmuster am Himmel sich auf vorhersehbare Weise mit der Sonne bewegt, sind Kompassreize selbst dann wahrnehmbar, wenn die Sonne von Wolken verdeckt wird. Neuronen in jeder Kolumne der Protocerebralbrücke reagieren auf eine dominante Richtung des polarisierten Lichts – doch Neuronen in benachbarten Kolumnen reagieren auf andere dominante Schwingungsrichtungen. Als Ganzes enthält also die Protocerebralbrücke einen raffinierten Kompass.

Unter der Protocerebralbrücke befindet sich der fächerförmige Körper; eine Funktion dieser Struktur besteht darin, visuelle Muster zu speichern. Zumindest bei Fruchtfliegen scheinen bestimmte Neuronenschichten Landschaftseigenschaften zu codieren und im Gedächtnis abzuspeichern, unabhängig von der Augenregion, mit der sie gesehen werden. Die Protocerebralbrücke und der fächerförmige Körper ermöglichen es einem Insekt vielleicht, Landmarken mit Kompassreizen zu verbinden. Auf diese Weise kann eine Biene die Richtung nach Hause finden, sobald sie ein vertrautes Panorama sieht.

Der Ellipsoidkörper hat in ähnlicher Weise eine wichtige Funktion bei der Orientierung. Ein neuraler Aktivitätshöhepunkt bewegt sich um den Rand der ellipsenförmigen Struktur, während das Insekt seinen Körper in verschiedene Richtungen orientiert. Der Aktivitätshöhepunkt gibt sogar die korrekte vorherige Bewegungsrichtung an, wenn sich das Insekt plötzlich im Dunklen bewegt, was beweist, dass der Ellipsoidkörper Input aus den Eigenbewegungen des Insekts erhält. Der Ellipsoidkörper erlaubt dem Tier, eine Richtung beizubehalten, sogar wenn es keinen Input von außen erhält, als auch die Kompasspeilung zu aktualisieren, wenn es in der Dunkelheit die Richtung ändert. Schließlich wurden Zweige von Neuronen, die die Bewegungsdistanz messen, in den gepaarten Noduli des Zentralkomplexes gefunden (Abb. 9.5).

Kurz und gut, der Zentralkomplex sammelt (sowohl mithilfe externer Sinneseindrücke als auch aufgrund selbsterzeugter Bewegung) Informationen über Bewegungsdistanz und -richtung und Landmarken. Er enthält vielfältige Navigationsinstrumente, die so komplexe Funktionen wie Wegintegration ermöglichen (aufgrund der eine Biene auf direktem Weg nach Hause fliegen kann, nachdem sie auf gewundenen Wegen eine neue Nahrungsquelle gesucht hat, wobei Informationen über alle Streckensegmente, die sie geflogen ist, und alle Winkel, um die sie ihre Richtung geändert hat, verrechnet werden – siehe Kapitel 6).

Der Zentralkomplex als Sitz des Bewusstseins?

Da der Zentralkomplex Informationen integriert, die von äußeren Reizen, inneren Zuständen und vergangenen Erfahrungen stammen, könnte er eine Art neuronales Modell der vertrauten Umwelt des Insekts als auch des „Ichs" sein. Unter diesem Aspekt haben Bienenforscher sogar diskutiert, ob er eine Art „Bewusstsein" des Insekts trägt. Den psychologischen Aspekt dieses Themas werden wir in Kapitel 11 ausführlicher behandeln. Aus neurobiologischer Sicht wird die Meinung, der Zentralkomplex würde bewusstseinsartige Funktionen ermöglichen, von der Beobachtung an parasitoiden Wespen gestützt, die ihre Beute aller Willenseigenschaften und Zielgerichtetheit berauben.

Die Juwelwespe *Ampulex compressa* lähmt ihre Beute, anders als viele parasitoide Wespen, nicht mit Stichen in die Thoraxganglien (was Beine und Flügel paralysiert), sondern ins Gehirn der Schabe, genauer gesagt in ein Areal in der Nähe des Zentralkomplexes. Die Beute ist weder gelähmt noch ihrer Sinne beraubt, sondern der Stich verwandelt sie in eine Art willenlosen Zombie. Sie kann nach wie vor gehen – tatsächlich führt die Wespe die gefügige Schabe in ihre Höhle, wo sie einen langsamen Tod stirbt, während sie von der Wespenlarve aufgefressen wird. Die psychische und neurobiologische Wirkung des Gifts derartiger „hirnkontrollierender" Parasitoiden enthüllt vielleicht eine Menge über das Bewusstsein der Insekten selbst.

Die Meinung, dass Bewusstsein ein richtig großes Hirn mit Neocortex erfordert, ist weitverbreitet, doch das ist nicht der Fall. Erstens kann man das Vorhandensein von kognitiven Fähigkeiten niemals von makroskopischer Neuroanatomie abhängig machen: Schimpansen haben Broca- und Wernicke-Areale, Hirnregionen, die beim Menschen, aber eindeutig nicht bei Schimpansen, Hauptkomponenten des Sprachzentrums sind. Das Vorhandensein oder Nicht-Vorhandensein bestimmter Areale sagt also nichts über die Existenz kognitiver Fähigkeiten aus. Völlig unterschiedliche neuronale Schaltkreise können bei unterschiedlichen Tieren ähnliche Verhaltensfähigkeiten hervorbringen. Grundlegende bewusstseinsähnliche Phänomene (wie die Fähigkeit, die Resultate der eigenen Aktionen vorhersehen zu können) können mit wenigen Tausend Neuronen bewerkstelligt werden – einer für ein Insektenhirn durchaus realistischen Anzahl.

Gehirnwellen bei den Bienen

Wenn man herausfinden will, ob ein Insekt „denkt", muss man sich mit der Frage beschäftigen, ob es spontane Hirnaktivität aufweist. Jede Aktivität, die das Gehirn aus sich heraus generiert – das heißt ohne äußere Stimulation –, ist im Zusammenhang mit Bewusstsein potenziell bedeutsam. Eine derartige Aktivität ohne äußere Erregung findet statt, wenn ein Tier seine Aufmerksamkeit auf bestimmte Aspekte seiner Umgebung richtet und somit etwas vorausnimmt, das *vielleicht* passieren *könnte*, bevor es tatsächlich passiert. Aufmerksamkeit erlaubt Tieren, sich auf wichtige Reize (im Falle der Bienen, z. B. bekannte Blumen) zu konzentrieren und andere (z. B. unbekannte Blumen) zu ignorieren – doch Aufmerksamkeit ist mehr als ein selektiver Filter. Tief in ihrem Inneren muss die Biene wissen, wonach sie sucht, und diese Information an Filtermechanismen weiterleiten, die in der Nähe der Sinnesorgane liegen. Der australische Neurowissenschaftler Bruno van Swinderen und sein Team haben diese Fähigkeit getestet, indem sie Bienen in eine virtuelle Realität platzierten, die sie manipulieren konnten, während sie ihre Hirnströme maßen. Das Team fand je nach Aufmerksamkeit für bestimmte Objekte spezifische neuronale Aktivitätsmuster; außerdem stellte es fest, dass bestimmte Gehirnzustände der Auswahl des einen oder anderen Reizes vorausgingen.

Darüber hinaus fand van Swinderens Team auch noch heraus, dass es bei Insekten mehrere Arten neuronaler Gehirnwellen gibt, sogar im Schlaf. Warum ist das wichtig, um die Frage des Bewusstseins zu klären? Bei Menschen kommen bestimmte Gehirnstrom-Frequenzen nur im bewussten Zustand vor (und nicht in Tiefschlaf oder unter Narkose). Bewusstsein erfordert die Integration von Informationen aus unterschiedlichen Gehirnstrukturen (u. a. sensorischen Regionen, Gedächtnisregionen, Strukturen, die Motivation und die Auswahl von Handlungen unterstützen). Man nimmt an, dass bestimmte Formen von neuronalen Oszillationen die Funktion haben, die neuronale Aktivität dieser Gehirnareale zu synchronisieren, damit die von ihnen stammenden Informationen zu einem Gesamtkonzept verwoben werden können. Die Entdeckung derartiger Schwingungen bei Insekten ist vor allem unter dem Aspekt aufregend, dass es auch im Schlafzustand Hirnströme gibt. Das Insektenhirn ist also niemals „ausgeschaltet".

Bienen haben drei unterschiedliche Schlafphasen. Im Tiefschlaf nehmen sie eine deutlich zusammengekauerte Stellung ein, bei der Kopf, Brustteil und Hinterleib entspannt, die Antennen unbeweglich, der Muskeltonus und die Körpertemperatur reduziert sind und die Ansprechschwelle für äußere Reize erhöht ist. Bemerkenswerterweise werden Erinnerungen an Düfte vom Vortag im Gedächtnis der Biene fester verankert, wenn man sie in dieser Schlafphase denselben Gerüchen aussetzt. Haben Bienen vielleicht wie Menschen Schlafphasen, in denen Erinnerungen in traumähnlichen Zuständen aufgearbeitet werden? Das könnte nicht nur bei der Verfestigung von Erinnerungen eine Rolle spielen, sondern – da Träume Erinnerungsstücke und Gedanken nach dem Zufallsprinzip neu zusammenfügen – auch bei der Erforschung realistischer Szenarien oder dem Finden alternativer Lösungen für alte Probleme.

Unterschiedliche Lebensstile, ähnliche Gehirne

Erstaunlicherweise haben verwandte Insektenarten mit sehr unterschiedlichen Lebensstilen oft sehr ähnliche Gehirne. Viele beeindruckende und einzigartige Verhaltensroutinen oder kognitive Fähigkeiten haben keine sichtbare Entsprechung in der makroskopischen Neuroanatomie, obwohl es zweifellos ein neuronales Substrat geben muss. Zum Beispiel haben Elizabeth Tibbetts und ihre Kollegen eine außerordentliche Entdeckung gemacht: Bestimmte Arten von Feldwespen (*Polistinae*) sind imstande, individuelle Gesichter ihrer Nestgenossinnen zu erkennen. Diese Wespen leben in sehr kleinen Kolonien, in denen jede Wespe eine individuelle Gesichtszeichnung hat. Die Kolonien bestehen aus mehreren weiblichen Tieren, die am Ende ausgiebiger Duelle eine Dominanzhierarchie aufstellen. Die Siegerin monopolosiert die Fortpflanzung.

Die Wespen der Kolonie erkennen einander, und nach Kämpfen mit Konkurrentinnen wissen sie, wo ihr Platz in der Hierarchie ist. Da derartige Kämpfe sehr aufwendig sind – mit Verletzungen einhergehen oder sogar zum Tod führen können –, sollte man sie besser nicht wiederholen. Daher ist es gut, seinen Rang in der Hackordnung zu kennen. Wespen lernen mitunter allein durch Beobachtung, wie kampfstark die anderen sind, sie verwenden „transitive Inferenz“: Wenn eine Wespe beobachtet, dass Tier A stärker als B ist und B stärker als C, dann geht daraus hervor, dass A auch stärker als C ist. Trotz dieser (in der Welt der Insekten wohl einzigartigen) Fähigkeiten unterscheidet sich das optische System im Gehirn dieser Wespen kaum von dem anderer verwandter Arten, die Gesichtszüge nicht erkennen können. Diesen mysteriösen Umstand findet man auch bei Primaten: Obwohl sich das menschliche Hirn in Bezug auf kognitive Fähigkeiten von dem anderer Primaten deutlich unterscheidet, ist es in vielerlei Hinsicht und zumindest in Hinblick auf die Makrostruktur nur ein Primatenhirn in größerem Maßstab.

Das lässt den Schluss zu, dass sogar größere evolutionäre Innovationen, die für Verhalten und kognitive Fähigkeiten wichtig sind, von relativ kleinen Anpassungen der neuronalen Schaltkreise hervorgebracht werden können, die kaum wahrnehmbar, evolutionär aber leicht hervorzubringen sind. Viele kognitive Operationen können innerhalb kleiner neuronaler Schaltkreise bewerkstelligt werden, deshalb findet man bei den fraglichen Arten – sofern es einen Selektionsdruck gibt – bestimmte Formen von Intelligenz. Das Fehlen eines bestimmten Verhaltensrepertoires bei wild lebenden Tieren ist nicht der Beweis dafür, dass diese Fähigkeit „schwierig zu entwickeln ist" oder dass es einer Tierart an Intelligenz fehlt, sondern bedeutet in vielen Fällen wahrscheinlich nur, dass es im natürlichen Umfeld keine Herausforderungen gibt, die diese Fähigkeiten erfordern. Soziale Bienen erkennen einander nicht deshalb nicht, weil dies mit einem kleinen Hirn nicht machbar wäre, sondern weil die Individuen eines Stocks einander zu ähnlich und zu zahlreich sind, als dass Gesichtserkennung sinnvoll wäre. Kleine Änderungen in neuronalen Schaltkreisen können große Änderungen im Verhaltensrepertoire bewirken, teilweise deshalb, weil bereits existierende Schaltkreise mithilfe minimaler Änderungen kooptiert werden können.

Die Untersuchung des Bienenhirns hat uns gezeigt, dass Hirne, selbst sehr kleine, so verschaltet sind, dass sie sich für viele Dinge eignen: für Wahrnehmung und Erforschung der Umwelt sowie die Fähigkeit, Regeln daraus abzuleiten, für das Vorhersagen der unmittelbaren Zukunft und die effiziente Speicherung von abrufbaren Informationen. Bisher haben wir uns dabei den unterschiedlich sensorischen Fähigkeiten und den Lernfähigkeiten der Bienen und deren Grundlagen im Nervensystem gewidmet. Wir haben Bienen jedoch gewissermaßen als austauschbare Vertreter ihrer Art betrachtet, ohne näher auf ihre individuelle Psyche einzugehen. Doch psychische Merkmale sind ihrem Wesen nach in individuellen Erfahrungen und individuell vererbten Verhaltensweisen verankert, die sich von jenen der anderen Mitglieder einer Population unterscheiden. Deshalb werden wir uns im nächsten Kapitel der Frage widmen, ob Bienen individuelle „Persönlichkeiten" haben.

10

Unterschiede in der „Persönlichkeit" individueller Bienen

> Wir haben nun gesehen, dass Insekten eine entschiedene Vorliebe für den wiederholten Besuch derselben Blumenart haben, obwohl es auch Ausnahmen von der Regel gibt … in (manchen) Fällen besuchten Hummeln gleichzeitig zwei verschiedene Blumenarten, sie gingen, ohne auf die Farbe zu achten, nach mehreren Besuchen von der einen zur anderen über. Diese Bienen waren etwas intelligenter als ihre Genossinnen und schafften es, zwei Arten gleichzeitig zu bearbeiten, allerdings würde ich meinen, dass sie von mehr als zwei überfordert wären.
>
> **Robert Christy, 1884**

Jeder Haustierbesitzer weiß, dass Tiere unterschiedliche Persönlichkeiten haben – dass sie bestimmte psychische Merkmale aufweisen, aufgrund derer sie sich von Artgenossen unterscheiden. Derartige Merkmale können das Ergebnis individueller Erfahrungen oder genetischer (vererbter) Veranlagung oder eine Mischung aus beiden sein. Dennoch glauben viele Menschen, dass Insekten ununterscheidbare, austauschbare Massenwesen sind – dass sie also keinesfalls eine Persönlichkeit besitzen.

Der erste Wissenschaftler, der systematisch individuelle Unterschiede in der Psyche von Wirbellosen untersuchte, war Charles Turner, der bereits in seinem ersten Artikel über die Konstruktion von Spinnweben (1891, im Alter von 25 Jahren) beschrieb, wie einzelne Spinnen auf ganz unterschiedliche Weise mit geometrischen

Herausforderungen umgingen; eine Spinne bezeichnete er sogar als „lokales Genie". In seinem Werk kommt Turner immer wieder auf derartige individuelle Unterschiede zurück, die er bei so unterschiedlichen Arten wie Spinnen, Ameisen und Schaben feststellte.

In den letzten Jahren haben wir herausgefunden, dass Bienen (inklusive Hummeln) bei jedem untersuchten psychischen Merkmal Unterschiede aufweisen und dass diese Unterschiede sowohl bei einzelnen Tieren auftreten (die bei mehreren Tests hintereinander oft ähnlich reagierten) als auch zwischen Kolonien sozialer Arten – wenig überraschend, da eine Kolonie eine Familie ist, deren Mitglieder miteinander verwandt sind. Einzelne Individuen besitzen eine leicht unterschiedliche sensorische Ausstattung – was bedeutet, dass sie verschiedene Aspekte ihrer Umwelt selektiv wahrnehmen – und auch eine leicht unterschiedliche Hirnstruktur, wodurch Informationen unterschiedlich gespeichert und genutzt werden. Unterschiede in der individuellen Intelligenz entscheiden darüber, wie gut sich eine Biene in der Naturökonomie zurechtfindet, und Unterschiede zwischen den Individuen einer Kolonie sind entscheidend für effiziente Arbeitsteilung.

Sowohl individuelle wie kollektive Unterschiede können vererbbar sein – eine Kolonie von besonders schnell lernenden Individuen gibt diese Fähigkeit mitunter an die nächste Generation weiter. Vererbbare psychische Merkmale sind Rohmaterial für die Evolution. Ohne vererbbare Variation gibt es keine Möglichkeit, dass die Selektion greift. So kann die Evolution zum Beispiel keine siebenbeinigen Insekten hervorbringen, selbst wenn es einen Vorteil darstellen würde, ein zusätzliches Bein zu besitzen: Es gibt einfach keine siebenbeinigen Mutanten, die im Lauf der Zeit die Oberhand über ihre sechsbeinigen Cousins gewinnen könnten. Doch wie wir bald sehen werden, gibt es bei psychischen Fähigkeiten wie den Lernfähigkeiten der Bienen durchaus vererbbare Veränderungen, und das bedeutet, dass mit Lernen verbundene Merkmale sich rasch über relativ wenige Generationen evolvieren können.

Wir werden jedoch auch sehen, dass nicht jede individuelle Veränderung vererbbar ist. Die riesigen Unterschiede zwischen den

Königinnen der Honigbienen und ihren unfruchtbaren Arbeiterinnen betreffen jedes Detail ihres Sinnesapparats, ihrer Gehirnstruktur und ihres Verhaltens – doch der Grund dafür liegt nicht in ihrer DNA, denn die beiden Kasten sind genetisch nicht voneinander zu unterscheiden. Die Unterschiede zwischen Königinnen und Arbeiterinnen sind vielmehr epigenetisch und werden nur von Umweltfaktoren ausgelöst (interessanterweise von der Nahrung, die sie als Larven bekommen). Doch zunächst stellen wir die Technologie vor, die es erlaubt, die individuelle Verhaltensspezialisierung in Kolonien sozialer Bienen zu quantifizieren.

Wie man Mikrochips verwendet, um die „Persönlichkeit" der Bienen zu erforschen

Die Methode, Bienen (etwa mit Nummernschildchen) zu markieren, sodass sie als Individuen erkennbar sind, ermöglicht einen völlig neuen Blick auf ihr Wesen (Abb. 10.1). Augenblicklich offenbart sich, dass unterschiedliche Individuen ein und derselben Art sich völlig unterschiedlich verhalten. Manche Bienen sind aggressiver als andere, manche fleißiger, manche intelligenter. Manche treffen schnelle und überhastete Entscheidungen, während andere umsichtiger vorgehen usw. In jüngster Zeit wurde die Erfassung derartiger Unterschiede zwischen den Individuen von neuen Technologien wie RFID *(radio frequency identification)* erleichtert – die zum Beispiel auch beim Chippen von Haustieren und bei vielen Zeitkarten der öffentlichen Verkehrsmittel zum Einsatz kommt.

Indem wir alle Arbeiterinnen einer Hummelkolonie mit Tags versahen, was die Überwachung aller ihrer individuellen Aktivitäten erlaubte, stellten wir fest, dass Bienen sogar im ständigen Tageslicht nördlich des Polarkreises im Sommer einen eindeutigen Tagesrhythmus aufweisen und nachts mehrere Stunden ruhen. Schlaf ist für das Wohlbefinden der Hummeln eindeutig wichtig, sogar in den kurzen arktischen Sommern, wenn der Aufbau der Kolonie in wenigen Wochen bewerkstelligt werden muss und die Hummeln im

Abb. 10.1. Nummernschildchen und Mikrochips offenbaren grundlegende Unterschiede zwischen einzelnen Bienen. Oben links: Wenn Honigbienen-Arbeiterinnen mit Nummernschildchen versehen werden, kann man beobachten, dass sie mehrere Tage hintereinander zu denselben Blumenpatches fliegen, allerdings mit unterschiedlichen Zeitmustern, und dass sie Blumen in unterschiedlicher Reihenfolge besuchen. **Unten links:** Hummeln und Honigbienen werden mit RFID-Chips markiert, was eine automatisierte Aufzeichnung ihrer Aktivitätsmuster erlaubt. **Rechts:** Doppelt geplottete Aktivitätsdiagramme (Aktogramme) zweier individueller Hummeln (die Höhe der Balken gibt die Aktivität an). Die Hummeln wurden zuerst unter Bedingungen getestet, bei denen 12 Stunden Licht und 12 Stunden Dunkelheit herrschte (wie von den Grauschattierungen angegeben) und dann bei ständigem Tageslicht, wie es bei Mitternachtssonne vorkommt. **Oben rechts:** Aktogramm einer Arbeiterin, die hauptsächlich ein paar Stunden am Morgen Nektar sammelte und deren Aktivität bei ständigem Licht nach wie vor rhythmisch (wenn auch mit kürzerer Frequenz) war. **Unten rechts:** Aktogramm einer Arbeiterin, die während der Tageslichtstunden hochaktiv war und bei ständigem Tageslicht einen kürzeren Rhythmus aufwies. Kurz vor dem Tod zeigte diese Biene eine erhöhte arrhythmische Aktivität („Todestanz“).

Wettlauf gegen die Zeit ausreichende Futterquellen finden müssen, um neue Königinnen und Drohnen großzuziehen. Man könnte annehmen, dass deshalb ein großer Druck herrscht, so hart wie möglich zu arbeiten. Doch wie die lebenslange Überwachung der Aktivitätsmuster der Hummeln offenbarte, gibt es bei den Sammelaktivitäten große zeitliche Unterschiede: Manche Individuen arbeiteten wochenlang untertags, während andere die frühen Morgenstunden bevorzugten und wiederum andere nur einen Sammelflug pro Tag absolvierten. Am Lebensende vollführten einige Individuen einen „Todestanz" – eine Art arrhythmische Hyperaktivität ohne sichtbare Pausen, den man auch bei Fruchtfliegen beobachtet hat –, wahrscheinlich ein Hinweis auf häufigere neuronale Fehlfunktionen und bevorstehenden Tod (Abb. 10.1).

Dieselben Gene, andere Ergebnisse – Spezialisierung in Bienenkolonien

Forscher, die sich mit sozialen Insekten beschäftigen, wissen natürlich schon lange, dass die Arbeitsteilung zu den spektakulärsten Eigenschaften einer Bienenkolonie gehört: Individuen müssen sich auf eine von vielen zu erledigenden Aufgaben spezialisieren, damit die Kolonie als Ganzes wie eine gut geölte Maschine läuft. Ein spektakuläres Beispiel ist der Dimorphismus von Arbeitsbienen und Königinnen, samt den Verhaltensunterschieden, die mit ihren unterschiedlichen „Jobs" in der Kolonie einhergehen.

Die Königinnen und Arbeiterinnen der Honigbienen sind genetisch nicht unterscheidbar; ihr jeweiliges Schicksal wird dadurch besiegelt, dass die Larven der Königin in großen Mengen und über lange Zeit mit einer speziellen „Fitness-Diät" – Gelée royale – gefüttert werden. Die chemische Zusammensetzung dieser äußerst nahrhaften Substanz, die aus den Sekreten der Futtersaftdrüsen der Arbeiterinnen besteht, ist nach wie vor nicht vollständig geklärt. Am Anfang werden alle Larven mit Gelée royale gefüttert, doch die der Arbeiterinnen werden bald entwöhnt und auf eine Nahrung aus

Abb. 10.2. Königinnen und Arbeiterinnen der Honigbienen sind genetisch nicht unterscheidbar, jedoch in anatomischer und physiologischer Hinsicht und in ihrem Verhalten völlig verschieden. Die Königin der Honigbienen (die mit einem Nummernschild versehene Biene) und unfruchtbare Arbeitsbienen weisen aufgrund ihrer unterschiedlichen Funktionen große Verhaltensunterschiede auf. Spezialisierte Arbeiterinnen – das Gefolge – füttern die Königin, pflegen und lecken sie ab, dabei nehmen sie das Mandibularpheromon der Königin auf, das die Entwicklung der Eierstöcke bei den Arbeiterinnen unterbindet.

Pollen und Nektar umgestellt, während die Larven der Königinnen während ihrer ganzen Entwicklung in Gelée royale baden und auch noch als Erwachsene damit gefüttert werden. Das Ergebnis dieser unterschiedlichen Ernährung sind sowohl spektakuläre morphologische und physiologische Unterschiede als auch Unterschiede beim Verhalten zwischen den beiden Kasten (Abb. 10.2).

Die Königinnen der Honigbienen leben mehrere Jahre, legen bis zu 2000 Eier am Tag, besuchen fast niemals Blumen und beteiligen sich auch an keinen anderen Arbeiten wie Bau oder Instandhaltung der Kolonie. Ihre Verhaltensziele unterscheiden sich grundlegend von jenen der Arbeitsbienen. Diese Ziele gehen mit einer völlig anderen psychischen Orientierung einher: Während die Arbeitsbienen vor allem Blumenbesuche im Kopf haben, zeigen die Königinnen Verhaltensweisen wie in einem Shakespearedrama: Sobald die Puppen erwachsen sind, fechten die neuen Königinnen eine Reihe tödlicher

Kämpfe mit ihren Rivalinnen aus. Die einzige Überlebende verlässt das Nest, um bis zu fünf Hochzeitsflüge zu absolvieren. Sie sucht Drohnensammelplätze auf, die nur der Paarung dienen und sich in einer Entfernung von bis zu mehreren Kilometern vom Stock befinden. Dort warten Hunderte von Drohnen. Die Königinnen paaren sich mit durchschnittlich 12 Drohnen im Flug; die Drohnen sterben kurz danach, denn die explosive Ejakulation zerreißt die ausgestülpten Genitalien. Die befruchtete Königin kehrt zu ihrem heimatlichen Stock zurück und beginnt bald darauf, Eier zu legen. Sie wird den Stock nicht verlassen, bis im Jahr darauf eine neue Königin großgezogen wird; in diesem Fall verlässt die alte Königin das Nest mit einem großen Schwarm Arbeitsbienen und sucht sich eine neue Bleibe.

Im Gegensatz zur Königin leben die unfruchtbaren Arbeitsbienen nur einige Wochen, während derer sie eine Reihe spezialisierter Arbeiten übernehmen: Unter anderem reinigen sie die Wachszellen (sogar schon in den ersten Tagen nach dem Schlüpfen), kümmern sich um die Brut und die Königin (vom 3. bis zum 20. Tag), bauen Wachszellen (vom 7. bis zum 20. Tag), bewachen das Flugloch (ungefähr ab der dritten Woche) und sammeln Nektar, Pollen, Wasser und Harz (ab der zweiten und dritten Woche). Arbeitsbienen haben jedoch niemals Sex.

Es gibt auch spektakuläre Unterschiede im Sinnesapparat. Arbeiterinnen haben 60 Prozent mehr Facetten in ihren Augen und 70 Prozent mehr Riechsensoren auf ihren Fühlern. Maurice Maeterlinck (dessen vor 100 Jahren entstandene Schriften wir bereits in Kapitel 1 und 8 kennengelernt haben) schrieb über den „engeren Hirnschädel" der Königin. Die zahlreichen Unterschiede in Lebensspanne, Spezialisierung, Verhalten, Sinnesphysiologie und Hirnanatomie der Königinnen der sozialen Insekten und der Arbeiterinnen – die ausschließlich ein Ergebnis der unterschiedlichen Fütterung während des Larvenstadiums sind – sind eines der spektakulärsten Beispiele, wie in der Natur das Schicksal eines Individuums von Umweltbedingungen beeinflusst wird.

Der Wechsel von einer spezialisierten Aufgabe zu einer anderen innerhalb der Lebensspanne eines Insekts bildet sich auch in der

Hirnanatomie ab. Der Übergang von Pflichten innerhalb des Stockes zum Blütenbesuch führt bei Arbeiterinnen zu einer drastischen Vergrößerung des Pilzkörpers (um 15–20 Prozent), wahrscheinlich weil sie große Mengen an Informationen über die Futterstellen und die Merkmale von ertragreichen Blumen speichern müssen. Doch diese Vergrößerung passiert zum Teil schon kurz bevor die Bienen das Alter erreichen, in dem sie den Stock verlassen und Honig sammeln. Das lässt darauf schließen, dass die angeborenen Entwicklungsprogramme das Hirn auf Flüge vorbereiten, indem sie die Speicherkapazität erhöhen.

Arbeitsteilung als Ergebnis individueller Unterschiede in der Empfindlichkeit der Sinne

Das hervorragende Funktionieren von Ameisen-, Bienen- und Termitenstaaten wurde oft ihrer Arbeitsteilung und Spezialisierung und der sich daraus ergebenden Effizienz der Kolonie zugeschrieben. Die einzelnen Individuen in Insektenkolonien sind tatsächlich oft hoch spezialisiert, widmen sich zum Beispiel ausschließlich der Verteidigung der Kolonie oder der Aufzucht der Larven, der Beseitigung von Abfall oder sie sammeln nur bestimmte Rohstoffe und keine anderen.

Mit Ausnahme besonders strenger Kasten wie jener der eierlegenden Königinnen oder der Termitensoldaten unterscheiden sich die Spezialisten oft nicht in ihrer Morphologie; sie können im Prinzip alle möglichen Aufgaben übernehmen. Obwohl die Spezialisten unter den sozialen Insekten mitunter über längere Zeit hinweg immer dieselbe Routine ausführen, die so monoton wie Fließbandarbeit ist, können sie im Fall des Falles auch andere Aufgaben übernehmen. Wenn etwa mehr „Hände" für die Verteidigung der Kolonie oder die Nahrungssuche gebraucht werden, geben Individuen sofort ihre augenblicklichen Tätigkeiten auf und übernehmen die dringenderen. Zu Beginn des 19. Jahrhunderts hatte der Schweizer Naturforscher François Huber (siehe Kapitel 4) die bahnbrechende Idee, dass dies nur aufgrund von Selbstorganisation passierte und kein mächtiger Entscheidungsträger den Bienen ihre Aufgaben zuwies.

Huber untersuchte auch die Klimakontrolle im Bienenstock und vor allem, wie Bienen für Luftaustausch sorgten, um nicht zu ersticken. Er stellte fest, dass bei sinkendem Sauerstoffniveau immer mehr Bienen stillstanden und mit ihren Flügeln fächelten – wenn die Luft extrem stickig war, fächelten *alle* Arbeitsbienen. Unter normalen Bedingungen legte nur eine Minderheit der Arbeiterinnen Fächelverhalten an den Tag, sie waren strategisch über den Bienenstock, vom Eingang ins Innere, verteilt, und offenbar gab es keine Kommunikation zwischen den Arbeiterinnen. Huber vermutete, dass einzelne Honigbienen unterschiedlich sensibel auf schädliche Gerüche reagierten und dass die sensibelsten als Erste zu fächeln begannen. Wenn sich die Bedingungen weiter verschlechterten, wurde die Toleranzschwelle anderer Individuen erreicht und sie begannen ebenfalls zu fächeln. Auf diese Weise war dafür gesorgt, dass sich an allen Stellen des Bienenstocks dezentralisiert Arbeiterinnen befanden, die den Job des Fächelns übernahmen. Huber konnte seine elegante These nicht überprüfen, da es damals keine Möglichkeiten gab, einzelne Bienen zu markieren. Mittlerweile gibt es genug experimentelle Beweise dafür, dass die Flexibilität, mit der Bienenkolonien auf dringend zu erledigende Aufgaben reagieren, zumindest teilweise der Tatsache zu verdanken ist, dass einzelne Individuen unterschiedlich auf die jeweiligen Reize reagieren.

Zur Beschreibung dieser Form der dezentralisierten Arbeitszuteilung hat die amerikanische Insektenforscherin Jennifer Fewell das Bild eines Mehrpersonenhaushalts geprägt, in dem immer derselbe Pechvogel den Abwasch erledigen muss. Warum? Weil jede Person unterschiedlich auf den Reiz des ständig größer werdenden Stapels in der Spüle reagiert. Die Person mit der größten Empfindlichkeit wird die Aufgabe als Erste übernehmen – was den Reiz beseitigt, weshalb die Reizschwelle der Person mit der nächsthohen Empfindlichkeit nie erreicht wird. Wenn allerdings die „auf den Abwasch spezialisierte" Person in Urlaub geht, wird der Stapel etwas höher werden, bevor die Person mit dem nächsthohen Bedürfnis nach

Sauberkeit auf den Plan tritt. Der Job kann jedenfalls ohne zentrale Organisation erledigt werden und auch ohne kollektive Formulierung des Bedarfs. Die Spezialisierung wird jedoch auch von Erfahrung beeinflusst: Die Person, deren Reizschwelle als Erste erreicht wird, hat bald die größte Erfahrung und erledigt den Job am besten, was wiederum Unterschiede in der Spezialisierung zementiert – so funktioniert es auch in Insektenkolonien.

Diese unterschiedlichen Sinnesschwellen wurden erstmals von Karl von Frisch experimentell belegt. In seinen 155-Seiten-Werk über den Geschmackssinn der Biene gibt es ein zweiseitiges Kapitel mit dem Titel „Individualität". Von Frisch testete, wie bereitwillig Bienen Zuckerlösungen in geringer Konzentration oder solche akzeptierten, die mit unangenehmen Stoffen wie Salzsäure versetzt worden waren. Er beobachtete einzelne Bienen bis zu 24 Tage lang und stellte fest, dass manche Bienen sehr wählerisch bezüglich der Minimalkonzentration der Zuckerlösung waren, die sie gerade noch akzeptierten. Andere wiederum reagierten sehr empfindlich auf saure oder bittere Substanzen. Eine einzelne Biene schien auf alle Geschmackstoffe, die von Frisch ausprobierte, besonders empfindlich zu reagieren. Später hat der amerikanische Entomologe Robert Page herausgefunden, dass unterschiedliche Empfindlichkeiten für Zucker sich schon im Alter von nur wenigen Stunden äußern und dass auf diese Weise festgelegt wird, ob die Biene einige Wochen später ein Pollen- oder ein Nektarsammler wird.

Individuelle Unterschiede bei Körpergröße, Sinnessystem und Arbeitsspezialisierung

Im Gegensatz zu den Honigbienen, bei denen die Arbeiterinnen alle ungefähr dieselbe Größe erreichen, kann bei Hummeln die Größe der Arbeitsbienen um den Faktor 10 und mehr variieren – die kleinste Hummel ist so groß wie eine Hausfliege, die größte nahezu wie eine Königin. Bienen (inklusive Hummeln) wachsen nach dem Schlüpfen aus der Puppe nicht mehr, deshalb hat die Größe einer

Hummel, die man in einer Kolonie oder auf einer Blume sieht, nichts mit ihrem Alter zu tun. Dieser Unterschied hängt vielmehr von der Menge an Nahrung ab, die sie im Larvenstadium erhalten hat. Bienen, also auch Hummeln, wachsen nur als Larven, wenn sie als hilflose, beinlose Wesen in der Brutzelle sitzen.

Bei erwachsenen Hummeln gibt es keine der Körpergröße entsprechende strikte Arbeitsteilung, doch tendenziell erledigen die kleinsten Arbeiterinnen eher Pflichten im Nest wie Wabenbau und Brutpflege, während große Arbeiterinnen eher das Nest verlassen und Blumen besuchen. Mein Doktorand Johannes Spaethe hat in enger Zusammenarbeit mit der Doktorandin Anja Weidenmüller herausgefunden, dass dies durchaus Sinn macht, denn die größeren Arbeiterinnen der Erdhummel sind auch die effizientesten. Doch ihre Leistung beim Fliegen und Manipulieren von Blumen wird nicht nur durch Körperkraft optimiert, sie besitzen auch einen überlegenen Sinnesapparat.

Johannes Spaethe entdeckte, dass größere Arbeiterinnen nicht einfach größere Augen haben, sondern dass ihre Augen auch größere Facetten (größere Linsen) aufweisen, weshalb sie empfindlicher auf Licht reagieren und auch in der Dämmerung sammeln können – zum Beispiel früh am Morgen vor Sonnenaufgang, wenn andere Bestäuber noch im Tiefschlaf liegen. Mithilfe einer raffinierten Methode, Lichtstrahlen durch den optischen Apparat der Bienen zu leiten, fand Johannes Spaethe heraus, dass größere Hummeln auch den Vorteil haben, Bilder in höherer Auflösung zu sehen – sie sehen mehrere „Pixel" (größere Arbeiterinnen haben mehr als 4000 Ommatidien, kleine weniger als 3000), und die Pixel sind kleiner als die der kleinen Arbeiterinnen, die ziemlich verschwommen sehen. Das erlaubt großen Arbeiterinnen, kleinere Blumen aus größerer Entfernung zu entdecken. Da größere Hummeln größere Augen mit höherer Auflösung haben, geht eine Zunahme der Körpergröße um 33 Prozent mit einer doppelten Präzision bei der Entdeckung von Blumen einher (Abb. 10.3).

Außerdem wies Johannes Spaethe nach, dass größere Arbeiterinnen auch einen besseren Geruchssinn haben: Ihre Fühler sind

Abb. 10.3. Größere Hummeln haben größere Augen mit höherer Lichtempfindlichkeit und Auflösung. Elektronenmikroskopische Aufnahme des Facettenauges einer kleinen (**links**) und einer großen (**rechts**) Hummelarbeiterin (*Bombus terrestris*). Die kleinen Bilder zeigen die Größenunterschiede der Facetten im mittleren Teil des jeweiligen Auges. Größere Arbeiterinnen haben größere Augen mit höherer Lichtempfindlichkeit und höherer Auflösung, was ihre Fähigkeit, Blumen aus der Distanz zu entdecken, erhöht. Einfache Maßstabsskala 50 µm, doppelte Skala 500 µm, sowohl für das linke als auch das rechte Bild.

dichter mit einer größeren Anzahl von Geruchssensoren besetzt. Die kleinsten Arbeiterinnen besitzen ca. 700 Porenplatten (die häufigste Form dieser Sensoren), die größten ca. 3.500, ihre Dichte reicht von ca. 2.400/mm^2 bis zu 3.200/mm^2, was bedeutet, dass größere Arbeiterinnen Blumengerüche aus wesentlich größeren Entfernungen wahrnehmen können. Anders gesagt, der (zumindest teilweise dem Zufall zu verdankende) Umstand, dass manche Larven besseren Zugang zu Nahrung haben, führt zu eindeutigen Unterschieden bei der Wahrnehmung des adulten Tiers und bestimmt auch dessen spätere Arbeitsspezialisierung.

Spezialisierung als Ergebnis von Erfahrung

Wie in menschlichen Gesellschaften ist auch bei sozialen Bienen die Wahl eines „Berufs“ oder der erfolgreichen Spezialisierung auf eine Aufgabe nur zum Teil das Ergebnis von angeborenen Anlagen, die von Sinnesschwellen, „Talent“ oder einer angeborenen Tendenz, sich in einem Job zu engagieren, bestimmt werden. Eine derartige Wahl ist auch das Ergebnis von Erfahrungen, die man bei der Perfektionierung von Fähigkeiten gemacht hat. Es gibt zahlreiche Hinweise, dass fast bei allen Aufgaben, die soziale Insekten ausführen, Lernen eine Rolle spielt – auch beim Erkennen von unterschiedlichen Arten von Nahrung und der Bearbeitung von Blumen (siehe Kapitel 7) und sogar bei scheinbar instinktiven Tätigkeiten wie Nestbau (Kapitel 4). Einen direkten Beweis, dass früher Erfolg bei einer Tätigkeit in gewisser Weise über die spätere „Berufswahl" einer Arbeiterin entscheidet, liefern die Räuberameisen (die fremde Ameisennester angreifen und deren Brut fressen).

Die Arbeiterinnen der *Ooceraea biroi*-Art sind klonal – genetisch identisch –, weshalb Unterschiede bei der Arbeitsspezialisierung das Ergebnis von Umweltfaktoren sein müssen. In einer experimentellen Studie suchten ursprünglich unerfahrene Ameisen immer wieder ihre Umwelt nach Futter ab – die Forscher hatten allerdings dafür gesorgt, dass einige von ihnen keines fanden. Diese Ameisen verringerten allmählich ihre Bemühungen, und schließlich blieben sie im Nest und wurden spezialisierte Brutpfleger, während ihre erfolgreicheren (genetisch identischen) Verwandten weiterhin die Welt außerhalb des Nests absuchten. In diesem Fall sorgt die Erfahrung von Erfolg oder Misserfolg für die Spezialisierung.

Deshalb ist die Spezialisierung sowohl bei Menschen als auch bei Insekten mitunter das Ergebnis von Selbsteinschätzung – ob man bei einer bestimmten Aufgabe gut ist oder nicht. Im Gegensatz zur Menschenwelt gibt es allerdings kein Feedback von anderen: Keine Biene sagt zur anderen: „Hey Jane, beim Nektarsammeln bist du eine totale Niete!" Bei Bienen haben wir allerdings noch keinen direkten Nachweis, dass Erfolg bei einer bestimmten Aufgabe die Entscheidung beeinflusst, welchen Job das Individuum längerfristig in der Kolonie übernimmt, doch die Ameisenstudie legt nahe, dass man diese Möglichkeit genauer prüfen sollte.

Individuell unterschiedliche Sammelrouten

1994 begann ich als Postdoctoral Fellow an der State Universität of New York in Stony Brook zu arbeiten. Mein Mentor James Thomson hatte lange Zeit markierte Hummeln beim Besuch von Wildblumen beobachtet, große Unterschiede in ihrem Sammelverhalten festgestellt und ermutigte mich deshalb, die individuellen Unterschiede im Verhalten von Bienen weiter zu erforschen. Wir interessierten uns beide für die Routen, die Hummeln anlegten – auf denen sie in einer mehr oder weniger gleichbleibenden Reihenfolge (siehe Kapitel 6) eine Reihe von Blumen (oder Blumenpatches) besuchten. Wenn unterschiedliche Hummeln auf sich allein gestellt bei gleichbleibenden Bedingungen solche Routen festlegen und abfliegen, löst jedes Tier die Aufgabe auf ihre eigene Art und Weise, keine Hummel weist dasselbe Verhaltensmuster auf wie eine andere (Abb. 10.4).

Später erforschte mein Team derartige individuelle „Handschriften" in freier Natur; wir verfolgten einzelne blütenbesuchende Hummeln während ihres ganzen Lebens per Radar, angefangen von ihrem Jungfernflug bis zur Entdeckung und Ausbeutung von Blumenressourcen und schließlich ihrem Tod. In Kapitel 6 habe ich bereits ein Individuum beschrieben, das nach zwei Erkundungsflügen in seinem ganzen Leben nur zwei Futterplätze aufsuchte. Doch aufgrund von Aufzeichnungen wissen wir, dass nicht alle Individuen speziellen Futterplätzen treu sind. Eine per Radar verfolgte Hummel beschränkte sich während ihres ganzen Lebens nie auf eine Futterquelle; fast alle ihre Flüge waren Erkundungsflüge, wobei relativ wenig Zeit für die Ausbeutung der Ressourcen blieb – obwohl jede Menge Futterquellen verfügbar waren, die von anderen Hummeln immer wieder aufgesucht wurden. Wahrscheinlich hat diese Hummel nicht sehr zum Auffüllen der Vorratskammer im Nest beigetragen, doch derart unerschrockene Erforscher können durchaus irgendwann einmal auf eine Ressource stoßen, die so üppig ist, dass ihre Ausbeutung lange Zeit für gefüllte Vorratskammern sorgt. Diese äußerst individuellen Sammelmuster sind vielleicht zum Teil das Ergebnis von zufälligen (stochastischen) Prozessen, zum Beispiel ob und in welcher Reihenfolge die Hummeln oder Bienen auf ihren Erkundungsflügen ergiebige Blumenpatches entdecken.

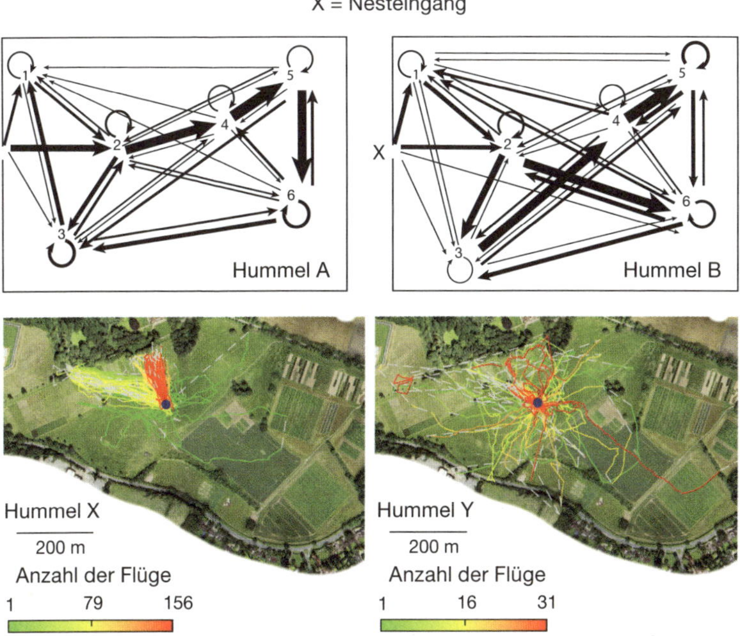

Abb. 10.4. Individualität bei Sammelstrategien von Hummeln in einer künstlichen Flugarena (oben) und in freier Natur (unten). Oben: Ein Beispiel für Routen, die Hummeln anlegen, wenn sie bei sechs künstlichen Blumen Nektar sammeln (deren Lage mit 1–6 bezeichnet ist). Die Umrisse der Flugarena (105×75 cm) sind mit einem dünnen Rechteck gekennzeichnet. Die Dicke der Pfeile entspricht der Frequenz, mit der jede Route bei 40 Sammelflügen genommen wurde. Kreisförmige Pfeile: Fälle, bei denen eine Hummel eine Blume kurz hintereinander zweimal besucht. Obwohl beide Hummeln dieselbe Sammelsituation vorfanden, hatten sie bei der Abfolge hoch individualisierte Vorlieben: Hummel A neigte z. B. dazu, vom Flugloch geradeaus zu fliegen, und bog dann kurz vor der Wand nach rechts ab. Hummel B favorisierte Routen von Blume 3 zu 4 und von 2 zu 6, die von Hummel A kaum genommen wurden. **Unten:** Bahnen der Flüge, die zwei Hummeln während ihres ganzen Leben in freier Natur im selben Sommer unternommen haben. Blauer Kreis: Position des Nests. Frühe Flüge beider Hummeln sind grün angezeigt, spätere gelb, und die letzten Flüge der Hummeln sind rot markiert.

Individualität im Geschwindigkeits-Genauigkeits-Abgleich

Bei Insekten hat man früher als bei anderen nicht menschlichen Lebewesen individuelle Variationen beim typischen Geschwindigkeits-Genauigkeits-Abgleich beschrieben (siehe auch Kapitel 7). Schon Charles Turner hatte 1913 beobachtet, dass bei Küchenschaben, die man darauf trainiert hatte, sich in Labyrinthen zu bewegen, jüngere Individuen schneller waren und mehr Fehler begingen, während ältere Individuen langsamer waren und weniger Fehler machten. Allgemein gesagt, kann man bei jeder schwierigen Aufgabe (wie zum Beispiel dem Unterscheiden ähnlicher Farben, Muster oder Zahlen) das Hauptaugenmerk auf Genauigkeit legen, die jedoch eine längere Prüfung erfordert, oder auf Geschwindigkeit, unter der wiederum die Genauigkeit leidet. Bei Hummeln fanden wir in Hinblick auf das

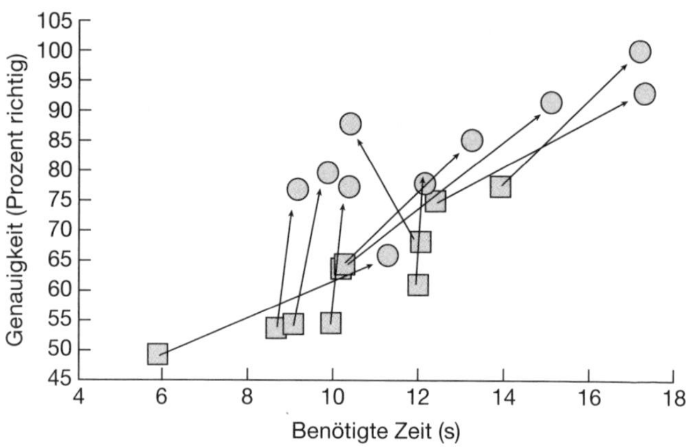

Abb. 10.5. Hummeln können sich sorgfältig oder schnell entscheiden, aber nicht beides gleichzeitig. Interindividuelle Korrelation zwischen Reaktionszeit und Genauigkeit bei der Unterscheidung zweier ähnlicher Blumenfarben. Jedes Symbol bezeichnet die durchschnittliche Leistung einer einzelnen Hummel unter einer von zwei experimentellen Bedingungen. Wenn die Ziele mit Zuckerlösung belohnt wurden und alternative Farben keine Belohnung enthielten, sondern klares Wasser (Vierecke), trafen die Hummeln, die sich mehr Zeit nahmen, die genauere Entscheidung. Wenn die Wahl der alternativen Farben mit einer bitteren Chininlösung bestraft wurde (Kreise), erhöhten alle Tiere ihre Genauigkeit. Pfeile verbinden die durchschnittlichen Werte einzelner Hummeln unter beiden unterschiedlichen experimentellen Bedingungen.

Alter keine Unterschiede, sehr wohl jedoch bei den Lösungsansätzen unterschiedlicher Individuen: Manche waren immer schnell und schlampig, während andere sorgfältig und langsam vorgingen und sich ihre Entscheidungen genau überlegten. Da Individuen mit unterschiedlichen Vorlieben für entweder Schnelligkeit oder Genauigkeit unter unterschiedlichen Umweltbedingungen besser oder schlechter zurechtkommen, profitiert die Kolonie als Ganze vermutlich von Individuen mit einer großen Bandbreite an unterschiedlichen Strategien.

Derartige Geschwindigkeits-Genauigkeits-Abgleiche hat man bei Bienen nicht nur beim Erkennen von Blumenfarben beobachtet, sondern auch bei der Entdeckung von Feinden. Doch stets setzen unterschiedliche Individuen entweder auf Geschwindigkeit oder auf Genauigkeit. Eine derartige Vielfalt bei den Arbeiterinnen kommt der ganzen Kolonie zugute (Abb. 10.5).

Individuelle Intelligenzunterschiede

Bei Lernexperimenten mit Bienen gibt es immer ein oder zwei „Genies“, die ein Problem schneller als andere oder auf eine besonders effiziente Weise lösen oder den Forscher mit unkonventionellen Lösungen überraschen. Bei einem Experiment, bei dem wir die Sammeleffizienz von Hummeln in freier Natur maßen (siehe unten „Wie Hummeln mithilfe von Intelligenz Fitnessvorteile erzielen“), wogen wir jede Hummel bei ihrem Abflug vom Nest und dann wieder bei ihrer Rückkehr, sodass wir aufgrund des Gewichtsunterschieds bestimmen konnten, wie viel Nektar sie gesammelt hatte. Zu diesem Zweck mussten wir jedes Tier vor seinem Abflug aus dem Nest und dann bei der Heimkehr kurz in einen schwarzen Plastikbehälter setzen. Die meisten Hummeln wehrten sich ein wenig gegen das Einfangen; ein paar waren leicht aggressiv, doch allmählich gewöhnten sie sich daran. Ein Individuum flog allerdings immer direkt in den schwarzen Behälter hinein, sogar wenn der Forscher den Behälter in einer Entfernung von mehreren Metern vom Stock über seinem Kopf hielt. Diese Hummel hielt den Behälter offensichtlich für ein

„öffentliches Verkehrsmittel“ und erwartete, darin zum Nest zurücktransportiert zu werden. Die Individuen mit dem größten Einfallsreichtum bei Problemlösungen sind typischerweise auch die mit der größten Bandbreite an Verhaltensweisen, sie wirken neugieriger und zeigen mehr „Forschergeist“. Intelligenz ist immer mit einer großen Variabilität an Verhaltensweisen verbunden. Der deutsche Neurowissenschaftler Björn Brembs hat überzeugend dargelegt, dass ein fixes, unveränderliches Verhalten der sichere Weg zum Aussterben ist. Wenn sich zum Beispiel eine Tierart bei Begegnungen mit einem Raubtier auf völlig vorhersehbare Weise verhält, wird das Raubtier es herausfinden, und das bedeutet das „Aus“ für das Beutetier. Ein – wenn auch nicht unbegrenztes – neuronales Rauschen bedeutet, dass Verhalten immer eine gewisse Variabilität aufweist. Individuen mit einer größeren Variabilität von Verhaltensweisen können auf unterschiedliche Weise an ein Problem herangehen und sind somit effizientere Problemlöser.

Dies zeigte sich ganz deutlich bei unseren Experimenten mit Hummeln, bei denen diese an einer Schnur ziehen mussten, um Zugang zu einer künstlichen Blume unter einer Plexiglasscheibe zu erhalten (siehe Kapitel 8, Abb. 8.3). Der Großteil der einzelnen Hummeln (mehr als 100 in diesem Fall) brauchte entweder Schritt-für-Schritt-Training oder musste andere Hummeln beobachten, bevor sie das Problem selbst lösen konnten. Zwei Individuen allerdings konnten die Aufgabe spontan lösen, und auf unseren Videoaufzeichnungen war deutlich zu sehen, dass dies zwei Individuen mit ausgeprägtem „Forschergeist“ waren, die unablässig versuchten, aus verschiedenen Positionen unter die Plexiglasscheibe zu kriechen, dabei unterschiedliche Körperhaltungen einnahmen, bis sie endlich mit den Füßen die Schnur erreichten und die Blume bewegten, was sie wiederum dazu bewegte, die Methode weiter auszufeilen.

Bei anderen Experimenten, die von den jeweiligen Subjekten keine spezifische innovative Herangehensweise oder Erkenntnis erforderten, waren die Unterschiede zwischen den Individuen eher graduell – quantitativ und nicht qualitativ. Bei solchen Tests kann man der Leistung der Individuen „Noten“ geben, womit man zum Beispiel die Lerngeschwindigkeit bei ein und derselben Aufgabe (wie zum Beispiel dem Lernen, dass eine Blumenart ertragreich ist und eine andere nicht) quantifiziert und vergleicht. Wenn man den Lernfortschritt jeder einzelnen Biene (oder Hummel) über längere Zeit beobachtet und misst, wie sie sich mit der Erfahrung verbessert, kann man das Lernverhalten der Tiere mit mathematischen Kurven veranschaulichen (Kapitel 7, Abb. 7.2). Auf diese Weise kann man die Steilheit der jeweiligen Lernkurve streng quantifizieren. Wenn Menschen im Alltagsleben von einer „steilen Lernkurve" sprechen, meinen sie normalerweise, dass eine bestimmte Aufgabe sehr schwierig ist. Doch eigentlich ist genau das Gegenteil der Fall. Eine steile Lernkurve bedeutet eine schnelle Leistungssteigerung – die Aufgabe ist entweder einfach oder das Subjekt ist äußerst schlau –, während eine flache Kurve bedeutet, dass sich die Leistung nur schrittweise verbessert – was bedeutet, dass entweder die Aufgabe sehr schwer ist oder das Individuum keine großen Lernfähigkeiten besitzt.

Derartige Tests beweisen, dass es große Unterschiede bei den Lernleistungen einzelner Individuen gibt (Abb. 10.6). Außerdem sind Individuen, die bei einer bestimmten Aufgabe herausragen,

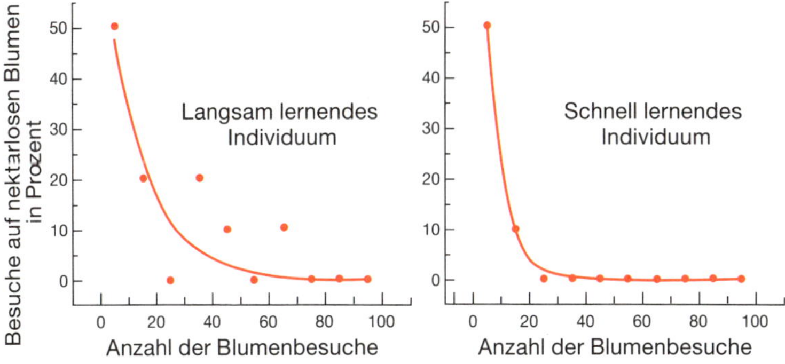

Abb. 10.6. Die Lernleistung zweier Hummeln kann sehr unterschiedlich sein. Bei diesem Experiment mussten Hummeln lernen, dass künstliche gelbe Blumen ertragreich sind und blaue nicht. Beide Tiere besuchten anfänglich ertragreiche und belohnungslose Blumen zu gleichen Teilen. Mit zunehmender Erfahrung reduzierten beide Hummeln die Besuche auf nicht ertragreichen Blumen auf null, allerdings unterschiedlich schnell.

etwa die Farbe von ertragreichen Blumen zu lernen, auch besser darin, visuelle Muster oder Blumengerüche zu erkennen. Die Beobachtung, dass Individuen, die bei einer Art von kognitiver Aufgabe herausragen, auch bei anderen gut sind, wurde natürlich auch bei Menschen gemacht, weshalb manche Psychologen glauben, dass ein einzelner Faktor für Fähigkeiten bei einer großen Bandbreite von Aufgaben sorgt. Das wird für gewöhnlich als *domain-general-learning* bezeichnet, und die Korrelation von Fähigkeiten bei unterschiedlichen Aufgaben als Faktor G (*general intelligence* – allgemeine Intelligenz) dargestellt. Derartige Zusammenhänge wurden bereits bei vielen Tieren, jedoch noch nicht bei Bienen erforscht.

Oskar Vogt: Von Hummeln zu Lenins Hirn

Wenn es Unterschiede in der Psyche und Intelligenz von Individuen gibt, müssen sich diese in irgendeiner Form in Unterschieden in der Hirnstruktur widerspiegeln – nicht unbedingt in der Makrostruktur, sondern bei den internen Verschaltungen. Die Frage, wie sehr die Intelligenz eines Individuums von Unterschieden in der Hirnstruktur abhängt, hat Wissenschaftler über ein Jahrhundert beschäftigt, natürlich hauptsächlich im Bereich der menschlichen Intelligenz. Doch nur die wenigsten wissen, dass ein Pionier der Gehirnforschung, Oskar Vogt (1870–1959), sich in seiner Kindheit von Beobachtungen an Hummeln dazu inspirieren ließ, die Unterschiede in menschlichen Gehirnen zu untersuchen. Schon im Gymnasium war ihm aufgefallen, dass Individuen ein und derselben Hummelart unterschiedliche Pelzfärbungen aufweisen, und da er Darwins Lehren über Variabilität und Selektion kannte, vermutete er, dass derartige Unterschiede in Bezug auf die Evolution wichtig seien, egal ob es sich dabei um die Färbung des Hummelkleids oder um das menschliche Gehirn handelte.

Vogt war ein international bekannter deutscher Neurowissenschaftler, und sein Interesse für die individuellen Unterschiede der menschlichen Hirnanatomie brachte ihn dazu, nach neuroanatomischen Entsprechungen des „Genies“ zu suchen. Aufgrund seines Renommees wurde er 1924 nach Moskau eingeladen, um Lenins Hirn zu untersuchen, nachdem der Sowjetführer an einem Schlaganfall gestorben war. Vogt fertigte 30.000 Schnitte von Lenins Hirn an, und da er in bestimmten Schichten der Hirnrinde besonders große Pyramidenzellen fand, bezeichnete er ihn als „Assoziationsathleten“. Mit diesem sehr positiven Urteil wollte er zweifellos die Sowjets, die sein Projekt finanziert hatten, zufriedenstellen. Es entspricht nicht der ansonsten streng wissenschaftlichen Pionierarbeit Oskar Vogts und seiner Frau Cécile Vogt-Mugnier (1875–1962), die für ihre bahnbrechenden Erkenntnisse beim Verständnis der Gehirnarchitektur 13-mal gemeinsam für den Nobelpreis nominiert wurden.

Sie erhielten den Preis nie, und aufgrund ihrer wissenschaftlichen Verbindungen zur Sowjetunion, ihrer linksgerichteten politischen Ideen und Sympathie für jüdische Wissenschaftler wurden sie von den Nazis nach der „Machtergreifung 1933“ ins Visier genommen. Nachdem die SA mehrere brutale Razzien in seinen Labors und seiner Wohnung durchgeführt hatte, erhielt Oskar Vogt 1935 einen persönlichen Brief von Adolf Hitler, in dem ihm seine Pensionierung mitgeteilt wurde. Vogt wurde gezwungen, die Leitung des weltberühmten Kaiser-Wilhelm-Instituts für Hirnforschung abzugeben, dessen Mitgründer er gewesen war. Sein Nachfolger war Hugo Spatz, ein Nazi, der seine Hirnforschung an Opfern des NS-Euthanasieprogramms durchführte.

Individuelle Unterschiede in Hirnstruktur und Intelligenz

Das Ehepaar Vogt zog daraufhin in den Schwarzwald und arbeitete auf privater Basis weiter. Die beiden publizierten nach wie vor über die Beziehung zwischen Variationen des menschlichen Gehirns und leichter beobachtbaren erblichen Variationen bei Tieren, auch Hummeln. Leider kamen sie nie auf die Idee, den Kreis zu schließen – und Insekten als leichter zu erforschendes Modell zu verwenden, um die neuronalen Grundlagen individueller Intelligenz zu finden, wie sie es auch bei Lenins Hirn versucht hatten. Also stellte sich mein Team die Aufgabe, zu erforschen, ob die individuellen Variationen in der Geschwindigkeit des Farbenlernens bei Bienen mithilfe von Unterschieden in der Hirnstruktur erklärt werden können.

Die Fähigkeit, Farben zu lernen, wirkt sich auf den Sammelerfolg in freier Natur aus und steht auch in Zusammenhang mit anderen Lernparametern. Doch die Größe der Nervenzellen, die Vogt bei Lenins Hirn gemessen hatte, sagt wenig über die Fähigkeit des assoziativen Lernens aus, die von Veränderungen der Synapsen, der Verbindungen zwischen den Nervenzellen, abhängt. Wie bereits in Kapitel 9 beschrieben, ist der Pilzkörper das wichtigste Assoziationszentrum im Insektengehirn. Viele Axone aus den Sehzentren (den optischen Loben) endigen im Pilzkörper, wo sie Verbindungen mit den intrinsischen Zellen des Pilzkörpers, den Kenyon-Zellen, eingehen. In manchen Eingangsregionen des Pilzkörpers (der sogenannten „Kragenregion"), wo visuelle Informationen verwertet werden, endigen auch die Bahnen der Belohnungszellen, die feuern, wenn die Mundwerkzeuge eine süße Belohnung wahrnehmen. Die Komplexe von synaptischen Verbindungen zwischen den Sinnesinformationen (visuelle Informationen und Belohnungssignale) und den Kenyon-Zellen werden als Microglomeruli bezeichnet (Abb. 10.7). Diese Verbindungen sind plastisch – das bedeutet, dass sowohl ihre Anzahl als auch die Stärke ihrer Verbindung durch Lernen verändert werden kann, wenn visuelle Informationen mit Belohnungen einhergehen. Deshalb kann man zu Recht annehmen, dass einzelne Bienen (auch Hummeln) mit einer größeren Dichte an Microglomeruli im Hals der Pilzkörper bessere Lernerfolge erzielen, da sie eine größere Anzahl von Synapsen besitzen, die durch Lernen gestärkt werden können.

Tatsächlich wurde diese Annahme bestätigt, als wir mit speziellen Mikroskopen einen tiefen Blick in das Hirn der Hummeln warfen: Tiere mit einer großen Dichte an Microglomeruli lernten nicht nur schneller, sondern hatten auch ein besseres Gedächtnis, sie waren – in Oskar Vogts Worten – die „Gehirnathleten" und „Assoziationsriesen" der Hummelwelt. Interessanterweise nahm die Dichte

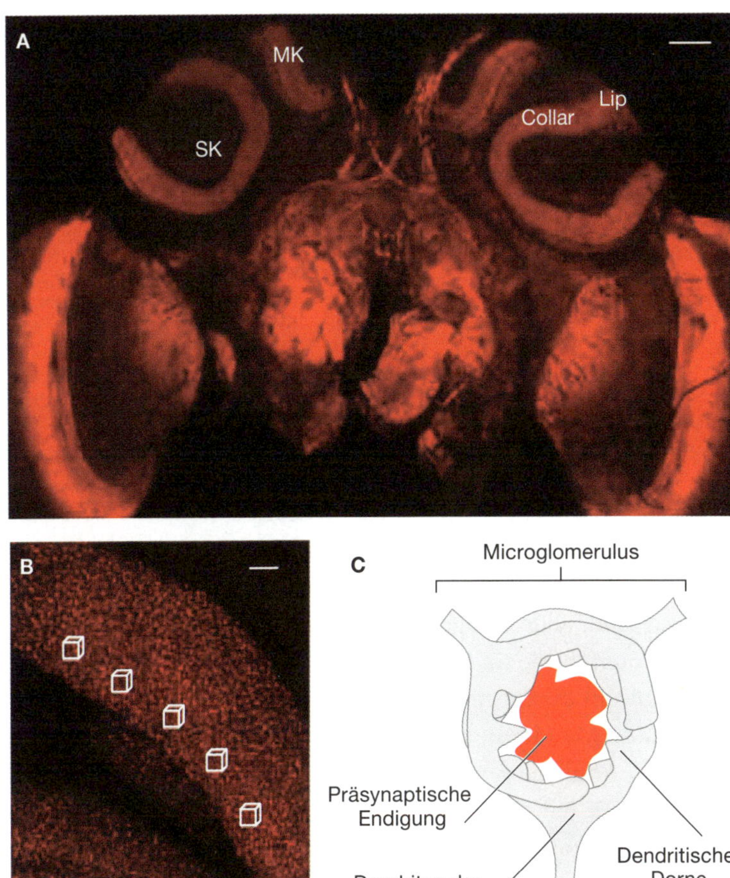

Abb. 10.7. Die Dichte der synaptischen Komplexe (Microglomeruli) im Hummelhirn bestimmt die Lernfähigkeit. A. Vorderansicht eines Hummelhirns, bei dem die Synapsen (die Verbindungspunkte zwischen Neuronen) rot eingefärbt sind (Maßstab: 150 µm; SK seitlicher Kelch, MK, mittlerer Kelch.) **B.** Kragenregion eines Pilzkörpers (Maßstab 20 µm): Einzelne Microglomeruli (Synaptische Komplexe) werden als rote Punkte dargestellt. Die weißen Würfel bezeichnen die Lage der gezählten Microglomeruli – viele solcher Microglomeruli bedeuten besseren Lernerfolg. **C.** Diagramm eines Microglomerulus, samt präsynaptischer Endigung (Ende des Axons) einer Sinnesnervenzelle (rot) und des Eingangsbereichs (Dendriten) der Kenyon-Zelle (grau).

der Microglomeruli in dieser Gehirnregion infolge von Erfahrung noch weiter zu, vor allem wenn die Hummeln lernen mussten, dass mehrere Farben mit einer Belohnung einhergingen und andere nicht. Die Individuen mit dem größten Lernerfolg sind wahrscheinlich die, die von Anfang an die meisten Microglomeruli besitzen (wodurch auch mehr Synapsen durch Erfahrung gestärkt werden) und dann mit zunehmender Erfahrung weitere Microglomeruli-Verbindungen aufbauen.

Wie Hummeln mithilfe von Intelligenz Fitnessvorteile erzielen

So wie es „persönliche" Unterschiede zwischen einzelnen Bienen gibt, gibt es auch Unterschiede zwischen ganzen Bienenstaaten. Imker wissen zum Beispiel sehr gut, dass manche Stöcke außerordentlich aggressiv sind, andere dagegen besonders gute Honigproduzenten. Solche Unterschiede sind nicht wirklich überraschend: Bienenkolonien – sowohl die der domestizierten Honigbiene als auch die von Wildbienen wie Hummeln – sind Familien, und die Verwandten weisen alle ähnliche genetische Faktoren auf, die ihr Verhalten bestimmen. Wie wir gesehen haben, können schon Individuen *innerhalb* einer Kolonie große Verhaltensunterschiede aufweisen, doch noch größer sind die Unterschiede *zwischen* den einzelnen Kolonien. Jede Kolonie hat ihre eigene „Handschrift", die sie von anderen Kolonien derselben Art unterscheidet. Das gilt für psychische Eigenschaften wie Aggression und auch für unterschiedliche Aspekte der Intelligenz wie Lerngeschwindigkeit.

In den 1980er-Jahren gelang es Christian Brandes aus Randolf Menzels Team, Honigbienenlinien zu züchten, die entweder gut oder schlecht lernende Individuen waren. Dies erreichte er einerseits durch die selektive Kreuzung der Brut von Kolonien, die schnell lernten, und andererseits durch die Kreuzung der Brut von Kolonien, die schlecht lernten. Das war ein direkter Beweis dafür, dass der Lernerfolg bei Bienen genetisch bedingt sowie vererbbar und der Selektion unterworfen ist. Und wenn die Selektion unter kontrollierten Laborbedingungen über wenige Generationen zu Veränderungen beim Lernverhalten führt, bedeutet das, dass sie auch unter viel zwingenderen Bedingungen in freier Natur funktioniert. Die natürliche Selektion duldet kein Versagen – nicht bei der Flucht vor Raubtieren oder dem Bekämpfen von Krankheiten, noch bei der schnellen Verarbeitung wichtiger Information. Eine langsame Auffassungsgabe zu haben, ist genauso ein Nachteil wie langsam zu laufen oder zu fliegen.

Somit liegt auf der Hand, dass sich Individuen mit schneller Auffassungsgabe in freier Natur besser bewähren – doch um wie viel besser? Bis in die 2000er-Jahre wussten wir so gut wie nichts darüber, wie sich der Lernerfolg in realen Umweltbedingungen in biologischen Fitnessvorteilen manifestiert. Deshalb wollten wir herausfinden, ob wir bei Bienen eine direkte Verbindung zwischen den Variationen der Lernfähigkeit und der Sammelleistung nachweisen konnten. Wir testeten eine große Anzahl einzelner Arbeiterinnen aus insgesamt zwölf Hummelkolonien bei einer Blumenfarbenerkennungsaufgabe, bei der eine Farbe mit einer süßen Belohnung einherging und eine andere nicht.

Für jede Hummel wurde unter kontrollierten Laborbedingungen eine Lernkurve (siehe Abb. 10.6) angelegt, und sobald wir genug Individuen jeder Kolonie getestet hatten, stellten wir die Kolonien ins Freie, sodass sie sich realistischen Aufgaben – im großen Flugbereich rund um das Nest passende Blumen zu lokalisieren und zu erkennen – stellen konnten. Wir wogen jede einzelne Hummel beim Abflug und bei der Rückkehr in den Stock, sodass wir genau wussten, wie lange der Flug gedauert hatte und wie viel Nektar sie gesammelt hatte.

Die Ergebnisse waren überwältigend. Die Lerngeschwindigkeiten der einzelnen Kolonien unterschieden sich um einen Faktor von fast fünf, und die Kolonien, in denen sich die meisten Individuen mit dem geringsten Lernerfolg befanden, sammelten um 40 Prozent weniger Nektar als die Kolonien mit den durchschnittlich schneller lernenden Individuen. Das lässt darauf schließen, dass eine hohe Lerngeschwindigkeit in freier Natur wesentliche Vorteile verschafft.

Doch andererseits kamen auch die Mitglieder der langsamer lernenden Kolonie nicht mit völlig leeren Händen nach Hause, was zu der Annahme berechtigt, dass die schneller lernenden Individuen nicht alle Ressourcen ausbeuteten.

Warum sind langsame Lerner nicht längst ausgestorben?

Wenn die natürliche Selektion schnelles Lernen bevorzugt, warum existieren dann überhaupt noch langsam lernende Individuen in freier Natur? Geht die schnelle Auffassungsgabe mit Nachteilen einher, was es langsamer lernenden Individuen erlaubt, über mehrere Generationen in freier Wildbahn zu überleben?

Dieser Frage haben wir uns aus vielerlei Blickwinkeln angenähert. So haben wir uns zum Beispiel gefragt, ob schnelles Lernen zu derart festen Assoziationen führt, dass der Erwerb neuer Informationen blockiert wird, etwa wenn sich vertraute Zustände ändern, zum Beispiel eine ehemals ergiebige Blumenart oder ein Patch zu sehr ausgebeutet und leer ist, oder eine ehemals wenig ergiebige Art ihre Nektarproduktion erhöht und zum Nahrungseldorado wird. Aber es stellte sich heraus, dass Individuen, die schnell lernten, auch ihre Assoziationen schnell ändern konnten. Außerdem fanden wir heraus, dass Hummeln, die gut im Farbenlernen waren, sich auch Formen und Gerüche besser merken konnten; offenbar gab es keinen Konflikt zwischen der Leistung bei unterschiedlichen Aufgaben, ganz im Gegenteil: Kluge Individuen bewährten sich bei allen Aufgaben.

Aufgrund dieser Ergebnisse blieb das Überleben langsam lernender Individuen in freier Natur nach wie vor ein großes Geheimnis. Wenn schnelles Lernen in freier Natur mit derart großen Vorteilen einhergeht und mit keinem Nachteil verbunden ist, warum gibt es dann überhaupt noch langsam lernende Individuen? Einen möglichen Hinweis lieferte eine Studie, in der schneller lernende Hummeln an weniger Tagen ihrer kurzen Lebensspanne aktiv waren als langsam lernende Individuen. Dieser Effekt war so deutlich, dass die

„dümmeren" Individuen im Laufe ihres ganzen Lebens mehr zum Sammelerfolg der Kolonie beitrugen als die klügeren. Möglicherweise ist die reduzierte Sammelaktivität der klügeren Bienen eine Folge des höheren Energieaufwands infolge schnelleren Lernens.

Es gibt also riesige Unterschiede in den Sinnessystemen, dem Verhalten und Lernverhalten einzelner Bienen wie ganzer Kolonien. Wenn man Bienen als Wesen mit einzigartigen „Persönlichkeiten" begreift, die persönliche Vorlieben, Lernfähigkeiten und Erinnerungen haben, sieht man die Notwendigkeit des Bienenschutzes aus einer ganz neuen Perspektive. 2016 starteten wir das *London Pollinator Project* – eine Initiative, die die Londoner Bevölkerung (und idealerweise auch die Bewohner anderer Städte) dazu anhalten sollte, mehr bienenfreundliche Blumen wie Echten Lavendel (*Lavandula angustifolia*), Gewöhnlichen Natterkopf (*Echium vulgare*) oder Ährigen Ehrenpreis (*Veronica spicata*) zu pflanzen. Blumen wie diese eignen sich sehr gut, wilde Bestäuber mit Nahrung zu versorgen, die aufgrund von Zersiedelung und industrialisierter Landwirtschaft immer spärlicher wird – und nicht zuletzt auch aufgrund der Vorliebe vieler Gartenbesitzer für hochgezüchtete Blumen, die zwar prächtig anzusehen, für Bienen jedoch völlig nutzlos sind.

Als symbolische Verbindung zwischen uns Wissenschaftlern und Städtern markierten wir mehr als 2000 Bienen und Hummeln dreier Arten einzeln mit zwei- und dreistelligen Nummernschildchen in verschiedenen Farben. Die Bienenstöcke und Nester wurden im Queen Mary University Campus in East London aufgestellt, und die markierten Bienen und Hummeln konnten nach Lust und Laune in Gärten, Parks und auf Balkonen in ganz London Nektar sammeln. Auf diese Weise konnten die Menschen beobachten, wie einzelne Tiere immer wieder in bestimmte Gärten zurückkehrten; markierte Sammlerinnen wurden sogar noch in einer Entfernung von bis zu acht Kilometern von ihrem Zuhause gesichtet. Die Idee hinter dem Projekt war, dass die Menschen Bienen und Hummeln als Individuen schätzen lernten, wenn sie markierte Tiere in ihren Gärten beobachteten – Individuen mit einzigartigen Biografien und Erinnerungen an spezielle Blumenpatches und mit individuellen

Vorlieben, die sich von denen anderer Artgenossinnen unterschieden. Sobald man Tiere als Individuen und nicht als anonyme Wesen sieht, baut man eine Bindung zu ihnen auf und beginnt zu verstehen, warum der Schutz bedrohter Arten so wichtig ist.

Die Ergebnisse waren ermutigend. Das Projekt hatte ein riesiges Presseecho, und auf unserer interaktiven Homepage loggten sich viele Londoner Bürger ein. Aus ihren Kommentaren ging hervor, dass sie Bienen nicht länger als Gemeingut ansahen, auf das wir als Bestäuber angewiesen sind, sondern sie als individuelle Lebewesen mit einzigartigen Lebensgeschichten wertschätzten. Viele waren traurig, wenn eine mittlerweile vertraute Biene am Ende ihres relativ kurzen Lebens nicht mehr in ihren Garten kam. Vielleicht wird die Notwendigkeit des Bienenschutzes noch deutlicher, wenn wir im nächsten Kapitel das „Innenleben" der Bienen erforschen und der Frage nachgehen, inwieweit sie ihre Umwelt spüren und subjektiv wahrnehmen – ja, ob sie eine Art Bewusstsein haben.

11

Haben Bienen ein Bewusstsein?

Die Bienenkönigin erzeugt zehntausend Individuen auf einmal … wären diese zehntausend Individuen noch tausendmal stumpfsinniger, als ich sie mir denke, so müßten sie, allein schon um fortzubestehen, sich in irgend einer Weise einrichten; … Man vereinige nur zehntausend von einer nachhaltigen Kraft in Bewegung gesetzte Automaten, die alle durch eine vollkommene Ähnlichkeit ihres Äußern und Innern und die Übereinstimmung ihrer Bewegungen ein und dasselbe zu thun gezwungen sind … und geben wir diesen Automaten das geringste Maß von Empfindung, nur so viel, als notwendig ist, um ihr Dasein zu fühlen, auf ihre eigene Erhaltung Bedacht zu nehmen, schädlichen Dingen auszuweichen, diensame zuzurichten, u.s.w., so wird das Werk nicht bloß regelmäßig, gleichmäßig, gelegen, ähnlich, gleich sein, sondern auch Ebenmaß, Festigkeit, Bequemlichkeit im höchsten Grade besitzen.

Georges-Louis Leclerc, Comte de Buffon, 1753

Machen Bienen subjektive Erfahrungen, empfinden sie Schmerz und „fühlen sie ihr Dasein"? In Kapitel 2 und 3 haben wir festgestellt, dass alle Erfahrungen subjektiv sind – Sinnesorgane senden niemals ein objektives „wahrhaftiges" Bild der Welt ans Gehirn, sondern ein Bild, das durch die Sensoren gefiltert wurde, die Tiere im Lauf der Evolution entwickelt haben, um ihre spezifischen Bedürfnisse zu stillen. Die Reflexionskurve einer Mohnblume erreicht bei elektromagnetischen Strahlungen lokale Spitzenwerte von unter 380 nm und über 600 nm (mit wenig Reflexion dazwischen), deshalb nehmen wir sie als rot war, doch eine Biene, die UV-Licht wahrnimmt, aber nahezu rotblind ist, sieht sie völlig anders. Wir können im Experiment beweisen, dass Bienen UV-Licht sehen und wir nicht. Doch wie Bienen es tatsächlich sehen – wie es sich einer Biene subjektiv darstellt – ist nicht zu erschließen. So ist es mit allen subjektiven Erfahrungen.

Deshalb müssen wir mit gesundem Menschenverstand und Wahrscheinlichkeiten arbeiten. Wenn Sie jemanden, unter Umständen einen völlig Fremden, weinen sehen, können Sie mit gutem Grund annehmen, dass er gerade etwas Trauriges erlebt oder erfahren hat (ganz sicher können Sie nie sein – er könnte es vortäuschen –, doch Sie können es mit *einer gewissen Wahrscheinlichkeit* annehmen). Als Neurowissenschaftler herausfanden, dass Ratten nachts dieselbe Hirnaktivität aufwiesen wie untertags, als sie lernten, sich in einem Labyrinth zurechtzufinden, konnten sie mit einiger Berechtigung annehmen, dass sie im Schlaf ihre Erinnerungen noch einmal „durchlebten". Ohne externe Trigger Zugang zu autobiografischen Erinnerungen zu haben, ist eine wesentliche Eigenschaft des Bewusstseins. Und was das Schmerzempfinden betrifft: Wenn ein Hund bei einer Fußverletzung zusammenzuckt und jault, hinkt und den verletzten Fuß zu schonen versucht, so gibt es wenig Zweifel, dass es sich nicht einfach um den schmerzfreien Reflex handelt, um sich aus der Gefahrenzone zu bringen, sondern dass sich die Verletzung für den Hund unangenehm *anfühlt*.

Im Folgenden werden wir untersuchen, ob auch Bienen solche Erfahrungen machen und ein Bewusstsein haben. Natürlich betreten wir dabei den Bereich der Spekulation, doch dieses Wagnis müssen wir für den Fortschritt der Wissenschaft eingehen. James Thomson, mein Mentor, als ich Postdoktorand war, kommentierte einmal die Qualitäten uneingeschränkter Spekulation mit einer Liedzeile von Jesse Winchester: „Wenn wir uns schon auf dünnem Eis bewegen, können wir genauso gut darauf tanzen." Und recht hatte er. Hätte sich John Lubbock zum Beispiel gefürchtet, sich lächerlich zu machen, als er mit dem Telefon experimentierte, um die Sprache der Ameisen zu entschlüsseln, hätte er nie die Kommunikation mithilfe von Pheromonen entdeckt (siehe Kapitel 3).

Doch gleich zu Beginn möchte ich feststellen, dass niemand behauptet, das Bewusstsein der Bienen sei so reichhaltig und vielfältig wie das menschliche. Ich stelle nicht die These auf, dass Bienen ihr Leben von der Wiege bis zur Bahre überblicken, ihre eigenen Gefühle analysieren – „Heute bin ich etwas deprimiert, ich werde wohl nicht ausfliegen, um Nektar zu sammeln" – oder dass sie überlegen, was eine andere Biene wohl denkt. Doch möglicherweise sind sie sich der Dinge und Lebewesen in ihrer Umgebung bewusst; vielleicht sind sie imstande, in die unmittelbare Zukunft zu blicken (und dementsprechend zu planen); und vielleicht haben sie gefühlsähnliche Zustände und unterscheiden auf einfache Weise zwischen „sich" und „den anderen".

Empfinden Bienen Schmerz?

Karl von Frisch war der Meinung, dass Bienen nicht nur keinen Schmerz verspürten, sondern auch keine reflexartigen Reaktionen auf Verletzungen kannten, selbst wenn man ihnen den Hinterleib abschnitt, während sie am Futterschälchen Zuckerwasser schlürften. Er begründete seine Meinung damit, dass sie keine derartige Reaktion brauchten, weil sie in einem harten Hautpanzer steckten. Wahrscheinlich ist es bequem zu glauben, dass die Versuchskaninchen im Labor unter den wissenschaftlichen Experimenten nicht leiden – doch es ist und bleibt eine Illusion.

Wenn man die Reaktion von Tieren auf schädigende Reize analysiert, muss man zwischen einfacher Nozizeption und Schmerzwahrnehmung (dazu weiter unten) unterscheiden. Nozizeption ist die Wahrnehmung starker mechanosensorischer Reize, die auf Gewebsschädigung (oder auf die Gefahr von Schädigung) hinweisen. Von Frisch sprach Bienen (und sogar allen anderen Tieren mit Exo-Skeletten) die grundlegende Fähigkeit zur Nozizeption ab. Jeder, der schon einmal gesehen, hat, wie ein Grashüpfer – oder ein Regenwurm – auf einen Angelhaken aufgespießt wird, weiß jedoch, dass das eine groteske Behauptung ist: Die Tiere wehren sich genauso heftig wie ein Mensch es unter diesen Umständen tun würde. Mittlerweile weiß man, dass viele Wirbellose (und bestimmt alle Insekten) spezialisierte Rezeptoren besitzen, mit denen sie Gewebeschäden wahrnehmen, und getrennte Nervenbahnen für Nozizeption und normale Mechanorezeption aufweisen.

Um auf schädliche Reize reagieren zu können, braucht man Nozizeptoren an der geschädigten Stelle. Eine Biene reagiert vielleicht deshalb nicht auf die Amputation ihres Hinterleibs, weil sie an der Stelle des Schnitts keine entsprechenden Rezeptoren besitzt. Dort, wo man sie nicht braucht oder wo man nichts gegen Gewebeschäden unternehmen kann, kann man sich Rezeptoren sparen. Menschen leiden mitunter selbst bei großen Tumoren kaum Schmerzen, weil manche Bereiche im Inneren unseres Körpers wenig Schmerzrezeptoren aufweisen. Vor der Erfindung moderner medizinischer Methoden kamen die Bedrohungen, auf die wir sinnvoll reagieren können, von außen, nicht aus dem Inneren des Körpers. Und die Wahrscheinlichkeit eines Angriffs auf die Taille einer Biene ist relativ gering.

Möglicherweise gibt es auch eine reduzierte Schmerzschwelle während des Fressens, vor allem wenn man bedenkt, dass die von von Frisch verwendeten Zuckerlösungen eine tausendmal größere Belohnung als eine natürliche Blume boten (als würde man als Mensch einen riesigen Lottogewinn machen). Die Entdeckung eines solchen Futtereldorados könnte die Biene durchaus in eine Art „Euphorie“ versetzen (weiter unten werden wir über Gefühlszustände sprechen, die von viel kleineren Belohnungen ausgelöst werden), die Signale außer Kraft setzt, die auf eine Schädigung hinweisen. Wenn Sie sich trotz allem noch immer sicher sind, dass eine Biene potenziell schädigende Reize nicht spürt, dann rollen Sie eine, wenn auch sanft, zwischen Daumen und Zeigefinger, und Sie werden feststellen, dass sie relativ rasch auf eine Weise reagiert, die darauf hinweist, dass sie das nicht mag (was Sie wiederum aufgrund Ihrer eigenen Schmerzempfindung spüren).

Im Gegensatz zu von Frischs Meinung ist Nozizeption überlebenswichtig (Abb. 11.1), selbst wenn man das Privileg einer natür-

Abb. 11.1. Macht diese Situation der Biene Angst? Bienen werden oft von Raubtieren angegriffen, wie hier von einer Webspinne. Nozizeption ist extrem wichtig, sowohl um eine Fluchtreaktion als auch Verteidigung (Beißen, Stechen) in Gang zu setzen. Oft, aber nicht immer, entkommen Bienen solchen Angriffen, und auf diese Weise haben sie die Chance, in Zukunft den Reizen, die mit der Bedrohung durch ein Raubtier einhergehen, auszuweichen. Neuere Untersuchungen lassen darauf schließen, dass Reize, die mit Raubtierattacken einhergehen, „angstähnliche" Zustände bei Bienen auslösen können.

lichen Rüstung (ein Exoskelett) besitzt; und deshalb verfügen die meisten Tiere, auch Insekten, über Nozizeptoren. Wie Wirbeltiere sind auch Insekten zu Wundheilung fähig, die erleichtert wird, wenn der verletzte Körperteil während der Heilung geschont wird. In Kürze werden wir sehen, dass Bienen aus schädlichen Reizen lernen und nach simulierten Raubtierattacken langfristige psychische und Verhaltensänderungen aufweisen. Doch ist es möglich, dass Nozizeption bei Bienen und anderen Insekten ohne Schmerz vor sich geht, ohne subjektiven Leidensdruck?

Schmerz ist im Gegensatz zu einfacher Nozizeption eine subjektive, unangenehme Empfindung, deren Verbindung mit Nozizeption durch Kontext, Aufmerksamkeit und frühere Erfahrungen verändert werden kann. Auch wir wissen aus Erfahrung, dass die Verbindung von Nozirezeption und Schmerz flexibel ist. Sie kommen zum

Beispiel von einer wunderbaren Sommerwanderung zurück, jemand zeigt auf Ihr Knie und sagt: „Ach, das ist aber ein hässlicher Kratzer." Der Kratzer ist Ihnen nicht einmal aufgefallen, doch jetzt, wo jemand der Wunde Aufmerksamkeit schenkt, beginnt sie zu schmerzen. Es gibt Berichte von Soldaten mit schweren Verwundungen, die den Schmerz erst wahrnahmen, als sie in Sicherheit waren. Zunächst hat das Endorphin den Schmerz unterdrückt; solange es in erster Linie wichtig ist, sich aus der Gefahrenzone zu bringen, schüttet der Körper solche Substanzen aus. Deshalb würde ein starres, reflexartiges nozizeptives System den meisten Tieren wenig nützen. Ein biologisch sinnvolles System, das es erlaubt, zu flüchten und aus ernsthaften Bedrohungen zu lernen, beinhaltet die Möglichkeit, Schmerzempfindung und Leidensdruck den Umständen anzupassen.

Die subjektive Dimension des Schmerzes

Aufgrund der subjektiven Dimension des Schmerzes ist es unmöglich, Leiden objektiv zu beurteilen, oder es an jemand anderem festzustellen. Wie bei dem oben erwähnten Beispiel, bei dem der Hund uns glaubhaft vermittelt, dass er leidet, muss eine ähnliche Beobachtung auch bei Tieren wie Insekten funktionieren, die nicht jammern, wenn sie leiden, oder eine Haltung einnehmen, die uns auf Schmerz schließen lässt. Anders als Säugetiere können Insekten Schmerz nicht mithilfe von Körpersprache zum Ausdruck bringen. Deshalb müssen wir uns mit physiologischen und psychologischen Indikatoren von Schmerz behelfen. Wie bereits gesagt, besteht ein wesentliches Kennzeichen der Schmerzwahrnehmung darin, dass sie herunterreguliert werden kann – und ob ein Tier auf unangenehme mechanosensorische Reize oder eine Verletzung den Umständen entsprechend reagieren kann, können wir natürlich messen.

Es gibt Beweise, dass Honigbienen ihre Schmerzreaktion regulieren können. Da Honig (und auch die protein- und fettreiche Brut der Bienenkolonie) enormen Nährwert hat, plündern viele Tiere – z. B. Bären, Nagetiere, Dachse und Stinktiere – Bienennester. Die natürliche Reaktion der meisten Tiere auf eine Raubtierattacke besteht darin, vor dem Raubtier (und den potenziell unangenehmen Empfindungen beim Gefressenwerden) zu flüchten, doch wenn man ein Zuhause zu verteidigen hat, ist Davonlaufen keine Option – man muss sich wehren. Honigbienen sind durch ihre Giftdrüse und ihren Stachel, mit dem sie schmerzhaftes Gift in die Haut des Feindes spritzen, gut für einen Gegenangriff gewappnet. Honigbienen stechen nicht nur, wenn sie sich von einem potenziell schädlichen Reiz (wie einem Spinnenangriff) „persönlich" bedroht fühlen, sondern auch bei einem von der ganzen Kolonie organisierten Präventivschlag, wenn zum Beispiel in der Nähe des Fluglochs eine Bedrohung (ein riesiger Schatten wie von einem Bären) auftaucht. In dieser Situation geben Wächterbienen am Eingang ein Alarmpheromon ab, ein Signal, das eine große Anzahl von Arbeiterinnen auffordert, den Eindringling anzugreifen.

Doch dieses Pheromon macht Wächterbienen nicht nur aggressiver; offenbar sorgt es auch dafür, dass sie Verletzungen nicht wahrnehmen. Das ist unter Umständen sehr wichtig für eine geglückte Verteidigung gegen einen Bären. Die angreifenden Honigbienen opfern ihr Leben dem Wohl der ganzen Kolonie. Ihr Stachel ist ein Meisterwerk an Bioengineering. Er ist mit Widerhaken versehen, die dafür sorgen, dass die Waffe in der Haut des Feindes stecken bleibt: Selbst wenn es dem Bären gelingt, die angreifende Biene abzuschütteln, wird er den Stachel nicht los. Doch nicht nur der Stachel, auch die Giftdrüse und das Nervenzentrum, das für die Kontraktionen der Drüse sorgt, bleiben stecken, sodass die Drüse weiterhin einen Cocktail aus schmerhaften Chemikalien in die Haut des Angreifers pumpt.

Wenn der Biene das wichtige Organ ausgerissen wird, bedeutet das ihren Tod – dem möglicherweise ein sehr schmerzhafter Reiz vorangeht, den die Tiere unter normalen Umständen zu vermeiden suchen. Doch offenbar überflutet das Alarmpheromon der Bienen den Organismus mit einem endogenen Schmerzmittel, das dafür sorgt, dass sie die Verletzungen nicht spüren. Der argentinische Bienenforscher Josué Nunez und sein Team haben bewiesen, dass

Bienen umso weniger auf Elektroschocks reagieren, je mehr Isopentylacetat, ein Bestandteil des Alarmpheromons, man ihnen verabreicht, und bei einer hohen Dosis reagiert ein Großteil der Bienen gar nicht mehr. IPA scheint die normale Flucht-Überlebens-Reaktion außer Kraft zu setzen, sodass Wächterbienen zu furchtlosen Kamikaze-Pilotinnen werden.

Die chemische Zusammensetzung des Schmerzmittels ist jedoch noch nicht geklärt. Wirbellose besitzen im Gegensatz zu Wirbeltieren kein Endorphinsystem, das Schmerzempfindungen reduziert. Doch Opiate (und Opiatantogonisten) haben nachweislich Effekte auf Insekten – vielleicht binden sie sich einfach an einen Nicht-Opiat-Rezeptor, der einen ähnlichen Effekt hervorbringt. Vielleicht übernimmt bei Insekten ein alternatives endogenes System, das auf Allatostatinen beruht (Neuropeptidhormonen, die Opiaten in gewisser Weise ähnlich sind) diese Funktion. Doch worin die chemischen Substanzen und ihre Rezeptoren nun auch bestehen, es ist klar, dass Honigbienen mehr als eine reflexartige Reaktion auf schädliche oder Schaden ankündigende Reize besitzen. Dass derartige Reaktionen zum Vorteil des Tieres den Umständen angepasst werden können, ist eine wesentliche Eigenschaft der Schmerzempfindung.

Langfristige psychische Veränderungen nach Begegnungen mit Raubtieren

Bestäuber müssen sich nicht nur in der Nähe ihrer Nester mit der Gefahr auseinandersetzen, einem Raubtier zum Opfer zu fallen, sondern auch beim Blumenbesuch. Krabbenspinnen sind Lauerjäger und können wie ein Chamäleon die Farbe der Blumen annehmen, auf denen sie auf ahnungslose Besucher warten. Doch Krabbenspinnen und Bienen sind einander in Bezug auf Stärke und Geschwindigkeit in etwa ebenbürtig – in den meisten Fällen entkommen die Bienen, bevor das Raubtier seine Giftzähne in den Chitinpanzer der Beute schlägt. Eine Biene mit einer starr festgelegten Reaktion würde nur versuchen, dem Reiz der zubeißenden Spinne zu entgehen, und dann fortfahren, Blumen zu besuchen. Eine etwas bessere, doch fast genauso sinnlose Reaktion würde darin bestehen, dass eine Biene, die eine Spinnenattacke überlebt hat, von nun an die Blumenarten meidet, auf denen sie angegriffen worden ist. Doch Bienen können sich nicht den Luxus erlauben, üppige Futterquellen einfach aufzugeben. Eine flexible Reaktion ist also hilfreicher, erlaubt sie doch den Bienen, weiterhin Blumen zu besuchen und gleichzeitig das Risiko zu minimieren, einem Raubtier zum Opfer zu fallen.

Tom Ings, ein Postdoktorand in meinem Team, erforschte die psychischen Auswirkungen von Krabbenspinnenangriffen auf Hummeln und stellte fest, dass angegriffene Tiere komplexe langfristige Verhaltensänderungen an den Tag legen, die den vermuteten psychischen Folgen einer subjektiv unangenehmen Erfahrung entsprechen. Wir bauten eine Art Krabbenspinnenroboter – ein lebensgroßes Spinnenmodell mit schaumstoffgepolsterten Greifzangen, die eine Hummel kurze Zeit (zwei Sekunden) festhalten konnten. Wie bei echten Krabbenspinnen hatte das Modell dieselbe Farbe wie die Blume, auf der es lauerte (während andere Modellspinnen zum Zweck des Vergleichs andersfarbig als die Blumen waren). Diese Krabbenspinnenroboter wurden auf dem Teil der künstlichen Blumen platziert, wo die Hummeln Nektar sammeln konnten. Die Tiere besuchten der Reihe nach verschiedene Blumen; einige davon waren gefährlich (eine Spinne wartete dort), andere nicht.

Wie sich herausstellte, mieden die Hummeln schnell die Blumen, auf denen sie eine Spinne gesehen hatten (wenn die Spinne dieselbe Farbe wie die Blume hatte, dauerte es allerdings etwas länger, als wenn die Spinnen leicht zu entdecken waren). Das erforderte eine grundsätzliche Verhaltensänderung bei der Annäherung an die Blumen: Für gewöhnlich verbrachten sie von nun an mehrere Sekunden damit, die Blume im Fliegen zu inspizieren. Darüber hinaus reagierten sie auch mit „falschem Alarm“: Sie mieden völlig sichere Blumen, nachdem sie sie auf verborgene Gefahren hin abgesucht hatten. Derartige Reaktionen waren sogar noch 24 Stunden nach dem Training zu beobachten und sogar, wenn überhaupt keine Spinnen mehr da waren. Die Reaktion der Hummeln ist also viel komplexer als ein

Abb. 11.2. Wie Hummeln lernen, dass eine Krabbenspinne eine Bedrohung darstellt. Oben: Krabbenspinnen können ihre Farbe an die Farben der Blumen anpassen, auf denen sie auf ahnungslose Bestäuber warten. Die Reaktionen der Hummeln können mit „Roboter-Spinnen" im Labor gemessen werden (**unten links**). Das hellgraue Viereck ist eine künstliche Blume (schwarzer Punkt: Futterstelle mit Nektar), an der eine lebensgroße künstliche Krabbenspinne befestigt ist. Über dem Boden der Plattform befinden sich die beiden mit Magnet angetriebenen, schaumstoffgepolsterten Kiefer einer Zange, die eine Hummel packen kann, ohne sie zu verletzen (Blöcke auf beiden Seiten der Futterstelle unter der Spinne). Hummeln, die derartige „Attacken" erlebt haben, prüfen danach alle Blumen sorgfältig (siehe schwarze Linie, die eine typische Flugbahn einer Hummel beschreibt). **Unten rechts**: Nach einer höheren Anzahl von Blumenbesuchen vermeiden die Hummeln, auf einer Blume mit einer Spinne darauf zu landen, allerdings passieren mehr Fehler, wenn die Spinnen schwer zu sehen sind (gelb auf gelb), als wenn sie gut sichtbar sind (weiß auf gelb).

einfaches Vermeiden einer unangenehmen Erfahrung: Sie lernen aus den Angriffen, passen ihr Verhalten an, um das Risiko zukünftiger Angriffe zu vermeiden, und legen (im Hummelmaßstab) langfristige psychische Symptome an den Tag: Sie sehen zum Beispiel „Gespenster“ – Raubtiere, wo keine sind –, was auf einen angstähnlichen Zustand schließen lässt (Abb. 11.2).

Emotionale Bienen

Zusammen mit der amerikanischen Bienenforscherin Geraldine Wright wandte die englische Biologin Melissa Bateson (die sich bisher auf Emotionen bei Vögeln und Nagetieren konzentriert hatte) die bisher an Wirbeltieren erprobten Verfahren auf Wirbellose an, um emotionsartige Zustände auch bei Bienen zu erforschen.

Honigbienen wurden auf ein Äquivalent der Frage „Ist das Glas halb voll oder halb leer?“ getestet. Menschen, die sich in einem ängstlichen oder deprimierten Zustand befinden (oder ängstliche Persönlichkeiten sind), beurteilen das metaphorische halb volle Glas für gewöhnlich als halb leer – sie weisen eine kognitive Verzerrung auf. Auch Tiere neigen bei negativen Gefühlszuständen dazu, ambivalente Reize eher „pessimistisch“ zu beurteilen, als Tiere in einem positiven Gefühlszustand. Wright und ihr Team trainierten Bienen darauf, eine 9:1-Mischung aus zwei Gerüchen mit einer süßen Belohnung in Zusammenhang zu bringen und eine 1:9 Mischung mit einem bitteren Chinin-Geschmack, den Bienen nicht mögen. Daraufhin setzten sie die Bienen ambivalenten Reizen (etwa einer 1:1-Mischung beider Gerüche) aus. Vor dem Test wurde die Hälfte der Bienen in einem sogenannten „Vortecizer“ geschüttelt (einem Laborgerät, das benutzt wird, um Flüssigkeiten durch Schütteln zu vermischen), um eine Art Raubtierangriff vorzutäuschen. Die andere Hälfte der Bienen wurde in Ruhe gelassen. Die geschüttelten Bienen legten eine „pessimistische“ kognitive Verzerrung an den Tag, in dieser Gruppe akzeptierten weniger Bienen den ambivalenten Reiz als in der Gruppe, die nicht irritiert worden war.

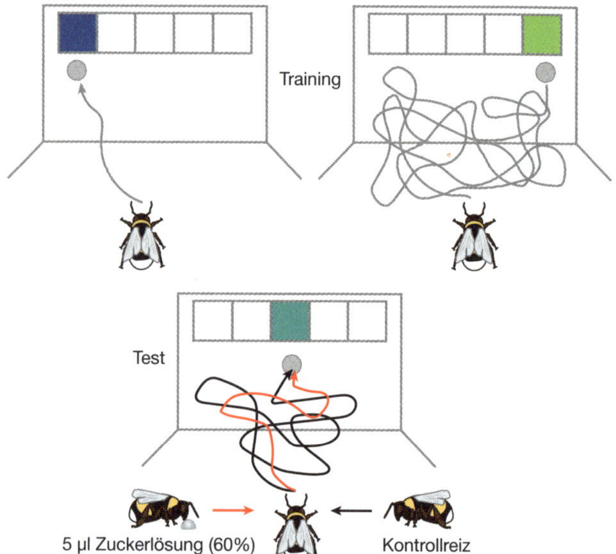

Abb. 11.3. Optimistische kognitive Verzerrung bei Hummeln. Hummeln machen sich mit einer Flugarena vertraut, in der das blaue Ziel auf der Rückwand links immer einen Tropfen Zuckerlösung enthält, das grüne Ziel aber nicht. Nur eine der fünf Positionen der Wand ist jeweils verfügbar. Nach dem Training fliegen Hummeln für gewöhnlich direkt auf das blaue Ziel zu, wenn es verfügbar ist **(oben links)**. Sie zögern hingegen, wenn das grüne Ziel gezeigt wird **(oben rechts)**. Wenn ambivalente türkise Reize gezeigt werden **(unten)**, zögern sie eine Zeitlang – die Zeitdauer liegt zwischen der jeweiligen Flugdauer zum blauen und zum grünen Ziel (schwarze Flugbahn). Wenn sie hingegen vor dem Experiment einen Tropfen süßer Lösung (fünf Mikroliter) als Überraschung bekommen, beurteilen sie die ambivalente Option (türkis) als „vielversprechend" und akzeptieren sie schneller (rote Flugbahn) – sie beurteilen den mittleren Reiz optimistischer als Bienen, die vor dem Experiment einfach zehn Sekunden warten mussten.

Bei einem ähnlichen Projekt erforschte mein Team, ob man Hummeln, die eine „halb-volles-Glas-halb-leeres-Glas"–Aufgabe lösen sollten, in einen positiven Gefühlszustand versetzen konnte (Abb. 11.3). In diesem Fall erhielt eine Gruppe von Hummeln einen kleinen Tropfen einer „Überraschungsbelohnung", bevor sie in die Testarena flogen – diese Hummeln legten eine positive kognitive Verzerrung an den Tag. Sie bewerteten ambivalente Reize als potenziell ergiebiger als die Hummeln aus der Kontrollgruppe, die keine

Überraschung bekommen hatten. Es ist offenkundig, dass Gefühle Zustände sind, die das Überleben eines Tiers entscheidend bestimmen können, jedoch weder mit komplexen neuronalen Rechenleistungen einhergehen noch ein großes Hirn erfordern. Die natürliche Selektion kennt vermutlich wenig Gnade mit Individuen, die keine Angst kennen, mit Müttern, denen der Verlust ihrer Brut egal ist, oder sozialen Tieren, die es nicht als „befriedigend“ empfinden, sich in ihrer Gesellschaft aufzuhalten. Anders gesagt, eine gewisse Grundausstattung an einfachen Gefühlen gehört wahrscheinlich zur Überlebensausrüstung der meisten Tiere.

Ein ebenfalls faszinierender Aspekt im Rahmen der tierischen Gefühle besteht in der Beobachtung, dass Insekten offenbar eine Vorliebe für psychoaktive Substanzen haben, die zumindest bei Menschen als stimmungsaufhellend gelten. Männliche Fruchtfliegen zum Beispiel erleben Ejakulation als Belohnung – doch wenn sie keine Gelegenheit zur Paarung haben, machen sie sich auf die Suche nach Alkohol, der in der Natur oft in Form vergorener Früchte vorkommt. Bienen (inklusive Hummeln) bevorzugen Blütennektar mit einem (niedrigen) Koffein- oder Nikotinlevel gegenüber Blüten, die keine derartige Substanzen enthalten. In den Blättern vieler Pflanzen kommen diese Stoffe natürlich vor, weil ihr bitterer Geschmack Pflanzenfresser abschreckt. Doch in geringer Konzentration kommen sie auch im Nektar vor, und offenbar ist das kein Zufall. Das Vorhandensein dieser Bitterstoffe manipuliert das Verhalten von Bestäubern zugunsten der Pflanze, Bestäuber kehren zu dieser Pflanze zurück, auch wenn die Ausbeute suboptimal ist. Eine Erklärung dafür könnte natürlich sein, dass diese psychoaktiven Substanzen mithilfe „einfacher“ Mechanismen eine Art suchtartiges Verhalten bei Bestäubern auslösen – dass sie zum Beispiel die synaptische Übermittlung in neuronalen Schaltkreisen beeinflussen, die zum Lernen von Blumenmerkmalen beitragen. Doch da wir jetzt wissen, dass es emotionale Zustände bei Bienen gibt, ist es genauso wahrscheinlich, dass die Bienen diese Substanzen aus denselben Gründen lieben wie Menschen – weil sie sich auf ihre Gefühlszustände auswirken.

Ist die Unterscheidung von selbst generierten Reizen und jenen aus der Umwelt der Grund für den evolutionären Ursprung des Bewusstseins?

Manche Wissenschaftler vermuten mittlerweile, dass rudimentäres Bewusstsein schon kurz nach dem Beginn tierischen Lebens im Kambrium (vor 541–485 Millionen Jahren) vorhanden war, als Gliederfüßer und Wirbeltiere zuerst auftraten. Für die meisten Tiere, die eigenständige, vorsätzliche Bewegungen ausführen, ist eine einfache Selbstwahrnehmung nämlich von elementarer Bedeutung. Wenn man sich bewegt, verändert sich das Bild, das man sieht. Vielleicht verändert es sich auch, wenn man sich nicht bewegt, doch dann hat sich irgendetwas in der Umgebung verändert. Das bedeutet, dass man die eigenen vorsätzlichen Bewegungen berücksichtigen muss, um zu wissen und zu deuten, ob die wahrgenommene Veränderung das Ergebnis eines Umweltereignisses oder der eigenen absichtlichen Bewegungen ist. Wenn das Bild auf Ihrer Retina plötzlich um 45 Grad kippt, wissen Sie, dass das okay ist, solange sie absichtlich Ihren Kopf zur Seite geneigt haben. Doch wenn Sie den Kopf nicht geneigt haben, könnten Sie sich gerade mitten in einem Erdbeben befinden und sollten sich schnellstens in Sicherheit bringen.

Aufgrund der sogenannten *Efferenzkopie* sind Tiere imstande, den Unterschied zwischen diesen Szenarien zu erkennen: Das ist eine Kopie der nach außen abgegebenen Efferenzen, mit der die Rückmeldungen über die vollzogenen Handlungen verglichen werden, sodass das Tier von eigenen Bewegungen hervorgebrachte Sinnesänderungen von jenen unterscheiden kann, die von äußeren Kräften hervorgebracht werden. Unter normalen Bedingungen erwarten Tiere, dass sich die Umwelt auf vorhersehbare Weise ändert, wenn sie ihren Kopf oder ihren ganzen Körper drehen. Das erlaubt ihnen, vorherzusehen, was als Folge ihrer Aktionen oder Absichten als Nächstes passieren wird. Dieser Mechanismus war schon bei den frühesten Tieren notwendig, die sich bewegten und ihre Umwelt nach Nahrung absuchten, den Boden mit ihren taktilen und chemischen Sensoren abtasteten, sich aber auch ständig vor Raubtieren hüten mussten, die sie eventuell fressen wollten. Sogar auf dieser niedrigen Ebene tierischen Lebens ist eine Unterscheidung des Selbst von anderen (die vielleicht von einer Art „Selbst-Bewusstsein“ erleichtert wurde) lebensnotwendig. Sobald man Augen besitzt, hat man Sensoren, die Reize aus größeren Entfernungen wahrnehmen – doch die wesentliche Aufgabe, selbst erzeugte Reize von solchen zu unterscheiden, die von der Umwelt hervorgebracht werden, bleibt bestehen.

Denken Sie zum Beispiel an Objekte, die in Ihrem Gesichtsfeld rasch größer werden; dies bedeutet oft, dass ein Wesen oder Gegenstand näher kommt (vielleicht ist es ein Raubtier oder – in der Menschenwelt – ein schnelles Auto). Die natürliche Reaktion auf so einen drohenden Reiz ist Flucht. Doch wenn das eine festgelegte instinktive Reaktion wäre, könnte eine Biene niemals auf einer Blume landen. Auch wenn sich die Biene ihrem Ziel nähert, wird die Blume immer größer. Doch dieser Reiz wird nicht als bedrohlich wahrgenommen, denn die Biene „weiß“, dass das Größerwerden nicht von einer Veränderung in der Umgebung hervorgerufen wird, sondern von ihren eigenen vorsätzlichen Bewegungen. Theoretisch wäre es durchaus möglich, dass der Unterschied zwischen selbst generierten und von der Umwelt hervorgerufenen Bewegungsreizen auch ohne Bewusstsein wahrgenommen wird, doch einige Wissenschaftler glauben, dass die Gehirnleistung, die diese Unterscheidung vollbringt, tatsächlich die Grundlage tierischen Bewusstseins sein könnte.

Das Selbstbild der Hummeln

Ein beliebter Test, um Selbstwahrnehmung festzustellen, ist die Selbsterkennung im Spiegel: Forscher bringen auf der Stirn eines Tieres eine Farbmarkierung an und halten ihm einen Spiegel vor. Tiere, die ihre Stirn berühren, um die Farbmarkierung zu entfernen, erkennen offenbar „sich selbst“ im Spiegel und verstehen, dass sie in gewisser Weise verunziert worden sind. Dieser Test funktioniert wohl nicht bei Bienen, nicht zuletzt, weil sich ihre Gesichtsmerkmale

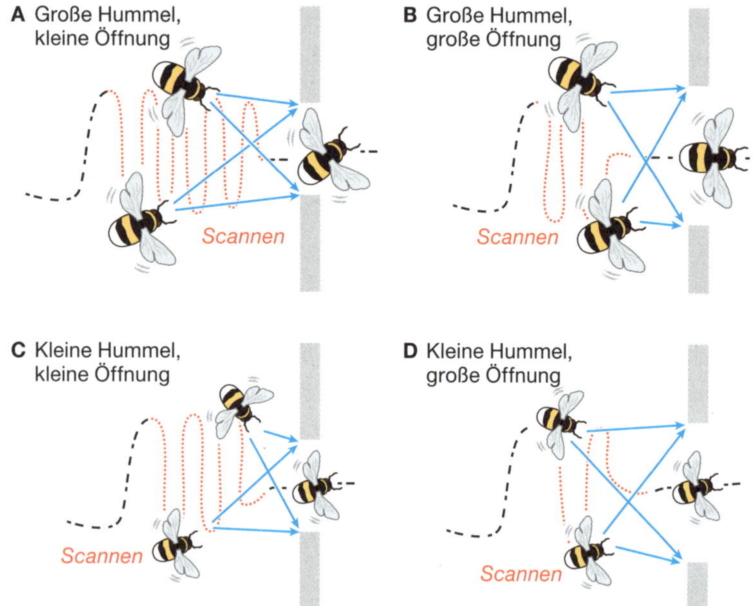

Abb. 11.4. Hummeln, die durch schmale Öffnungen fliegen, zeigen, dass sie sich ihrer Körpergröße gewahr sind. Beim Anflug prüfen die Hummeln die Breite der Öffnung durch Scannen (rote Flugbahnen), sie inspizieren die Lücke aus mehreren Perspektiven (blaue Pfeile). Wenn die Öffnung breiter ist als die Flügelspannweite der einzelnen Hummel **(B und D)**, fliegt das Tier direkt durch die Mitte. Wenn die Öffnung dagegen so schmal ist, dass sie einen Zusammenstoß riskiert **(A und C)**, stellt die Hummel ihren Körper je nach Spannbreite und Körpergröße quer, bevor sie durchfliegt.

kaum voneinander unterscheiden. Doch ein anderes Experiment, bei dem Hummeln ihre eigene Körpergröße einschätzen mussten, um durch eine kleine Öffnung in einer Barriere zu fliegen, deutet darauf hin, dass sie in gewisser Weise ein Bewusstsein ihrer selbst besitzen.

In Kapitel 10 haben wir erwähnt, dass sich Hummeln aufgrund der Körpergröße stark unterscheiden. Da Hummeln nach dem Schlüpfen aus der Puppe nicht mehr wachsen, bleibt ihre Körpergröße für den Rest ihres Lebens gleich. Als Blumenbesucher müssen die meisten Hummeln die Aufgabe meistern, täglich durch dichte Vegetation zu fliegen, ohne gegen ein Hindernis zu stoßen. Aus diesem Grund sind sie hervorragend geeignet, die Frage zu klären, ob sie eine Vorstellung ihrer individuellen Körpergröße haben. Sridhar Ravi und sein Team haben die Hummeln mit der Aufgabe konfrontiert, durch schmale, unterschiedlich große Öffnungen zu fliegen. Die Tiere haben die Öffnungen sorgfältig gescannt, bevor sie durchgeflogen sind; sie haben offenbar versucht herauszufinden, wie breit der Spalt war. Wenn die Größe der Öffnung der Flügelspanne der Hummeln entsprach oder kleiner war, flogen sie seitlich durch und zeigten damit, dass ihnen die Information über ihre eigene Körpergröße zugänglich war (Abb. 11.4).

Das ist bemerkenswert, denn bei anderen Tieren (auch Menschen) gilt das Wissen über die eigene Körpergröße als Grundlage von Selbsterfahrung und Selbst-Bewusstsein. Ein wichtiger nächster Schritt bestünde darin, zu erforschen, wie die Hummeln die Informationen über ihren eigenen Körper herausfinden, um sicher durch eine unübersichtliche Umgebung zu fliegen. Möglicherweise lernen die Tiere dies mithilfe von Versuch und Irrtum, nachdem sie ihre Flugaktivitäten aufgenommen haben; doch das würde unter Umständen zu kostspieligen Kollisionen mit Hindernissen führen, bei denen ihre zerbrechlichen Flügel kaputtgehen könnten. Viel vorteilhafter wäre es, wenn Hummeln zu Beginn ihres Lebens im Stock ihren Tastsinn einsetzten, um ihre Körpergröße wahrzunehmen, und später dieses Wissen auf das Sehen übertrügen.

Sich selbst von anderen unterscheiden

Selbstwahrnehmung ist auch in einem anderen Zusammenhang wichtig – um einen Partner für die Paarung zu finden. Alle Tiere besitzen bestimmte Fähigkeiten, Artgenossen zu erkennen und sie von den Angehörigen anderer Arten zu unterschieden. Um einen Partner zu finden, muss man nicht nur gegengeschlechtliche Artgenossen, sondern auch Individuen finden, die sich zumindest geringfügig genetisch von einem selbst unterscheiden, um Inzucht zu vermeiden. Das wiederum erfordert, die eigenen Merkmale (oft mithilfe olfaktorischer Reize) zu erkennen und potenzielle Partner mit diesen Reizen zu vergleichen. Die Vorfahren der Bienen besaßen bereits derartige Fähigkeiten; die Tatsache, dass Wächterbienen die Mitglieder ihrer Kolonie von Eindringlingen aufgrund olfaktorischer Reize unterscheiden können, ist im weitesten Sinn auch eine Unterscheidung des „Selbst“ von „anderen“.

Solche Unterscheidungen erfordern mehr als einen „blinden“ Vergleich des eigenen Geruchs mit dem eines anderen Individuums. Es setzt vielmehr eine einfache Form des Wissens darüber voraus, wie der andere beschaffen ist. Bienen haben (wie wahrscheinlich die meisten Tiere) ein Gefühl für die Gestalt ihrer Artgenossen – sie wissen ungefähr, wer über welche anatomischen Merkmale verfügt. Wenn kein Weibchen greifbar ist, versuchen männliche Hummeln auf schockierende Weise, sich mit allen möglichen Individuen zu paaren (Arbeiterinnen, Brüdern und Königinnen anderer Arten), doch niemals würde eine männliche Hummel ein Weibchen verkehrt herum besteigen. Ein solches einfaches anatomisches Wissen ist lebensnotwendig, ob das andere Tier nun ein Artgenosse ist oder nicht. Wenn ein Bär zum Beispiel eine Bienenkolonie angreift, stechen die vom Alarmpheromon auf den Plan gerufenen Bienen nicht einfach beliebig; ihre Attacken sind auf bestimmte Körperteile des Eindringlings gerichtet – das heißt, sie besitzen ein ungefähres Wissen darüber, wo der Köper des Eindringlings beginnt und wo er aufhört.

Ein unbelebtes Objekt bewegt sich für gewöhnlich als Ganzes auf eine aufgrund der eigenen Bewegung vorhersehbare Weise. Ein Lebewesen bewegt sich ebenfalls als Ganzes, doch seine Bewegungen – und die Bewegungen der Körperteile im Verhältnis zueinander – sind nicht auf Basis der Bewegungen des Beobachters vorhersehbar. Ein derartiges Wissen, worin die einzelnen Teile eines einzelnen Lebewesens bestehen, egal ob es sich um einen potenziellen Freund, ein Familienmitglied oder ein Raubtier handelt, ist im Tierreich wahrscheinlich weitverbreitet. An seinem Ursprung beruht es auf der frühesten Unterscheidung zwischen Selbst und Nicht-Selbst – selbst generierten Veränderungen in der Umwelt im Vergleich zu jenen, die von anderen Tieren verursacht wurden.

Denken Bienen auch offline?

Bewusstsein ist ein Zustand, der es Tieren erlaubt, nicht nur in der Gegenwart zu leben, sondern auch Zugriff auf Vergangenheit und Zukunft zu haben. Bewusstsein erlaubt uns, die Augen zu schließen und uns das Haus vorzustellen, in dem wir als Kind gewohnt haben, es erleichtert Planung, Voraussehen und Risikoeinschätzung – etwa, ob wir es schaffen könnten, über einen Bach einer gegebenen Breite zu springen. In psychologischen Experimenten wurde nachgewiesen, dass die meisten Tiere in gewisser Weise über derartige Fähigkeiten verfügen. Bienen können zweifellos räumliche Erinnerungen an ferne Orte (auch an ihr Zuhause, siehe Kapitel 6) heraufbeschwören, laufende Insekten wie Heuschrecken können (in ihrer solitären Phase) auf einer Leiter den Sprossenabstand einschätzen und ihre Schrittlänge dementsprechend einstellen (sogar wenn die Zielsprosse in dem Augenblick, in dem die Heuschrecke sich in Bewegung setzt, nicht zu sehen ist).

Bisher und eigentlich im ganzen Buch haben wir immer wieder darauf hingewiesen, dass Insekten alles andere als gefühllose Roboter ohne inneres Bild der Welt und ohne Fähigkeit sind, auch nur die unmittelbare Zukunft vorauszusehen. Die frühere Meinung – dass das Bewusstsein der Insekten ohne äußere Reize oder innere Trigger wie Hunger dunkel und das Hirn ausgeschaltet ist – ist nicht länger zu halten. Wir haben zum Beispiel schon erwähnt, dass Honigbienen fähig sind, räumliche Erinnerungen an Futterstellen auch in der Nacht abzurufen und sich über diese Orte auch außerhalb der normalen Sammelzeiten zu „unterhalten" (Kapitel 6); auch bei den Fähigkeiten der Bienen, Objekte zu manipulieren, hat sich herausgestellt, dass es eine Form von mentaler Zielerkennung gibt (Kapitel 8). Es gibt außerdem Hinweise darauf, dass Gehirnwellen – elektrische Oszillationen – die neuronale Aktivität in verschiedenen Gehirnregionen synchronisieren. Eine derartige Koordination bildet eine der Grundlagen des Bewusstseins bei Säugetieren (Kapitel 9).

Die Vorstellung von Formen

Ein Aspekt des Bewusstseins besteht darin, ein Bild der unmittelbaren Umgebung zu haben. Es ist kaum vorzustellen, dass ein Tier mit Augen keine innere Vorstellung der unmittelbaren Umgebung besitzen sollte, doch dieses innere Bild ist sehr schwierig nachzuweisen. Bienen reagieren zweifellos auf optische Reize und können lernen, optische Muster (wie die von Blumen) mit Nektarbelohnungen in Verbindung zu bringen, doch das bedeutet nicht notwendigerweise, dass in ihrem Gehirn kleine virtuelle Blumenbilder herumschwirren. Vielleicht speichert eine Biene diese komplexen optischen Muster einfach, indem sie sich an wenige Merkmale wie die Ausrichtung der Kanten erinnert, ohne ganze Bilder im Gedächtnis zu behalten – anders gesagt, ohne sich die tatsächlichen Muster vorstellen zu können.

Auch Menschen können nachweislich optische Muster erkennen, ohne sich der Muster bewusst zu sein. Manche Patienten mit beschädigter Sehrinde verlieren alle bewussten Seheindrücke, sie sind also faktisch blind. Wenn man sie auffordert, ein bestimmtes Objekt zu lokalisieren oder zwischen zwei optischen Mustern zu unterscheiden, sind sie nicht sehr zuversichtlich, die Aufgabe lösen zu können. Doch wenn man sie auffordert zu raten, liegt ihre Leistung über der Zufallswahrscheinlichkeit – ein Phänomen, das man als Blindsehen bezeichnet. Das Erkennen optischer Reize ist deshalb zumindest technisch ohne Bewusstsein möglich. Könnte es sein, dass es sich für eine Biene einfach „richtig anfühlt", über einer lange gesuchten gelben Blume zu schwirren, ohne ein Bild der Blume im Kopf zu haben? Auch ein Smartphone kann ohne jegliche Form von Bewusstsein ein Gesicht erkennen.

Neue Forschungen zur Objekterkennung in mehreren sensorischen Kanälen lassen jedoch darauf schließen, dass irgendetwas im Hirn der Biene vor sich geht, das alles andere als eine Maschine ist – dass Bienen tatsächlich geistige Bilder von Formen abrufen können. Eine solche intermodale Objekterkennung bedeutet, dass ein Lebewesen – Tier oder Mensch – die Merkmale eines Objekts in einer sensorischen Modalität – z. B. dem Gesichtssinn – lernen und dann das Objekt in einer anderen sensorischen Modalität – etwa der taktilen – wiedererkennen kann. Menschen können zum Beispiel in eine dunkle Tasche greifen und Dinge – etwa einen Ball, ein pyramidenförmiges Objekt oder einen Würfel – durch Berührung erkennen, auch wenn sie sie davor nur gesehen haben. Die neuronalen Signale, die die Augen ans Gehirn schicken, unterscheiden sich von denen, die die Berührungssensoren in den Fingern ans Gehirn schicken, auch in Hinsicht auf die zeitliche Verarbeitung: Normalerweise muss man ein paar Sekunden lang mit den Fingerspitzen über ein Objekt streichen, um es zu erkennen, während man Dinge „auf den ersten Blick" erkennt. Man kann das Objekt richtig identifizieren (auch wenn man es bisher nie nur mithilfe des Tastsinns identifizieren musste), weil man sich die wichtigsten Merkmale des Objekts im Geiste vorstellen kann.

Um diese Fähigkeit, Umrisse mithilfe sensorischer Modalitäten zu erkennen, geht es auch im berühmten Molyneux-Problem, einem psychologischen Rätsel aus dem 17. Jahrhundert. Der irische Philosoph William Molyneux, dessen Frau blind war, schrieb 1688 an seinen englischen Kollegen John Locke: „Angenommen, man gibt einem blind geborenen Mann einen Würfel und eine Kugel gleicher Größe in die Hand und erklärt ihm, welches Würfel und welches Kugel genannt wird, so dass er sie leicht mit dem Tastsinn erkennen kann. Nehmen wir nun an, der Mann sei sehtüchtig geworden und Würfel und Kugel seien auf einem Tisch platziert. Die Frage ist, ob er die Gegenstände unterscheiden kann, ohne sie zu berühren, und wissen kann, welches die Kugel und welches der Würfel ist?"

Die Frage, ob vormals blinde Menschen diese Aufgabe spontan lösen können, sobald sie ihr Augenlicht wieder erlangen, beschäftigt Psychologen bis zum heutigen Tage, nicht zuletzt, weil sich die Frage im Falle des Menschen kaum beantworten lässt. Wir stellten uns analog die Frage, ob Hummeln Gegenstände in der Dunkelheit erkennen können, die sie davor nur gesehen haben, oder Gegenstände durch Sehen erkennen können, die sie davor nur in der Dunkelheit abgetastet haben. Wie in Molyneux' Versuchsanordnung verwendeten

Abb. 11.5. Können sich Hummeln Formen im Geiste vorstellen? Hummeln bei einer intermodalen Diskrimierungsgsaufgabe. Die Tiere lernten, Belohnung mit einer gesehenen Form (hier einer Kugel) zu assoziieren, während ein Plexiglasdeckel sie davon abhielt, die Form abzutasten. Daraufhin mussten die Tiere dieselbe Form in der Dunkelheit erkennen, wobei sie die Formen fühlen, aber nicht sehen konnten. Das Experiment wurde auch andersherum gemacht: Hummeln mussten zuerst die Formen in der Dunkelheit abtasten und dann die richtige Form in einer Situation finden, in der sie die Objekte sehen, aber nicht berühren konnten.

wir Kugeln und Würfel (Abb. 11.5). Eine Gruppe von Hummeln lernte, dass Kugeln mit einer süßen Belohnung verbunden waren, und die andere Gruppe lernte, dass Würfel mit einer Belohnung einhergingen. Die Gruppen wurden noch einmal geteilt in Individuen, die die Gegenstände nur in der Dunkelheit betastet hatten, ohne sie sehen zu können, und in Individuen, die die Gegenstände nur im Licht, hinter einer Plexiglasscheibe, gesehen hatten, wo sie sie nicht berühren konnten.

Die Ergebnisse waren verblüffend: Die meisten Hummeln hatten kein Problem, die Gegenstände in einer sensorischen Modalität zu erkennen, in der sie sie zuvor nicht zur Kenntnis genommen hatten. Das legt den Schluss nahe, dass sie tatsächlich ein geistiges Bild der Form oder der Merkmale eines Gegenstands haben und dass die Formen nicht einfach von Mustererkennungssensoren im optischen System erkannt werden (Abb. 11.5). Somit haben unsere Hummeln das Molyneux-Problem fast, wenn auch nicht zur Gänze, gelöst. Unsere Hummeln waren weder blind geboren, noch hatten sie ihr ganzes Leben bis zu unserem Experiment in Dunkelheit verbracht. Sie hätten die Assoziation, wie sich Gegenstände anfühlen und wie sie aussehen, durchaus herstellen können, indem sie andere inspizierten und dabei sowohl Seh- als auch Tastsinn einsetzten. Da es im Nest finster ist, wäre es ein Leichtes zu testen, ob Tiere, die in völliger Dunkelheit aufwachsen und gelernt haben, bestimmte Objekte als lohnend oder nicht lohnend zu beurteilen, diese Gegenstände auch im Tageslicht auf Anhieb erkennen.

Auf jeden Fall beweisen diese Experimente, dass Hummeln die Fähigkeit besitzen, sensorische Information zu integrieren, was darauf hinweist, dass sie modalitätsunabhängige innere Bilder von Gegenständen besitzen. Vielleicht integrieren Insekten genau wie Menschen und andere Tiere mit großen Gehirnen Informationen von mehreren Sinnen zu einer vollständigen, allgemein zugänglichen Wahrnehmung ihrer Umwelt.

Wissen Bienen, was sie wissen?

Bienen scheinen sogar über Metakognition zu verfügen – zu wissen, was sie wissen. Das kann man testen, indem man Bienen eine schwierige optische Unterscheidungsaufgabe stellt (zum Beispiel ähnliche Farben oder Muster zu unterscheiden), bei der sie nicht nur die Wahl zwischen dem richtigen (lohnenden) oder nicht richtigen (nicht lohnenden) Ziel haben, sondern noch eine dritte Möglichkeit: auszusteigen. Cwyn Solvi hat in Zusammenarbeit mit dem in Australien lebenden britischen Insektenforscher Andrew Barron herausgefunden, dass sich Bienen bei schwieriger werdenden Aufgaben zunehmend für diese dritte Möglichkeit entscheiden, als ob sie sich ihrer eigenen Unsicherheit bewusst wären. Eine derartige Metakognition gilt bei Affen und Delfinen als wesentliches Merkmal des Bewusstseins. Wenn Aussteigen bei Säugetieren als Beweis für das Erkennen von Unsicherheit gilt, dann gelten diese Kriterien zweifellos auch für Bienen.

Es gibt keinen formalen Beweis für das Vorhandensein von Bewusstsein bei Tieren, und ich habe in diesem Buch auch keinen formalen Beweis für das Vorhandensein von Bewusstsein bei Bienen geliefert. Kritische Leser könnten einwenden, dass jedes einzelne psychische Phänomen, jedes intelligente Verhalten, das in diesem Buch beschrieben wird, auch von einem Computeralgorithmus oder einem Roboter an den Tag gelegt werden könnte und dass dafür keinerlei Bewusstsein nötig sei. Sie hätten recht. Man könnte Software entwickeln, die den Bau von Honigwaben plant, man könnte Roboter bauen, die sich so verhalten, als würden sie bei Beschädigung Schmerz empfinden, und man könnte die mathematischen Fähigkeiten der Bienen sehr gut mithilfe spezieller Computerprogramme simulieren. Diese Liste wäre endlos. Doch wenn man einen Roboter bauen möchte, der *alles* könnte, was in diesem Buch beschrieben wurde – Dutzende „angeborene" wie auch erlernte und innovative Verhaltensweisen –, müsste man ihn mit einer sehr langen Liste exakter Instruktionen ausstatten, und die Maschine wäre nach wie vor nur fähig, Aufgaben zu bewältigen, auf die sie programmiert wurde. Bei den meisten neuen Herausforderungen, für die Sie keinen Code geschrieben haben, würde sie scheitern.

Wahrscheinlich ist die Liste der bisher entdeckten intelligenten Verhaltensweisen von Bienen noch lange nicht vollständig. Wie Karl von Frisch schon 1950 betonte: „Der Bienenstaat gleicht einem Zauberbrunnen. Je mehr man daraus schöpft, umso reicher fließt er." Er hatte recht, und dennoch würde er zweifellos staunen, wenn wir in die Vergangenheit reisen und ihn informieren könnten, welche bahnbrechenden Entdeckungen in den Jahrzehnten seit seinem Tod 1982 beim Verständnis der geistigen Fähigkeiten der Bienen gemacht wurden. Und die Liste dieser Fähigkeiten wird immer länger. Deshalb müssen wir uns die Frage stellen, ob die herkömmliche Meinung, das Nervensystem der Bienen sei eine Anhäufung klug angelegter, unveränderlicher Schaltkreise – einer für jede Verhaltensroutine –, tatsächlich die „einfachere" Erklärung ist. Vielleicht ist eine auf Bewusstsein basierende allgemeine Intelligenz nicht nur flexibler bei der Problemlösung, sondern erfordert auch weniger Hirnleistung, ist somit weniger aufwendig und erfordert weniger Hirnzellen.

Alles in allem gibt es immer mehr Hinweise auf eine zumindest einfache Form des Bewusstseins bei Bienen und Hummeln. Wenn wir in Bezug auf Kognition und Verhalten auf Bienen dieselben Kriterien anwenden wie auf Wirbeltiere mit viel größerem Gehirn, dann lassen sich Bienen genauso in die Kategorie bewusst handelnder Lebewesen einordnen wie Hunde oder Katzen. Doch das Bewusstsein von Bienen unterscheidet sich wahrscheinlich sehr von dem der Menschen. Es geht nicht (nur) um die Art und den Reichtum ihrer Sinneswahrnehmung (wo die Unterschiede zwischen den Arten auf der Hand liegen) oder ob bestimmte Tiere „mehr" oder „weniger" Bewusstsein besitzen. Unterschiedliche Tiere unterscheiden sich wahrscheinlich grundlegend in ihrer Wahrnehmung von Zeit und wie sie diese für die Organisation von Erinnerung und Planung nutzen, in der Einschätzung des Selbst und vielen anderen Bereichen. Die junge Disziplin der „vergleichenden Bewusstseinsforschung" erlaubt einen faszinierenden Blick auf das Bewusstsein der Bienen, das wir erst allmählich erforschen.

Vielleicht besitzen Bienen einzigartige Gefühlszustände, die mit der Aufregung beim Schwärmen einhergehen oder mit der Genugtuung, eine besonders ergiebige nektarreiche Blumenart zu entdecken und zu öffnen, und die damit einhergehende Fülle an multisensorischen Erfahrungen interagiert mit einer ebenso großen Fülle an multisensorischen Erinnerungen – merkwürdigen Farben, Gerüchen, elektrischen Signalen von Blumen unter dem polarisierten Licht des Himmels, während sie über Wiesen voller vielversprechender Belohnungen, aber auch potenzieller Gefahren fliegen. Es ist noch viel Arbeit nötig, um diese eventuellen Bewusstseinszustände und die entsprechenden physiologischen Zustände und Verhaltensweisen zu erforschen.

Das Gehirn von Tieren konstruiert Information, indem es Zusammenhänge zwischen sensorischen Signalen und den eigenen Aktionen herstellt und auf diese Weise ein inneres Bild der Umgebung und des sich darin bewegenden Selbst bildet. Das ahnte auch der Comte de Buffon (siehe das Eingangszitat dieses Kapitels) vor über 250 Jahren, als er in Bezug auf die Honigbiene von der „vollkommenen

Ähnlichkeit ihres Äußeren und Inneren“ sprach. Von Anfang an, schon früh in der Evolution, war das Nervensystem untrennbar mit einem beweglichen, mit Sensoren ausgestatteten Körper verbunden und entwickelte sich weiter, um Wahrnehmung und Aktion zu integrieren. Die Herausforderungen von Überleben und Fortpflanzung, mit denen ein sich bewegender Körper fertig werden muss, können am besten gemeistert werden, wenn Gehirn und Körper innig verbunden sind, was den Organismus befähigt, das Selbst vom Nicht-Selbst zu unterscheiden und zumindest die unmittelbare Zukunft vorherzusagen, zum Teil, weil er seine eigenen Absichten kennt. Aus dieser Perspektive existierte eine elementare Form von Bewusstsein wahrscheinlich schon nahe am Anfang der Evolution und nicht erst an deren Ende.

12

Nachwort

Was unser Wissen über das Denken und Fühlen der Bienen für deren Schutz bedeutet

In den letzten Jahren hat die weltweite Notlage der Bienen großes Medienecho erfahren. Ich werde manchmal gefragt, warum Bienen mit den globalen Umweltveränderungen nicht fertig werden, wenn sie doch so klug sind. Antwort: Sie leisten einiges in dieser Hinsicht, und zwar durchaus mit gewissem Erfolg.

Werfen Sie einen Blick auf flaches Agrarland irgendwo auf der Welt (betrachten Sie Satellitenbilder oder schauen Sie aus dem Flugzeugfenster, wenn Sie das Privileg genießen, hin und wieder zu fliegen). Für gewöhnlich werden 99 Prozent für industrialisierte Landwirtschaft genutzt, um acht Milliarden Menschen zu ernähren, sowie für Weideflächen, um die Nicht-Vegetarier unter uns zu versorgen. Dazwischen gibt es nur noch winzige Stücke naturbelassener Landschaft, und die liegen meist weit auseinander. Und beim Blick aus dem Flugzeug sehen Sie nicht einmal die Schichten von Insektiziden und Herbiziden, die die Landschaft bedecken, oder die Parasiten und Krankheiten, die Bienen befallen, weil Bestäuber wahllos quer über den Globus verschickt werden. Es ist ein Beweis für die Resilienz und die Flexibilität vieler Arten, dass sie dennoch durchhalten. Doch der Anpassungsfähigkeit von Tieren sind Grenzen gesetzt – die menschengemachten Änderungen ereignen sich zu schnell, als dass die meisten Tiere evolutionäre Anpassungsleistungen erbringen könnten, und ihre Möglichkeiten, mit intelligenten Strategien extreme Umweltänderungen zu bewältigen, sind begrenzt.

Stellen Sie sich vor, die Menschheit hätte innerhalb weniger Generationen mehr als 90 Prozent ihres Lebensraums verloren. Ja, manche von uns könnten überleben, doch nicht aufgrund überlegener Intelligenz, sondern hauptsächlich mithilfe von Waffen und Geld.

Bienen legen eine erstaunliche Resilienz an den Tag. Zum Zweck des industriellen Bestäubens werden sie auf ferne Kontinente gebracht, wo auch ortsfremde Arten schnell lernen, die einheimischen Blumen auszubeuten, und aufgrund ihrer Flexibilität oft selbst zu einer invasiven Art werden. Hin und wieder nutzen sie auch nicht natürliche Futterquellen – zum Beispiel können weggeworfene Limonadendosen einen Zuckerschub liefern. Maurice Maeterlinck schrieb in seinem vor einem Jahrhundert erschienenen Buch, die Honigbienen in Barbados hätten den Blumenbesuch völlig aufgegeben und würden sich stattdessen von dem Zucker ernähren, der von den Zuckerrohrfabriken der Insel produziert wird.

Wenn Honigbienen keine passenden Nistplätze finden, nisten sie in Kaminen und Hummeln in Vogelnistkästen. Man hat solitäre Bienen beobachtet, die ihre Nester ausschließlich aus den Plastikabfällen der Landwirtschaft bauten (Abb. 12.1), andere nisten in Polystyrol. Doch der Anpassungsfähigkeit selbst der intelligentesten Tiere sind wie gesagt Grenzen gesetzt, wenn sich die extremen Umweltänderungen zu schnell ereignen und die Konkurrenz der Tiere aufgrund des Verlusts von Lebensraum und passenden Ressourcen zu groß wird. Regierungen müssten schnell handeln, um Pestizide zu verbieten, die viele Nutztiere, auch Bienen, schädigen, und müssten für die Renaturierung von landwirtschaftlich genutzten Flächen sorgen.

Doch abgesehen von Regierungsmaßnahmen besteht ein wunderbarer Aspekt des Bienenschutzes darin, dass jeder Bürger mit Zugang zu einem grünen Fleck dazu beitragen kann. Getrimmte grüne Rasen scheinen zwar für bestimmte Sportarten unerlässlich zu sein, gehören jedoch nicht in einen Garten: Sie sehen langweilig aus, sind arbeitsintensiv und ökologisch eine Katastrophe. Und viele große und auffällige Blumen werden nur gezüchtet, um den Menschen zu gefallen, sind für Bestäuber jedoch völlig nutzlos. Säen Sie stattdes-

Abb. 12.1. Blattschneiderbienen der Gattung Megachile verwenden manchmal Ausschnitte von Plastik als Nistmaterial. Diese Bienen verwenden für gewöhnlich runde Ausschnitte aus Blättern **(links)** als Material für ihre Nester, doch man hat auch schon beobachtet, dass sie Kunststoff als Ersatz verwenden. Das zeigt einerseits, wie flexibel Bienen sind, gefährdet jedoch das Überleben ihrer Larven.

sen Wildblumen aus und lassen Sie sie zwischen natürlichen Gräsern wachsen. Bei der Auswahl der Blumen sollte man wählerisch sein, doch zum Glück erfordert sie keine aufwendige Recherche. Gartencenter werben mittlerweile für bienenfreundliche Saatmischungen, und viele Blütenpflanzen siedeln sich auch von selbst an – Sie brauchen sich nur mit einem kühlen Drink in den Garten zu setzen und den Pflanzen dabei zuzuschauen, wie sie gedeihen und von vielen heimischen Bienen besucht werden. Wenn Sie keinen Garten besitzen, reichen auch Blumenkästen auf dem Balkon. Wenn Sie sich die Anzahl der Balkone in Ihrer Stadt vorstellen, wird vielleicht klar, wie viel Potenzial als Bienenfutterquelle dort steckt. Solitären Bienen Nistplätze zur Verfügung zu stellen ist auch eine gute Idee – „Bienenhotels" kann man im Handel kaufen, Sie können aber auch mit einer kleinen Recherche im Netz Ihr eigenes herstellen.

Halten Sie sich dabei vor Augen, dass Imkerei ein nettes und lehrreiches Hobby ist, jedoch nichts zum Naturschutz beiträgt. Die westliche Honigbiene, die in großem Stil in Stöcken gehalten wird, ist ein domestiziertes Tier (Haustier) und entgegen Medienbehauptungen überhaupt nicht bedroht. Ein Stock mit 40.000 Bienen beutet Blumenressourcen aus, die 40.000 solitäre, tatsächlich vom Aussterben bedrohte Bestäuber ernähren könnten. (Dabei ist noch gar nicht berücksichtigt, dass Honigbienen mehr Nektar und Pollen ernten als die meisten anderen Arten, weil sie große Mengen Nahrung aufbewahren.) Wie bei allem ist auch hier Mäßigung angebracht; es ist okay, wenn ein paar Leute Bienen züchten. Doch die Bemühungen von Stars, „Bestäubern zu helfen", indem sie auf ihren Anwesen Dutzende von Bienenstöcken ansiedeln, oder die Aufrufe von Städten, Hunderte Stöcke auf Hausdächern anzubringen, sind für die lokalen Arten schlichtweg kontraproduktiv.

Oft hört man, wir müssten die Bienen schützen, weil wir sie brauchen, um unsere Nutzpflanzen zu bestäuben. Das ist zweifellos richtig, doch ich möchte feststellen, dass auch die vielen angeführten Indizien für Schmerzempfindung, Gefühlszustände und Bewusstsein bei Bienen ein gewichtiger Grund für ihren Schutz sind. Wir können uns mittlerweile ziemlich sicher sein, dass Bienen diese Fähigkeiten genauso aufweisen wie viele charismatische Säugetiere, die klassischen Maskottchen von Tierschutzkampagnen, die ihren Sonderstatus oft unserer – sehr berechtigten – Sorge verdanken, sie könnten den Verlust ihres Lebensraums und die Zerstörung ihrer Familien und Gesellschaften bewusst wahrnehmen und darunter leiden.

Wenn wir Strategien für den Tierschutz entwickeln, ob für den Schutz von Haustieren, Jagdwild oder Versuchstieren, ist es unsere moralische Pflicht, darüber nachzudenken, ob diese Tiere Schmerz empfinden oder Gefühlszustände kennen. Doch für den Umgang mit Wirbellosen existieren in den meisten Ländern keine Gesetze oder Regeln, man nimmt stillschweigend an, sie würden weder Schmerz noch Gefühle kennen. Das bedeutet, dass Hummer in Restaurants weiter bei lebendigem Leib gekocht werden dürfen und man immobilisierte Insekten in Labors ohne Anästhesie oder Schmerzmittel invasiven neurobiologischen Experimenten unterzieht. Tatsächlich muss man meist nicht einmal eine Genehmigung einholen, um sicherzustellen, dass die Zahl der Versuchstiere begrenzt ist, dass die Experimente ihnen keinen nennenswerten Schaden zufügen und auch tatsächlich dem Wohle der Wissenschaft oder der Menschheit dienen.

Angesichts all dessen, was wir mittlerweile über Bienen wissen – die mehr als einfache Nozizeption kennen und ein grundlegendes Gefühlsleben besitzen –, ist das ein sehr bedauerlicher Zustand. Deshalb ist es ein moralischer Imperativ, weitere Studien durchzuführen und Beweise zusammenzutragen, etwa zu der Frage, ob das Schmerzempfinden von Insekten und anderen Wirbellosen eine Änderung der Tierschutzgesetze erforderlich macht. Fürs Erste sollten wir jedoch auf Nummer sicher gehen und Bienen genauso respektvoll behandeln wie andere Tiere, denen wir subjektive Erfahrung zubilligen.

Und wenn ich Sie immer noch nicht davon überzeugen konnte, dass Bienen zu solchen Erfahrungen imstande sind – die ein wichtiges Argument für ihren Schutz wären –, dann denken Sie bitte daran, dass wir sie tatsächlich zum Bestäuben unserer Nutzpflanzen brauchen, dass Kerzen aus Bienenwachs jahrhundertelang die Studierstuben erhellt haben und ihr Honig möglicherweise die Kohlehydrate für die Vergrößerung der Gehirne unserer Vorfahren geliefert und somit die Evolution des menschlichen Bewusstsein befeuert hat. Wir verdanken den Bienen viel – und wir sollten uns entsprechend verhalten.

Danksagung

Die Arbeit an diesem Buch wurde durch ein großzügiges Stipendium des Wissenschaftskollegs in Berlin im akademischen Jahr 2017/18 ermöglicht. Unendlich dankbar bin ich Alison Kalett, meiner Lektorin bei der Princeton University Press, für ihre wertvollen Ratschläge, ebenso drei anonymen Sachverständigen, die das Manuskript gelesen und nützliches Feedback gegeben haben. Dank schulde ich auch Raghavendra Gadagkar und Janna Klein, die beide je ein Kapitel gelesen und kommentiert haben. Außerdem haben Annie Gottlieb, Amelia Kowalewska, Chris Lapinski, Hallie Schaeffer, Julie Shawvan und Jenny Wolkowicki wesentlich dazu beigetragen, dass das Manuskript zu einem Buch geworden ist.

Ich bedanke mich bei meinen Mentoren Randolf Menzel und James Thomson, die mich jeweils in die Zauberwelt der Bienen und der Hummeln eingeführt haben. Großen Dank schulde ich auch den zahlreichen Forschern aus aller Welt, die in meinem Team gearbeitet haben – und mit ihrem Interesse für das, was im Bewusstsein eines Insekts vorgeht, den modischen Themen aus dem Weg gegangen sind, die oft in der akademischen Welt zu Karrieren verhelfen. Zu den Erkenntnissen in diesem Buch haben wesentlich beigetragen: Sylvain Alem, Sarah Arnold, Aurore Avarguès-Weber, Joanna Brebner, Erika Dawson, Anna Dornhaus, Adrian Dyer, Vince Gallo, Marie Guiraud, Thomas Ings, Ellouise Leadbeater, Li Li, Mathieu Lihoreau, Olli Loukola, HaDi MaBouDi, James Makinson, Helene Muller, Vivek Nityananda, Fei Peng, Nigel Raine, Mark Roper, Nehel Saleh, Cwyn Solvi, Johannes Spaethe, Ralph Stelzer, Vera Vasas, Mu-Yun Wang, Joseph Woodgate und Xing-Fu Zhu. Darüber hinaus war der intellektuelle Austausch mit Wissenschaftlern anderer Teams sehr wichtig für die in diesem Buch präsentierten Ideen – vor allem der mit Adriana Briscoe, Thomas Collett, Karl Geiger, Martin Giurfa, Beverley Glover, Andreas Gumbert, Jan Kunze, Miriam Lehrer, Martin Lindauer, Jeremy Niven, Avi Shmida, Peter Skorupski, Nick Waser, Heather Whithey und Neil Williams.

Außerdem bedanke ich mich bei folgenden Personen für die Erlaubnis, ihr Bildmaterial zu verwenden oder leicht modifiziert abzudrucken: Sylvain Alem, Johanna Brebner, Brigitte Bujok, Jeremy Early, Vince Gallo, Andy Giger, Beverley Glover, Helga Heilmann, Scott Hodges, Thomas Ings, Steve Johnson, Marco Kleinhenz, Li Li, Beau Lotto, Iida Loukola, Klaus Lunau, HaDi MaBouDi, Rob Raguso, Stuart Roberts (IBRA) im Namen von Leslie Goodman, Rotraut Sachs, Florian Schiestl, Klaus Schmitt, Cwyn Solvi, Johannes Spaethe, Jürgen Tautz, Rüdiger Wehner, Joseph Wilson und Joseph Woodgate.

Anmerkungen und Literaturverzeichnis

Kapitel 1

7) Maeterlinck, M. (1901), *Das Leben der Bienen*, übers. v. F. von Oppeln-Bronikowski, Leipzig, S. 17 und 31.

9) Zur Schätzung der Anzahl der Zellen im menschlichen Hirn siehe Herculano-Houzel, S. (2009), „The human brain in numbers: a linearly scaled-up primate brain". *Frontiers in Human Neuroscience* 3 (31). DOI: 10.3389/neuro.09.031.2009.

9) Zur Schätzung der Anzahl der Zellen im Gehirn von Bienen und anderen Hautflüglern siehe Witthöft, W. (1967), „Absolute Anzahl und Verteilung der Zellen im Hirn der Honigbiene". *Zeitschrift für Morphologie der Tiere* 61: 160–84; Godfrey, R. K., Swartzlander, M., Gronenberg, W. (2021), „Allometric analysis of brain cell number in Hymenoptera suggests ant brains diverge from general trends". *Proceedings of the Royal Society B-Biological Sciences* 288 (1947). DOI: 10.1098/rspb.2021.0199.

9) Die Idee, das Insektenhirn sei eine Prognosemaschine, wird weiter ausgeführt bei: Heisenberg, M. (2015), „Outcome learning, outcome expectations, and intentionality in Drosophila". *Learning & Memory* 22 (6). DOI: 10.1101/lm.037481.114; und Menzel, R. (2019), „Search strategies for intentionality in the honeybee brain". In *Oxford Handbook of Invertebrate Neurobiology,* hrsg. v. J. H. Byrne, 663–84. DOI: 10.1093/oxfordhb/9780190456757.013.27. Oxford, UK: Oxford Handbooks Online.

9) „Wie es sich anfühlt, eine Biene zu sein" ist eine Anspielung auf einen einflussreichen Aufsatz von Thomas Nagel über die Schwierigkeit, das Denken anderer Tiere zu verstehen: Nagel, T. (1974), „What is it like to be a bat?". *The Philosophical Review* 83: 435–50. DOI: 10.2307.2183914.

9) Die Idee, die Welt aus dem Cockpit eines Insekts zu sehen, wurde, soviel ich weiß, zuerst 1992 von A. Borst und M. Egelhaaf entwickelt. „Im Cockpit der Fliege", *MPG-Spiegel* 3: 14–17. Ein aktuellerer Essay von A. Borst ist 2009 erschienen: „Drosophila's view on insect vision". *Current Biology* 19: R36–47. DOI: 10.1016/j.cub.2008.11.001.

9) Eine ausführliche Abhandlung über die Optik im Bienenauge liefern Land, M. F., Nilsson, D.-E. (2002), *Animal Eyes*, Oxford; eine kurze Übersicht geben Land, M., Chittka, L. (2013), „Vision". In *The Insects: Structure and Function*, 5. Ausgabe, hrsg. v. S. J. Simpson u. A. E. Douglas, Cambridge, UK, S. 708–37. Zur beeindruckenden Verarbeitungsgeschwindigkeit von visuellen Informationen bei Insekten siehe Niven, J. E., Anderson, J. C., Laughlin, S. B. (2007), „Fly photoreceptors demonstrate energy-information trade-offs in neural coding". *PLoS Biology* 5: e116. DOI: 10.1371/journal.pbio.0050116.

10 f.) Einen guten Überblick über die Aufgabe, ein Blumenbesucher zu sein, liefert Heinrich, B. (2001), *Der Hummelstaat*, München. Zum Zusammenspiel von genetischen und zivilisatorischen Einflüssen auf das Erkenntnisvermögen siehe

Lorenz, K. (1973), *Die Rückseite des Spiegels. Versuch einer Naturgeschichte menschlichen Erkennens*, München.

10 f.) Zur unterschiedlichen Bedeutung von Blumen für Bienen und Menschen siehe Chittka, L., Walker, J. (2006), „Do bees like Van Gogh's *Sunflowers*?". *Optics and Laser Technology* 38: 323–28. DOI: 10.1016/joptlastec.2005.06.020.

12) Sehr hohe Verlustraten bei den ersten Suchflügen der Bienen wurden beobachtet von Stelzer, R. J., Raine, N. E., Schmitt, K. D., Chittka, L. (2010), „Effects of aposematic coloration on predation risk in bumblebees? A comparison between differently coloured populations, with consideration of the ultraviolet". *Journal of Zoology* 282 (2): 75–83. DOI: 10.1111/j1469-7998.2010.00709.x.

12 ff.) Zur Schwierigkeit, sich als Mensch erfolgreich in der Wildnis zurechtzufinden, siehe Bond, M. (2020), „People who get lost in the wild follow strangely predictable paths". *New Scientist* (3271), 29. Februar 2020.

13) Zum Vergleich von Blumen mit Knobelboxen und wie Bienen lernen, sie zu öffnen und zu manipulieren, siehe Laverty, T. M., Plowright, R. C. (1988), „Flower handling by bumblebees: a comparison of specialists and generalists". *Animal Behaviour* 36: 733–49, DOI: 10.1016/S0003-3472(88)80156-8.

17) Zu den 15 Pheromondrüsen der Bienen: Free, J. B. (1987), *Pheromones of Social Bees*. Ithaca, NY; Blum, M. S. (1992), „Honey bee pheromones", In *The Hive and the Honey Bee*, revised edition, Hamilton, Illinois, S. 385–89.

17) Die ausführlichste Darstellung des Bienentanzes stammt von von Frisch, K. (1965), *Tanzsprache und Orientierung der Bienen*, Berlin, Heidelberg, New York.

18 f.) Zur philosophischen Überlegung, wie es wäre, ein anderes Tier zu sein, siehe Nagel, op. cit.

19) Zu Gefühlen bei Bienen und anderen Wirbellosen siehe Perry C. J., Baciadonna, J. (2017), „Studying emotion in invertebrates: what has been done, what can be measured and what they can provide". *Journal of Experimental Biology* 220 (21): 3856–3868. DOI: 10.1242/jeb.151308.

20) Männliche Bienen sind nur für die Fortpflanzung gut; eine Ausnahme stellen manche Hummeln dar, bei denen die Männchen offenbar dabei helfen, die Brut zu wärmen. Siehe Cameron, S. A. (1985), „Brood care by male bumblebees". *Proceedings of the National Academy of Sciences of the USA* 82 (19): 6371–73. DOI: 10.1073/pnas.82.19.6371.

21 f.) Weiterführende Lektüre zu ethischen Fragen findet sich bei Mikhalevich, I., Powell, R. (2020), „Minds without spines: evolutionarily inclusive animal ethics". *Animal Sentience* 329: 1–25. DOI: 10.51291/2377-7478.1527.

22) Zur langen gemeinsamen Geschichte von Menschen und Bienen siehe Stanford, C. B., Gambaneza, C., Nkurunungi, J. B., Goldsmith, M. L. (2000), „Chimpanzees in Bwindi-Impenetrable National Park, Uganda, use different tools to obtain different types of honey". *Primates* 41 (3): 337–41. DOI: 10.10007/bf02557602; Marlowe, F. W., Berbesque, J. C., Wood, B., Crittenden, A., Porter, C., Mabulla, A. (2014), „Honey, Hadza, hunter-gatherers, and human evolution". *Journal of Human Evolution* 71: 119–28. DOI: 10.1016/j.jhevol.2014.03.006. Eine populärwissenschaftliche Darstellung liefern Hanson, T. (2018), *Buzz*, New York; und Preston, C. (2006), *Bee*, London.

23) Einzelheiten über das bemerkenswerte Leben von Charles Turner und sein Werk findet man bei Abramson, C. I. (2009), „A Study in Inspiration: Charles Henry Turner (1867–1923) and the Investigation of Insect Behavior". *Annual Review of*

Entomology 54: 343–59. DOI: 10.1146/annurev.ento.54.110807.090502; Wehner, R. (2016), „Early ant trajectories: spatial behaviour before behaviourism". *Journal of Comparative Physiology A – Sensory Neural and Behavioral Physiology* 202 (4): 247–66. DOI: 10.1007/s00359-015-1060-1; Lee, D. N. (2020), „Diversity and inclusion activisms in animal behaviour and the ABS: a historical view from the USA". *Animal Behaviour* 164: 273–80. DOI: 10.1016/j.anbehav.2020.03.019; Galpayage Dona, H. S., Chittka, L. (2020), „Charles H. Turner, pioneer in animal cognition". *Science* 370 (6516): 530–31. DOI: 10.1126/science.abd8754.

Kapitel 2

24) Lord Rayleigh (Strutt, J. W.) (1874), „Insects and the colours of flowers". *Nature* 11: 6. DOI: 10.1038/011006a0.

24 f.) Zu John Lubbocks Experimenten zur UV-Empfindlichkeit von Ameisen und dem Farbentraining der Bienen siehe Lubbock, J. (1882), *Ants, Bees and Wasps: A Record of Observations on the Habits of Social Hymenoptera*, London, S. 442 ff.

26) Nicht nur Lubbock, auch Charles Turner hat Experimente zum Farblernen der Bienen durchgeführt. Turner, C. H. (1910), „Experiments on color-vision of the honey bee". *Biological Bulletin* 19: 257–79. Wie Lubbock kontrollierte Turner nicht die Intensität der Reize, wies jedoch darauf hin, dass eine solche Kontrolle wünschenswert wäre. Eine weitere historische Übersicht liefern: Giurfa, M., Sanchez, M. G. D. (2020), „Black lives matter: revisiting Charles Henry Turner's experiments on honey bee color vision". *Current Biology* 30 (20): R1235–39. DOI: 10.1016/j.cub.2020.08.075.

26) Das erste Buch zum Farbensehen bei Tieren stammt von Carl von Hess (1912), *Vergleichende Physiologie des Gesichtssinnes*, Jena.

26) Zu von Hess' Experiment zum Farbensehen der Bienen: von Hess, C. (1913), „Experimentelle Untersuchungen über den angeblichen Farbensinn der Bienen". *Zoologische Jahrbücher* 34: 81–106.

28) Von Frischs bahnbrechende Arbeit zum Farbensehen: Von Frisch, K. (1914), „Der Farbensinn und Formensinn der Biene". *Zoologische Jahrbücher (Physiologie)* 37: 1–238; die Kontroverse zwischen von Frisch und von Hess wird ausführlich beschrieben von Kreutzer, U. (2010), *Karl von Frisch – eine Biografie*, München.

28) Von Frischs Autobiografie: Von Frisch, K. (1973), *Erinnerungen eines Biologen*, Berlin, Heidelberg, New York.

29) Zur Entdeckung der UV-Empfindlichkeit bei Bienen: Kühn, A. (1923), „Versuche über das Unterscheidungsvermögen der Bienen und Fische für Spektrallichter". *Nachrichten von der Gesellschaft der Wissenschaften zu Göttingen, Mathematisch-Physikalische Klasse*: 66–71.

29) Zur Entdeckung der UV-Reflexion von Pflanzen siehe Lutz, F. E. (1924), „Apparently non-selective characters and combinations of characters including a study of ultraviolet in relation to the flower-visiting habits of insects". *Annals of the New York Academy of Sciences* 29: 181–283.

29 ff.) Zum Verhältnis von Karl von Frisch zu den Nazis siehe seine oben genannte Autobiografie sowie die Biografie von Kreutzer; außerdem Munz, T. (2018), *Der Tanz der Bienen. Karl von Frisch und die Entdeckung der Bienensprache*, Wien.

29) „Mischling zweiten Grades" ist ein Zitat aus einem Brief des Reichserziehungsministeriums; zitiert nach Kreutzer.

30) „Außergewöhnlich große Liebe für Juden und Judenstämmlinge", siehe Biografie von Kreutzer, op. cit.
30) von Frisch, K. (1936), *Du und das Leben. Eine moderne Biologie*, Berlin.
31) Zu Karl Daumers Entdeckungen der Farbsicht der Bienen: Daumer, K. (1936), „Reizmetrische Untersuchung des Farbensehens der Bienen". *Zeitschrift für Vergleichende Physiologie* 38: 413–78. DOI: 10.1007/BF00340456.
31 f.) Zu den wesentlichen Unterschieden beim Farbensehen und z. B. der Geruchs- und Lautwahrnehmung: Chittka, L., Brockmann, A. (2005), „Perception space, the final frontier". *PLoS Biology* 3: 564–68. DOI: 10.1371/journal.pbio.0030137.
34) Zu Hansjochem Autrums intrazellulären Aufnahmen der Sehzellen der Bienen siehe: Autrum, H. J., Zwehl, V. v. (1964), „Die spektrale Empfindlichkeit einzelner Sehzellen des Bienenauges". *Zeitschrift für Vergleichende Physiologie* 48: 357–84. DOI: 10.1007/BF00299270.
34) Zu Randolf Menzels Arbeit über Farblerngeschwindigkeit bei Bienen: Menzel, R. (1985), „Learning in honey bees in an ecological and behavioral context". In *Experimental Behavioral Ecology*, hrsg. v. B. Hölldobler u. M. Lindauer, S. 55–74, Stuttgart.
35) Lerngeschwindigkeit ist kein nützlicher Parameter der Intelligenz. Siehe dazu Pearce, J. M. (2008), *Animal Learning and Cognition*, 3. Ausgabe, Hove, UK und New York.
35 ff.) Hat sich das Farbsehen als Reaktion auf Blumenfarben evolviert? Siehe dazu Chittka, L., Menzel, R. (1992), „The evolutionary adaptation of flower colors and the insect pollinators' color vision systems". *Journal of Comparative Physiology A* 171: 171–81. DOI: 10.1007/BF00188925; Chittka, L. (1996), „Optimal sets of colour receptors and opponent processes for coding of natural objects in insect vision". *Journal of Theoretical Biology* 181: 179–96. DOI: 10.1006/jtbi.1996.0124.
39) Zu phylogenetischen Analysen des Farbsehens der Insekten siehe Chittka, L. (1996), „Does bee colour vision predate the evolution of flower colour?". *Naturwissenschaften* 83: 136–38. DOI: 10.1007/BF01142181; Briscoe, A., Chittka, L. (2001), „The evolution of colour vision in insects". *Annual Review of Entomology* 46: 471–510. DOI: 10.1146/annurev.ento.46.1.471; van der Kooi, C. J., Stavenga, D. G., Arikawa, K., Belušič, G., Kelber, A. (2021), „Evolution of insect color vision: from spectral sensitivity to visual ecology". *Annual Review of Entomology* 66 (1): 435–61. DOI: 10.1146/annurev-ento-061720-071644.

Kapitel 3

41) Motto von John Lubbock: Lubbock, J. (1888), „Problematical organs of sense". *Popular Science Monthly* 34: 101–7. Das Zitat lautet weiter: „Ausgestopfte Vögel und Tiere in einen Glaskasten zu stellen, Insekten in Kabinetten auszustellen … ist bloß der mühselige und vorläufige Teil des Naturstudiums; das wahre Interesse besteht hingegen darin, die Gewohnheiten der Tiere zu beobachten, ihre Beziehungen zueinander zu verstehen, ihre Instinkte und ihre Intelligenz, ihre Anpassung und ihre Beziehung zu den Naturkräften zu erforschen, herauszufinden, wie die Welt sich ihnen darstellt."
41 ff.) Zu John Lubbocks Pflichten als Parlamentarier, seiner Insektenforschung, der chemischen Sprache der Ameisen, der UV-Empfindlichkeit und dem Farbtraining der Bienen siehe: Lubbock, J. (1882), *Ants, Bees and Wasps. A Record of Observation on the Habits of Social Hymenoptera*, London, S. 442 ff.

42) Zum Verhältnis von John Lubbock, Alexander Graham Bell und Charles Darwin siehe Keynes, R. (2009), „I thought I'd try the telephone' – Darwin, his disciple, insects and earthworms". *Journal of the Linnean Society*, Sonderausgabe 9: 79–96.

43) Zur Geschwindigkeit des Sehsinns bei Insekten siehe Srinivasan, M., Lehrer, M. (1985), „Temporal resolution of colour vision in the honeybee". *Journal of Comparative Physiology A* 157: 579–86. DOI: 10.1007/BF01351352; Niven, J. E., Laughlin, S. B. (2008), „Energy limitation as a selective pressure on the evolution of sensory systems". *Journal of Experimental Biology* 211 (11): 1792–1804. DOI: 10.1242/jeb.017574; Skorupski, P., Chittka, L. (2010), „Differences in photoreceptor processing speed for chromatic and achromatic vision in the bumblebee, *Bombus terrestris*". *Journal of Neuroscience* 30 (11): 3896–903. DOI: 10.1523/jneurosci.5700-09.2010.

43) Sinnesorgane finden sich an den merkwürdigsten Körperteilen der Insekten: Yager, D. D. (1999), „Structure, development, and evolution of insect auditory systems." *Microscopy Research and Technique* 47 (6): 380–400. DOI: 10.1002/(sici)1097-0029(19991215)47:6<380::aid-jemt3>3.0.co;2-p; Arikawa, K., Eguchi, E., Yoshida, A., Aoki, K. (1980), „Multiple extraocular photoreceptive areas on genitalia of butterfly *Papilio xuthus*". *Nature* 288: 700–702. DOI: 10.1038/288700a0.

43 ff.) Biografische Details zu Martin Lindauer finden sich bei Seeley, T. D., Kühnholz, S., Seeley R. H. (2002), „An early chapter in behavioral physiology and sociobiology: the science of Martin Lindauer". *Journal of Comparative Physiology A* 188: 439–53. DOI: 10.1007/s00359-002-0318-6.

45) Forschung über den Sonnenkompass der Biene siehe Wolf, E. (1927), „Über das Heimkehrvermögen der Bienen II". *Zeitschrift für Vergleichende Physiologie* 6: 221–54.

46) Zu Martin Lindauers Arbeit mit Karl von Frisch über den Sonnenkompass: Lindauer, M. (1985), „Karl Ritter von Frisch, 1886–1982". In *Die großen Deutschen unserer Epoche*, hrsg. v. L. Gall, S. 453–65. Berlin.

48) Martin Lindauers Entdeckungen, wie die Bienen den Sonnenkompass berechnen, werden ausführlich beschrieben in: von Frisch, *Tanzsprache und Orientierung der Bienen*, op. cit.

48 ff.) Von Frischs Arbeiten (gemeinsam mit Martin Lindauer) über die Entdeckung des Polarisationssehens von Bienen beruhen auf der Beobachtung der Schwänzeltänze im Stock. Siehe dazu von Frisch, K. (1923), *Über die „Sprache" der Bienen: eine tierpsychologische Untersuchung.*

51 ff.) Zu Rüdiger Wehners Arbeit über die Mechanismen des Polarisationssehens der Bienen siehe Wehner, R., Bernard, G. D., Geiger, E. (1975), „Twisted and non-twisted rhabdoms and their significance for polarization detection in the bee". *Journal of Comparative Physiology* 104: 225–45. DOI: 10.1007/BF01379050; Rossel, S., Wehner, R. (1982), „The bee's map of the e-vector pattern in the sky". *Proceedings of the National Academy of Sciences of the USA* 79: 4451–55. DOI: 10.1073/pnas.79.14.4451; Wehner, R., Labhart, T. (2006), „Polarisation vision". In *Invertebrate Vision*, hrsg. v. E. J. Warrant u. D.-E. Nilsson, Cambridge, UK, S. 291–348.

53) Lindauers Untersuchungen zur Wahrnehmung des Erdmagnetismus wurden an tanzenden Bienen im Stock durchgeführt: Lindauer, M., Martin, H. (1968), „Die Schwereorientierung der Bienen unter dem Einfluß des Erdmagnetfeldes". *Zeitschrift für Vergleichende Physiologie* 60: 219–43. DOI: 10.1007/BF00298600.

53) Weitere Nachweise für die Reaktion der Bienen auf magnetische Felder: Gould, J. L., Kirschvink, J. L., Deffeyes, K. S. (1978), „Bees have magnetic remanence". *Science* 201: 1026–28. DOI: 10.1126/science.201.4360.1026; Frier, H. J., Edwards, E., Smith, C., Neale, S., Collett, T. S. (1996), „Magnetic compass cues and visual pattern learning in honeybees". *The Journal of Experimental Biology* 199: 1353–61. DOI: 10.1242/jeb.199.6.1353; Gegear, R. J., Casselman, A., Waddell, S., Reppert, S. M. (2008), „Cryptochrome mediates light-dependent magnetosensitivity in *Drosophila*". *Nature* 454 (7207): 1014–18. DOI: 10.1038/nature07183; Dreyer, D., Frost, B., Mouritsen, H., Gunther, A., Green, K., Whitehouse, M., Johnsen, S., Heinze, S., Warrant, E. (2018), „The Earth's magnetic field and visual landmarks steer migratory flight behavior in the nocturnal Australian Bogong moth". *Current Biology* 28 (13): 2160–66.e5. DOI: 10.1016/j.cub.2018.05.030; Wajnberg, E., Acosta-Avalos, D., Alves, O. C., de Oliveira, J. F., Srygley, R. B., Esquivel, D. M. S. (2010), „Magnetoreception in eusocial insects: an update". *Journal of the Royal Society Interface* 7: S207–25. DOI: 10.1098/rsif.2009.0526.focus.

54) Zu Experimenten zur Orientierung der Bienen in der Dunkelheit siehe Chittka, L., Williams, N. M., Rasmussen, H., Thomson, J. D. (1999), „Navigation without vision: bumblebee orientation in complete darkness". *Proceedings of the Royal Society of London B* 266: 45–50. DOI: 10.1098/rspb.1999.0602.

54) Wie suboptimale Arbeitsbedingungen manchmal zu überraschenden Erkenntnissen führen (und andere Ratschläge, wie Wissenschaftler zu bahnbrechenden Entdeckungen kommen), siehe den Essay von Richard Hamming: Hamming, R. (1986), „You and your research". Transkript des Bell Communications Research Colloquium Seminar, 7. März 1986. Morristown, NJ.

54 f.) Zu den Mechanismen der Empfindlichkeit für Magnetfelder siehe Liang, C. H., Chuang, C. L., Jiang, J. A., Yang, E. C. (2016), „Magnetic sensing through the abdomen of the honey bee". *Scientific Reports* 6. DOI: 10.1038/srep23657.

55 f.) Einen hervorragenden Überblick über die zahlreichen Funktionen der Fühler liefert Goodman, L. (2003), *Form and Function in the Honey-bee.* Cardiff, UK.

56 f.) Zu Anzahl und Arten der Fühlerrezeptoren bei Bienen siehe Esslen, J., Kaissling, K. E. (1976), „Zahl und Verteilung antennaler Sensillen bei der Honigbiene (*Apis mellifera* L.)". *Zoomorphologie* 83: 227–51. DOI: 10.1007/BF00993511.

57) Weiterführende Lektüre zur CO2-Empfindlichkeit bei Honigbienen und anderen Insekten: Seeley, T. D. (1974), „Atmospheric carbon-dioxide regulation in honeybee (*Apis mellifera*)". *Journal of Insect Physiology* 20: 2301–5. DOI: 10.1016/0022-1910(74)90052-3, Jones, W. (2013), „Olfactory carbon dioxide detection by insects and other animals". *Molecular Cell* 35 (2): 87–92. DOI: 10.1007/s10059-013-0035-8.

57) Zur Anzahl flüchtiger Bestandteile im Bouquet einer einzigen Pflanzenart siehe: Friberg, M., Schwind, C., Guimarães, P. R., Jr., Raguso, R. A., Thompson, J. N. (2019), „Extreme diversification of floral volatiles within and among species of *Lithophragma* (Saxifragaceae)". *Proceedings of the National Academy of Sciences of the USA* 116 (10): 4406–15. DOI: 10.1073/pnas.1809007116.

58 ff.) Randolf Menzel über das Lernen von Gerüchen und das Alarmpheromon: Menzel, R. (1985), „Learning in honey bees in an ecological and behavioral context". In *Experimental Behavioral Ecology*, op. cit. S. 55–74.

58) Zu Bienen als Schnüffelhunde: Kerk, W. C., Chua, L. S. (2016), „Sniffer bees as a good alternative for the current sniffing technology". *Biointerface Research in Applied Chemistry* 6 (4): 1391–1400.

59) Zur Geschwindigkeit der Geruchswahrnehmung siehe Szyszka, P., Gerkin, R. C., Galizia, C. G., Smith, B. H. (2014), „High-speed odor transduction and pulse tracking by insect olfactory receptor neurons". *Proceedings of the National Academy of Sciences of the USA* 111 (47): 16925–30. DOI: 10.1073/pnas.1412051111.

59 f.) von Frisch, K. (1934), „Über den Geschmackssinn der Bienen". *Zeitschrift für Vergleichende Physiologie* 21: 1–156.

60) Zur Vorliebe der Bienen für mit Pestiziden verseuchten Nektar: Kessler, S. C., Tiedeken, E. J., Simcock, K. L., Derveau, S., Mitchell, J., Softley, S., Stout, J. C., Wright, G. A. (2015), „Bees prefer foods containing neonicotinoid pesticides". *Nature* 521 (7550): 74–76. DOI: 10.1038/nature14414.

60 ff.) Zu taktilen Sensoren auf den Fühlern der Bienen und deren Funktion beim Abtasten von Blumenoberflächen siehe Kevan, P. G., Lane, M. A. (1985), „Flower petal microtexture is a tactile cue for bees". *Proceedings of the National Academy of Sciences of the USA* 82: 4750–52. DOI: 10.1073/pnas.82.14.4750; Whitney, H. M., Chittka, L., Bruce, T. J. A., Glover, B. J. (2009), „Conical epidermal cells allow bees to grip flowers and increase foraging efficiency". *Current Biology* 19 (11): 948–53. DOI: 10.1016/j.cub.2009.04.051.

61) Einen Überblick über das Hören bei Insekten liefern Robert, D., Gopfert, M. C. (2002), „Novel schemes for hearing and orientation in insects". *Current Opinion in Neurobiology* 12 (6): 715–20. DOI: 10.1016/s0959-4388(02)00378-1.

61) Zum Hören der Honigbienen siehe: Dreller, C., Kirchner, W. H. (1993), „Hearing in honeybees: localization of the auditory sense organ". *Journal of Comparative Physiology A* 173: 275–79. DOI: 10.1007/BF00212691; Kirchner, W. H., Towne, W. F. (1994), „The sensory basis of the honeybee's dance language". *Scientific American* 270: 74–81; Towne, W. F., Kirchner, W. H. (1989), „Hearing in honey bees: detection of air-particle oscillations". *Science* 244: 686–88. DOI: 10.1126/science.244.4905.686.

61) Zur Vibrationswahrnehmung der Bienen mithilfe der Beine: Nieh, J. C., Tautz, J. (2000), „Behaviour-locked signal analysis reveals weak 200–300 Hz comb vibrations during the honeybee waggle dance". *The Journal of Experimental Biology* 203: 1573–79. DOI: 10.1242/jeb.203.10.1573.

61) Siehe dazu: Exner, S. (1895), „Über die elektrischen Eigenschaften der Haare und Federn". *Pflügers Archiv* 61: 1–98.

61 ff.) Zur Empfindlichkeit für elektrische Felder und deren eventueller Bedeutung für die Bienenkommunikation siehe: Eskov, E. K., Sapozhnikov, A. M. (1974), „Generation and perception of electric fields by *Apis mellifera*". *Zoologičeskij žurnal* 52: 800–82; Eskov, E. K., Sapozhnikov, A. M. (1976), „Mechanisms of generation and perception of electric fields by honeybees". *Biofizika* 21 (6): 1097–1102; Greggers, U., Koch, G., Schmidt, V., Durr, A., Floriou-Servou, A., Piepenbrock, D., Gopfert, M. C., Menzel, R. (2013), „Reception and learning of electric fields in bees". *Proceedings of the Royal Society B-Biological Sciences* 280 (1759): 8. DOI: 10.1098/rspb.2013.0528.000; zur Wahrnehmung elektrischer Felder von Hummeln: Sutton, G. P., Clarke, D., Morley, E. L., Robert, D. (2016), „Mechanosensory hairs in bumblebees (*Bombus terrestris*) detect weak electric fields". *Proceedings of the National Academy of Sciences of the USA* 113 (26): 7261–65.

DOI: 10.1073/pnas.1601624113; Clarke, D., Whitney, H., Sutton, G., Robert, D. (2013), „Detection and learning of floral electric fields by bumblebees", *Science* 340 (6128): 66–69. DOI: 10.1126/science.1230883.

Kapitel 4

65) Huber, F. (1814), *Nouvelles observations sur les abeilles* II. Genf; übersetzt (1858), *Neue Beobachtungen an den Bienen,* Einbeck, Bd. 2, S. 111 f.

66) Zum Sprachinstinkt: Pinker, S. (1998), *Der Sprachinstinkt*, München.

67) Zur Anzahl und Bandbreite instinktiven Verhaltens bei Bienen siehe: Chittka, L., Niven, J. (2009), „Are bigger brains better?". *Current Biology* 19: R995–1008. DOI: 10.1016/j.cub.2009.08.023.

68 ff.) Fabre über Kiefernprozessionsspinner: Fabre, J.-H. (1897, übersetzt 2015), *Erinnerungen eines Insektenforschers / Souvenirs entomologiques* VI, Berlin, S. 320–332.

69) „Fragmente über die Psychologie der Insekten" und „Du bist nichts": Fabre, J.-H. (2010), *Erinnerungen eines Insektenforschers / Souvenirs entomologiques* II, Berlin, S. 320–332. S. 141 ff. und 159.

70 f.) Verbundene Thoraxganglien: Niven, J. E., Graham, C. M., Burrows, M. (2008), „Diversity and evolution of the insect ventral nerve cord". *Annual Review of Entomology* 53: 253–71. DOI: 10.1146/annurev.ento.52.110405.091322.

71 ff.) Fabres Beobachtungen zu Grabwespen: Fabre, J.-H. (2009), *Erinnerungen eines Insektenforschers / Souvenirs entomologiques* I, Berlin, S. 73–84.

71 ff.) Daniel Dennett über die Automatenhaftigkeit des Insektenverhaltens: Dennett, D. C. (2015), *Ellenbogenfreiheit. Die erstrebenswerten Formen freien Willens,* Hamburg.

73 f.) Über das Vermögen der Bienen, Waben zu bauen: Darwin, C. (1859), *Der Ursprung der Arten,* Kapitel 8.

75 ff.) Zu Hubers, Lullins und Burnens Experimenten zur Flexibilität der Bienen bei der Wabenkonstruktion siehe Huber, F. (2018), *Neue Beobachtungen an den Bienen,* op. cit. Neuere Beiträge zu dem Thema: Gallo, V., Chittka, L. (2018), „Cognitive aspects of comb-building in the honeybee?". *Frontiers in Psychology* 9: 900. DOI: 10.3389/fpsyg.2018.00900.

78 f.) Zur Beeinflussung des Wabenbaus durch die Struktur, in der Bienen aufgewachsen sind, siehe: von Oelsen, G., Rademacher, E. (1979), „Untersuchungen zum Bauverhalten der Honigbiene (*Apis mellifica*)". *Apidologie* 10 (2): 175–209. DOI: 10.1051/apido:19790208.

78) Die Hypothese, dass der Bau eines Spinnennetzes mehr erfordert als Instinkt, wurde zum ersten Mal 1892 (mit experimenteller Unterstützung) vom 25-jährigen Charles Turner geäußert. Er schrieb: „Wir können mit Sicherheit annehmen, dass die Spinne aufgrund eines Naturtriebs ihr Netz webt, doch die Details des Baues sind das Ergebnis intelligenter Vorgehensweise." Turner, C. H. (1892), „Psychological notes upon the gallery spider: illustrations of intelligent variations in the construction of the web". *Journal of Comparative Neurology* 2: 95–110. Diese Idee hat in jüngster Zeit wieder an Zugkraft gewonnen, siehe dazu z. B. Eberhard, W. G. (2019), „Adaptive flexibility in cues guiding spider web construction and its possible implications for spider cognition". *Behavior* 156 (3–4): 331–62. DOI: 10.1163/1568539X-00003544; Hesselberg, T. (2015), „Exploration behaviour and behavioural flexibility in orb-web spiders: a review". *Current Zoology* 61 (2): 313–27. DOI: 10.1093/czoolo/61.2.313.

79) Zu Bienen im Weltall: Vandenberg, J. D., Massie, D. R., Shimanuki, H., Peterson, J. R., Poskevich, D. M. (1985), „Survival, behavior and comb construction by honeybees, *Apis mellifera*, in zero gravity aboard NASA shuttle mission STS-13". *Apidologie* 16 (4): 369–83. DOI: 10.1051/apido:19850402.

79) Zu einfachen Erklärungen von scheinbar intelligentem tierischem Verhalten siehe: Döring, T. F., Chittka, L. (2011), „How human are insects, and does it matter?". *Formosan Entomologist* 31: 85–99; Shettleworth, S. J. (2010), „Clever animals and killjoy explanations in comparative psychology". *Trends in Cognitive Sciences* 14 (11): 477–81. DOI: 10.1016/j.tics.2010.07.002.

79 ff.) Bethe, A. (1898), *Dürfen wir den Ameisen und Bienen psychische Qualitäten zuschreiben?*, Bonn, S. 77. Der damals noch unbekannte Heimkehrinstinkt der Hautflügler war auch von Jean-Henri Fabre in seiner Korrespondenz mit Charles Darwin diskutiert worden, siehe Band 1–2 der *Erinnerungen eines Insektenforschers.*

80 ff.) Buttel-Reepens Antwort auf Bethe: Buttel-Reepen, H. (1900), „Sind die Bienen Reflexmaschinen?". *Experimentelle Beiträge zur Biologie der Honigbiene* 20: 1–84.

81 ff.) Zur Kontroverse über das Blütensyndrom und der Hartnäckigkeit, mit der der Begriff verwendet wird: Clare, E. L., Schiestl, F. P., Leitch, A. R., Chittka, L. (2013), „The promise of genomics in the study of plant-pollinator interactions". *Genome Biology* 14: 207. DOI: 10.1186/gb-2013-14-6-207; Fenster, C. B., Armbruster, W. S., Wilson, P., Dudash, M. R., Thomson, J. D. (2004), „Pollination syndromes and floral specialization". *Annual Review of Ecology, Evolution and Systematics* 35: 375–403. DOI: 10.1146/annurev.ecolsys.34.011802.132347; Waser, N. M., Chittka, L., Price, M. V., Williams, N., Ollerton, J. (1996), „Generalization in pollination systems, and why it matters". *Ecology* 77: 1043–60. DOI: 10.2307/2265575. Letztere Arbeit bezieht sich auf die Feldstudien in Strausberg und zeigt unter anderem, dass „Spezialisten" für bestimmte Blumenarten im Notfall manchmal zu anderen Arten wechseln.

83) Zur Koevolution von Lernen und Instinkt siehe: Robinson, G. E., Barron, A. B. (2017), „Epigenetics and the evolution of instincts". *Science* 356 (6333): 26–27. DOI: 10.1126/science.aam6142.

84 f.) Spezialisierte Hummeln müssen lernen, wie sie Blumen öffnen: Laverty, T. M., Plowright, R. C. (1988), „Flower handling by bumble-bees: a comparison of specialists and generalists". *Animal Behaviour* 36: 733–40. DOI: 10.1016/S0003-3472(88)80156-8.

Kapitel 5

86) Müller, H. (1876), „Die Bedeutung der Honigbiene für unsere Blumen (IX)". *Bienenzeitung* 32: 176–84.

86) Zu dreidimensionaler Orientierung als Grundlage menschlicher Intelligenz siehe Lorenz, K. (1973), *Die Rückseite des Spiegels. Versuch einer Naturgeschichte menschlichen Erkennens*, München.

87) Einen Überblick über die lange evolutionäre Geschichte der Insekten geben: Grimaldi, D., Engel, M. S. (2005), *Evolution of the Insects*, Cambridge, UK.

88) Zu Wespen, die sich nach zukünftigen Möglichkeiten umschauen: van Nouhuys, S., Kaartinen, R. (2008), „A parasitoid wasp uses landmarks while monitoring potential resources". *Proceedings of the Royal Society B-Biological Sciences* 275 (1633): 377–85. DOI: 10.1098/rspb.2007.1446.

89) Zur Entwicklung des Gehirns und des Pilzkörpers bei Hautflüglern: Farris, S. M., Schulmeister, S. (2011), „Parasitoidism, not sociality, is associated with the evolution of elaborate mushroom bodies in the brains of hymenopteran insects". *Proceedings of the Royal Society B-Biological Sciences* 278 (1707); 940–51. DOI: 10.1098/rspb.2010.2161; Godfrey, R. K., Gronenberg, W. (2019), „Brain evolution in social insects: advocating for the comparative approach". *Journal of Comparative Physiology A-Neuroethology, Sensory, Neural, and Behavioral Physiology* 205 (1): 13–32. DOI: 10.1007/s00359-019-01315-7; Sayol, F., Collado, M. A., Garcia-Porta, J., Seid, M. A., Gibbs, J., Agorreta, A., San Mauro, D., Raemakers, I., Sol, D., Bartomeus, I. (2020), „Feeding specialization and longer generation time are associated with relatively larger brains in bees". *Proceedings of the Royal Society B-Biological Sciences* 287 (1935). DOI: 10/1098/rspb.2020.0762.

89 f.) Fabre über Grabwespen: Fabre, J.-H. (1879), *Erinnerungen eines Insektenforschers / Souvenirs entomologiques* I, op. cit. Ein detaillierter Bericht über die Biologie einer Grabwespe findet sich bei Baerends, G. P. (1941), „Fortpflanzungsverhalten und Orientierung der Grabwespe *Ammophila campestris*". *Tijdschrift voor Entomologie* 84: 71–248.

91) Wie ein Teil der Grabwespen vegan wurde: Siehe dazu Grimaldi und Engel, *Evolution of the Insects,* op. cit. Eine populärwissenschaftliche Darstellung liefert Michael Engel, zitiert in Hanson, T. *Buzz,* op. cit. S. 21; außerdem Preston, C. (2006), *Bee,* London.

91 ff.) Zur Tanzsprache der Bienen siehe von Frisch, K. (1965), *Tanzsprache und Orientierung der Bienen*, op. cit.

95) Lindauer, M. (1956), „Über die Verständigung bei indischen Bienen". *Zeitschrift für Vergleichende Physiologie* 38: 521–57. DOI: 10.1007/BF00341108.

95) Weiterführende Lektüre zur Kommunikation asiatischer Honigbienen: Dyer, F. C. (1985), „Mechanisms of dance orientation in the Asian honey bee *Apis florea*". *Journal of Comparative Physiology A* 157: 183–98. DOI: 10.1007/BF01350026; Dyer, F. C. (1985), „Nocturnal orientation by the Asian honey bee, *Apis dorsata*". *Animal Behavior* 33: 769–74. DOI: 10.1016/S0003- 3472(85)80009-9; Dyer, F. C. (1991), „Comparative studies of dance communication: analysis of phylogeny and function". In *Diversity in the Genus Apis*, hrsg. v. D. R. Smith, 177–98. Boulder, CO. DOI: 10.1201/9780429045868-9; Oldroyd, B. P., Wonsgiri, S. (2006), *Asian Honey Bees – Biology, Conservation and Human Interactons.* Cambridge, MA.

95 f.) Zur Entwicklung der Tanzsprache der Honigbiene: Dyer, F. C. (2002), „The biology of the dance language". *Annual Review of Entomology* 47: 917–49. DOI: 10.1146/annurev.ento.47.091201.145306; Barron, A. B., Plath, J. A. (2017), „The evolution of honey bee dance communication: a mechanistic perspective". *Journal of Experimental Biology* 220 (23): 4339–46. DOI: 10.1242/jeb.142778.

96) Warum sollten Bienen einer erfolgreichen Nektarsammlerin folgen? Einige Hinweise darauf werden von (nicht-tanzenden) Hummeln geliefert, bei denen uninformierte Individuen den Bewegungen erfahrener Demonstratoren sehr genau folgen, sofern sie annehmen können, dass eine Belohnung in Aussicht steht. Siehe dazu Alem, S., Perry, C. J., Zhu, X., Loukola, O. J., Ingraham, T., Søvik, E., Chittka, L. (2016), „Associative mechanisms allow for social learning and cultural transmission of string pulling in an insect". *PLoS Biology* 14 (10): e1002564. DOI: 10.1371/journal.pbio.1002564. Die Tänzerinnen liefern diese Belohnungen

mithilfe von Trophallaxis, sie würgen die Nahrung heraus, die von den Nachfolgerinnen geschluckt wird. Somit haben süße Belohnungen vielleicht das Folgeverhalten induziert, das entscheidend für das Funktionieren der Tanzkommunikation ist.

96) Zu Martin Lindauers Zusammenarbeit mit Warwick Kerr bei der Erforschung stachelloser Bienen: Lindauer, M., Kerr, W. (1958), „Die gegenseitige Verständigung bei den stachellosen Bienen". *Zeitschrift für Vergleichende Physiologie* 41: 405–34. DOI: 10.1007/BF00344263; einen aktuelleren Bericht über die unterschiedliche Biologie der stachellosen Bienen und ihrer Kommunikationssysteme liefert: Grüter, C. (2020), *Stingless Bees*. Berlin.

96 f.) Zur Länge der Vibrationen, die die Distanz zu einer Futterquelle angeben, siehe: Grüter, *Stingless Bees,* und Nieh, J. C. (2004), „Recruitment communication in stingless bees (Hymenoptera, Apidae, Meliponini)". *Apidologie* 35 (2): 159–82. DOI: 10.1051/apido:2004007.

97) Zu Intentionsbewegungen der Honigbiene siehe: Dyer, F. „The biology of the dance language". Op. cit.

97) Stachellose Bienen gelten als Schwesterngruppe der Hummeln: Romiguier, J., Cameron, S. A., Woodard, S. H., Fischman, B. J., Keller, L., Praz, C. J. (2016), „Phylogenomics controlling for base compositional bias reveals a single origin of eusociality in corbiculate bees". *Molecular Biology and Evolution* 33 (3): 670–78. DOI: 10.1093/molbev/msv258.

97 ff.) Anna Dornhaus hat zur Kommunikation von Hummeln geforscht: Dornhaus, A., Chittka, L. (1999), „Evolutionary origins of bee dances". *Nature* 401: 38–38. DOI: 10.1038/43372; Dornhaus, A., Chittka, L. (2001), „Food alert in bumblebees: possible mechanisms and evolutionary implications". *Behavioral Ecology and Sociobiology* 50: 570–76. DOI: 10/1007/s002650100395; Dornhaus, A., Brockmann, A., Chittka, L. (2003), „Bumble bees alert to food with pheromone from tergal gland". *Journal of Comparative Physiology A* 189: 47–51. DOI: 10.1007/s00359-002-0374-y.

98 ff..) Anna Dornhaus hat zur evolutionären Bedeutung der Tanzsprache der Honigbiene geforscht: Dornhaus, A., Chittka, L. (2004), „Why do honeybees dance?". *Behavioural Ecology and Sociobiology* 55: 395–401. DOI: 10.1007/s00265-003-0726-9. Diese Studie haben wir 2001 an die Zeitschrift *Nature* geschickt, doch der Herausgeber hat sie kommentarlos abgelehnt. Merkwürdigerweise erschien später in der Zeitschrift eine Studie anderer Autoren, die dieselben Methoden angewendet hatten und zu ähnlichen Schlussfolgerungen gekommen waren: Sherman, G., Visscher, P. K. (2002), „Honeybee colonies achieve fitness through dancing". *Nature* 419: 920–22. DOI: 10.1038/nature01127). In der Welt der wissenschaftlichen Publikationen geschehen bisweilen merkwürdige Dinge.

Kapitel 6

102) Zitat von Josef Dzierzon, Brief an Buttel-Reepen, zitiert nach Buttel-Reepen, H. (1900), „Sind die Bienen Reflexmaschinen?". In *Biologisches Zentralblatt*, Bd. 20, Nr. 7, 1. April.

102) Fabres Experimente zum Heimkehrinstinkt solitärer Bienen und Wespen und seine diesbezügliche Korrespondenz mit Darwin finden sich in *Erinnerungen eines Insektenforschers / Souvenirs entomologiques* I und II, op. cit., S. 320–332.

103) Quellen zur Biografie von Charles Turner siehe letzte Anmerkung zu Kapitel 1.

104) Charles Turners Experiment mit dem Coca-Cola-Verschluss wird von ihm beschrieben in Turner, C. H. (1908), „The homing of the burrowing-bees (Anthrophodidae)", *Biological Bulletin* 15: 247–58; ähnliche Experimente wurden später von Niko Tinbergen am Bienenwolf durchgeführt. Der Nobelpreisträger (der für seine Beiträge zur Verhaltensforschung ausgezeichnet wurde) markierte den Eingang des Nests zuerst mit Kiefernzapfen und legte die Zapfen dann an eine andere Stelle, um zu beweisen, dass das Insekt sich von der Erinnerung an die Landmarken leiten ließ. Tinbergen, N. (1932), „Über die Orientierung des Bienenwolfes". *Zeitschrift für Vergleichende Physiologie* 16: 305–34. Leider wird diese Entdeckung Tinbergen zugeschrieben und nicht Turner. Ich kann die Lektüre von Turners Originalschriften nur wärmstens empfehlen – sie sind eine Goldmine wissenschaftlicher Ideen und sehr spannend, bisweilen sogar poetisch geschrieben. Eine Kostprobe: „Der Zeitpunkt war im August, und der Ort ein verlassener Garten in Augusta, Georgia. An einem Ende des Gartens, wo eine armselige Grasnarbe die Bohnen ersetzte, die einst hier geblüht hatten, hatte eine Vielzahl von Grabwespen der Gattung *Melissodes* ihre Höhlen gebaut. Einige der Löcher waren an unbewachsenen Stellen gut zu sehen, andere waren mehr oder weniger zwischen Grasbüscheln verborgen. Zu jeder Tageszeit konnte man die fleißigen Grabwespen dabei beobachten, wie sie Pollen in ihre Nester transportierten, während die Kuckucksbienen auf Grashalmen in der Nähe saßen oder über den Löchern schwirrten und auf eine Gelegenheit warteten, ihre Eier auf die eingelagerte Nahrung der fleißigen *Melissodes* zu legen. Die Weibchen der *Melissodes*, die den Wind und die Sonnenstrahlen in jedem möglichen Winkel kreuzen, im Sonnenschein genauso aktiv wie im Schatten, doch von den kleinsten Veränderungen rund um das Loch irritiert werden, arbeiten vom Morgengrauen bis zur Abenddämmerung; ihre Taten sagen mehr als alle Worte: ‚Mein Verhalten ist viel komplexer als eine Orientierung nach Wind und Licht, denn meine Heimkehr wird von Erinnerungen an die Umgebung meines Nests ermöglicht'." Turner, C. H. (1908), „The sun-dance of Melissodes". *Psyche* 15: 122–24. DOI: 10.1155/1908/632919. Weitere Schriften Turners zur Orientierung der Hautflügler: (1912), „Sphex overcoming obstacles", *Psyche* 19: 100–101. DOI: 10.1155/1912/95842; (1923), „The homing of the Hymenoptera". *Transactions of the Academy of Science of St. Louis* 24; 27–45.

104 ff.) Zu kontextuellem Lernen bei Bienen siehe: Collett, T. S., Kelber, A. (1988), „The retrieval of visuo-spatial memories by honeybees". *Journal of Comparative Physiology A* 163: 145–50. DOI: 10.1007/BF00612004. Weitere Studien zu kontextuellem Lernen bei Hummeln und Honigbienen: Collett, T. S., Fauria, K., Dale, K., Baron, J. (1997), „Places and patterns–a study of context learning in honeybees". *Journal of Comparative Physiology A* 181: 343–53. DOI: 10.1007/s003590050120; Fauria, K., Dale, K., Colbron, M., Collett, T. S. (2002), „Learning speed and contextual isolation in bumblebees". *Journal of Experimental Biology* 205 (7): 1009–18. DOI: 10.1242/jeb.205.7.1009.

106) Beleuchtung als kontextueller Reiz: Lotto, R. B., Chittka, L. (2005), „Seeing the light: Illumination as a contextual cue to color choice behavior in bumblebees". *Proceedings of the National Academy of Sciences of the USA* 102: 3852–56. DOI: 10.1073/pnas.0500681102.

106 ff.) Originalstudie zu kognitiven Karten bei Bienen: Gould, J. L. (1986), „The locale map of honey bees: Do insects have cognitive maps?" *Science* 232, 861–63.

DOI: 10.1126/science.232.4752.861; ein guter Überblick bezüglich kognitiver Karten findet sich bei Bennett, A. T. D. (1996), „Do animals have cognitive maps?". *The Journal of Experimental Biology* 199, 219–24. DOI: 10.1242/ jeb.199.1.219.

107) Zu Martin Lindauers Arbeit über nächtliche Tänze: Lindauer, M. (1954), „Dauertänze im Bienenstock und ihre Beziehung zur Sonnenbahn". *Naturwissenschaften* 41: 506–7. DOI: 10.1007/BF00631843; weitere Details bei von Frisch, K., *Tanzsprache und Orientierung bei Bienen*, op. cit.; zur Interpretation unter kognitiven Aspekten siehe Menzel., R., Eckoldt, M. (2016), *Die Intelligenz der Bienen*, München.

107) Zu Nachfolgerinnen, die Tänze ignorieren, die auf einen Ort mitten in einem See hinweisen: Gould, J. L., Gould, C. G. (1982), „The insect mind – physics or metaphysics?", In *Animal Mind–Human Mind*, hrsg. v. D. R. Griffin, 269–98. Berlin; zur Widerlegung der These siehe: Wray, M. K., Klein, B. A., Mattila, H. R., Seeley, T. D. (2008), „Honeybees do not reject dances for ‚implausible' locations: reconsidering the evidence for cognitive maps in insects". *Animal Behaviour* 76: 261–69. DOI: 10.1016/j.anbehav.2008.04.005.

107 ff.) Zu frühen experimentellen Hinweisen, die gegen kognitive Karten bei Bienensprachen: Menzel, R., Chittka, L., Eichmüller, S., Geiger, K., Peitsch, D., Knoll, P. (1990), „Dominance of celestial cues over landmarks disproves map-like orientation in honey bees". *Zeitschrift für Naturforschung C* 45 (6): 723–26. DOI: 10.1515/znc-1990-0625; Wehner, R., Bleuler, S., Nievergelt, C., Shah, D. (1990), „Bees navigate by using vectors and routes rather than maps." *Naturwissenschaften* 77 (10): 479–82. DOI: 10.1007/bf01135926; Dyer, F. C. (1991), „Bees acquire route-based memories but not cognitive maps in a familiar landscape". *Animal Behaviour* 41: 239–46. DOI: 10.1016/S0003-3472(05)80475-0.

110) Zur Frage, ob Bienen bei der Orientierung in einer Landschaft ohne optische Orientierungspunkte auf den Sonnenkompass oder auf Landmarken zurückgreifen, siehe Chittka, L., Geiger, K. (1995), „Honeybee long-distance orientation in a controlled environment". *Ethology* 99: 117–26. DOI: 10.1111/j.1439-0310.1995.tb01093.x.

110 ff.) Studie zum Zählen von Landmarken bei Honigbienen: Chittka, L., Geiger, K. (1995), „Can honeybees count landmarks?". *Animal Behaviour* 49: 159–64. DOI: 10.1016/0003-3472(95)80163-4.

111) Weitere Belege für numerische Fähigkeiten bei mehreren Bienenarten: Dacke, M., Srinivasan, M. V. (2008), „Evidence for counting in insects." *Animal Cognition* 11: 683–89. DOI: 10.1007/s10071-008-0159-y; Gross, H. J., Pahl, M., Si, A., Zhu, H., Tautz, J., Zhang, S. (2009), „Number-based visual generalisation in the honeybee". *PLoS One* 4: e4263. DOI: 10.1371/journal.pone.0004263; Pahl, M., Si, A., Zhang, S. (2013), „Numerical cognition in bees and other insects". *Frontiers in Psychology* 4: 162. DOI: 10.3389/fpsyg.2013.00162; Bar-Shai, N., Keasar, T., Shmida, A. (2011), „The use of numerical information by bees in foraging tasks". *Behavioral Ecology* 22: 317–25. DOI: 10.1093/beheco/arq206; Bar-Shai, N., Keasar, T., Shmida, A. (2011), „How do solitary bees forage in patches with a fixed number of food items?". *Animal Behaviour* 82: 1367–72. DOI: 10.1016/j.anbehav.2011.09.020. In letzter Zeit ist eine große Anzahl von Studien über höhere mathematische Fähigkeiten von Bienen erschienen, die unter Beweis stellen wollten, dass Bienen addieren und subtrahieren können und das Konzept der Null verstehen. Siehe dazu Howard, S. R., Avarguès-Weber, A., Garcia, J. E. Greentree, A. D., Dyer, A. G. (2018), „Numerical ordering of zero in honey bees".

Science 360: 1124–26. DOI: 10.1126/science.aar4975; Howard, S. R., Avarguès-Weber, A., Garcia, J. E., Greentree, A. D., Dyer, A. G. (2019), „Numerical cognition in honeybees enabels addition and subtraction". *Science Advances* 5 (2). DOI: 10.1126/sciadv.aav0961. Im Augenblick ist noch nicht völlig klar, ob die Bienen tatsächlich Zahlen oder andere Reize verwendeten, um die Aufgaben zu lösen: MaBoudDi, H., Barron, A. B., Li, S., Honkanen, M., Loukola, O. J., Peng, F., Li, W., Marshall, J. A. R., Cope, A., Vasilaki, E., Solvi, C. (2021), „Non-numerical strategies used by bees to solve numerical cognition tasks". *Proceedings of the Royal Society B–Biological Sciences* 288: 20202711. DOI: 10.1098/rspb.2020.2711.

112 ff.) Zum sequenziellen Zählen bei Bienen siehe: Skorupski, P., MaBouDi, H., Galpayage Dona, H. S., Chittka, L. (2018), „Counting insects". *Philosophical Transactions of the Royal Society B–Biological Sciences* 373: 20160513. DOI: 10.1098/rstb.2016.0513; MaBouDi, H., Galpayage Dona, H. S., Gatto, E., Loukola, O. J., Buckley, E., Onoufriou, P. D., Skorupski, P., Chittka, L. (2020), „Bumblebees use sequential scanning of countable items in visual patterns to solve numerosity tasks". *Integrative and Comparative Biology* 60: 929–42. DOI: 10.1093/icb/icaa025.

115 ff.) Zur Wegintegration bei Wüstenameisen siehe Müller M., Wehner, R. (1988), „Path integration in desert ants, *Cataglyphis fortis*". *Proceedings of the National Academy of Sciences of the USA* 85: 5287–90. DOI: 10.1073/pnas.85.14.5287; Collett, T. S., Collett, M. (2000), „Path integration in insects". *Current Opinion in Neurobiology* 10: 757–62. DOI: 10.1016/s0959-4388(00)00150-1; Collett, M., Collett, T. S. (2017), „Path integration: combining optic flow with compass orientation". *Current Biology* 27 (20): R1113–16. DOI: 10.1016/j.cub.2017.09.004.

116) Von Frisch lieferte den Beweis für die Wegintegration bei tanzenden Bienen: von Frisch, *Die Tanzsprache,* op. cit.; seine Überlegungen werden von Collett weitergeführt: Collett, M., Collett, T. S. (2000), „How do insects use path integration for their navigation?". *Biological Cybernetics* 83: 245–59. DOI: 10.1007/s004220000168.

116) Zur Wegintegration von Honigbienen in einer Wüste in Arizona: Chittka, L., Kunze, J., Shipman, C., Buchmann, S. L. (1995), „The significance of landmarks for path integration of homing honey bee foragers". *Naturwissenschaften* 82: 341–43. DOI: 10.1007/BF01131533.

117) Zur Verwendung des optischen Flusses beim Messen der Flugdistanz siehe Srinivasan, M. V., Zhang, S., Altwein, M., Tautz, J. (2000), „Honeybee navigation: nature and calibration of the ‚odometer'". *Science* 287: 851–53. DOI: 10.1126/science.287.5454.851; Esch, H. E., Zhang, S., Srinivasan, M. V., Tautz, J. (2001), „Honeybee dances communicate distances measured by optic flow". *Nature* 411: 581–83. DOI: 10.1038/35079072; Tautz, J., Zhang, S., Spaethe, J., Brockmann, A., Si, A., Srinivasan, M. V. (2004), „Honeybee odometry: performance in varying natural terrain". *PLoS Biology* 2: e211. DOI: 10.1371/journal.pbio0020211; Chittka, L. (2004), „Dances as windows into insect perception". *PLoS Biology* 2: 898–900. DOI: 10.1371/journal.pbio.0020216.

118) Ohne optische Reize sind Hummeln nicht zur Wegintegration fähig: Chittka, L., Williams, N., Rasmussen, H., Thomson, J. D. (1999), „Navigation without vision–bumble bee orientation in complete darkness". *Proceedings of the Royal Society B–Biological Sciences* 266: 45–50. DOI: 10.1098/rspb.1999.0602.

118) Neuronale Modelle der Wegintegration: Stone, T., Webb, B., Adden, A., Ben Weddig, N., Honkanen, A., Templin, R., Wcislo, W., Scimeca, L., Warrant, E., Heinze, S. (2017), „An anatomically constrained model for path integration in the bee brain". *Current Biology* 27 (20): 3069–85. DOI: 10.1016/j.cub.2017.08.052.

119 ff.) Erste Studie zur Radarortung von Bienen: Riley, J. R., Smith, A. D., Reynolds, D. R., Edwards, A. S., Osborne, J. L., Williams, I. H., Carreck, N. L., Poppy, G. M. (1996), „Tracking bees with harmonic radar". *Nature* 379: 29–30. DOI: 10.1038/379029b0.

120 ff.) Zur lebenslangen Radarortung von Bienen: Woodgate, J. L., Makinson, J. C., Lim, K. S., Reynolds, A. M., Chittka, L. (2016), „Life-long radar tracking of bumblebees". *PLoS One* 11 (8): 22. DOI: 10.1371/journal.pone.0160333. Bei laufenden Tieren sind solche Beobachtungen leichter zu machen als bei fliegenden, deshalb wurden lebenslange Beobachtungen der Navigation zuerst bei Ameisen durchgeführt: Wehner, R., Harkness, R. D., Schmid-Hempel, P. (1983), „Foraging strategies in individually searching ants, *Cataglyphis bicolor* (Hymenoptera: Formicidae)". In *Information Processing in Animals,* hrsg. v. M. Lindauer, 1–79, Stuttgart.

123 ff.) Randolf Menzel zu kognitiven Karten bei Bienen: Menzel, R., Greggers, U., Smith, A., Berger, S., Brandt, R., Brunke, S., Bundrock, G., Hulse, S., Plumpe, T., Schaupp, F. et al. (2005), „Honey bees navigate according to a map-like spatial memory". *Proceedings of the National Academy of Sciences of the USA* 102 (8): 3040–45. DOI: 10.1073/pnas.0408550102.

125) Zu Experimenten mit Bienen mit Jetlag siehe: Cheeseman, J. F., Millar, C. D., Greggers, U., Lehmann, K., Pawley, M. D. M., Gallistel, C. R., Warman, G. R., Menzel, R. (2014), „Way-finding in displaced clock-shifted bees proves bees use a cognitive map". *Proceedings of the National Academy of Sciences of the USA* 111 (24): 8949–54. DOI: 10.1073/pnas.1408039111.

125) Zur Kritik an der Studie an Bienen mit Jetlag siehe: Cheung, A., Collett, M., Collett, T. S., Dewar, A., Dyer, F., Graham, P., Mangan, M., Narendra, A., Philippides, A., Sturzl, W. et al. (2014), „Still no convincing evidence for cognitive map use by honeybees". *Proceedings of the National Academy of Sciences of the USA* 111 (42): E4396–97. DOI: 10.1073/pnas.1413581111.

126) Zu Gerüchen, die bei Bienen räumliche Erinnerungen hervorrufen, siehe Reinhard, J., Srinivasan, M. V., Guez, D., Zhang, S. W. (2004), „Floral scents induce recall of navigational and visual memories in honeybees". *Journal of Experimental Biology* 207 (25): 4371–81. DOI: 10.1242/jeb.01306.

127) Zu James Thomsons Arbeit über Bienen, die Routen anlegen: Thomson, J. D., Peterson, S. C., Harder, L. D. (1987), „Response of traplining bumble bees to competition experiments: shifts in feeding location and efficiency". *Oecologia* 71: 295–300. DOI: 10.1007/BF00377298; Thomson, J. D. (1996), „Trapline foraging by bumblebees: I. Persistence of flight-path geometry". *Behavioral Ecology* 7 (2): 158–64. DOI: 10.1093/beheco/7.2.158; Thomson, J. D., Slatkin, M., Thomson, B. A. (1997), „Trapline foraging by bumble bees: II. Definition and detection from sequence data". *Behavioral Ecology* 8 (2): 199–210. DOI: 10.1093/beheco/8.2.199; Williams, N. M., Thomson, J. D. (1998), „Trapline foraging by bumble bees: III. Temporal patterns of visitation and foraging success at single plants. *Behavioral Ecology* 9 (6): 612–21. DOI: 10.1093/beheco/9.6.612.

127) Zum Interesse des Autors am sequenziellen Lernen von Bienen: Chittka, L., Kunze, J., Geiger, K. (1995), „The influences of landmarks on distance estimation of honeybees". *Animal Behaviour* 50: 23–31. DOI: 10.1006/anbe.1995.0217.

127) Zur Radarortung der Bienen in der Studie über deren Fähigkeit, Routen zu wählen: Lihoreau, M., Raine, N. E., Reynolds, A. M., Stelzer, R. J., Lim, K. S., Smith, A. D., Osborne, J. L., Chittka, L. (2012), „Radar tracking and motion-sensitive cameras on flowers reveal the development of pollinator multi-destination routes over large spatial scales". *PLoS Biology* 10 (9). DOI: 10.1371/journal. pbio.1001392.

127 f.) Einen weiteren Überblick über das räumliche Lernen liefern: Collett, M., Chittka, L., Collett, T. S. (2013), „Spatial memory in insect navigation". *Current Biology* 23 (17): R789–800. DOI: 10.1016/j.cub.2013.07.020; Srinivasan, M. V. (2011), „Honeybees as a model for the study of visually guided flight, navigation, and biologically inspired robotics". *Physiological Reviews* 91 (2): 413–60. DOI: 10.1152/physrev.00005.2010; Cruse, H., Wehner, R. (2011), „No need for a cognitive map: decentralized memory for insect navigation". *PLoS Computational Biology* 7 (3). DOI: 10.1371/journal.pcbi.1002009.

Kapitel 7

129 ff.) Darwin, C. (1877), *Die Wirkungen der Kreuz- und Selbstbefruchtung im Pflanzenreich,* übers. v. V. Carus, Stuttgart, Kap. 11, S. 403.

130 ff.) Zum Lernen, wie Hummeln mit elektronischen Blumen umgehen: Chittka, L., Thomson, J. D. (1997), „Sensorimotor learning and its relevance for task specialization in bumble bees". *Behavioral Ecology and Sociobiology* 41: 385–98. DOI: 10.1007/s002650050400; Chittka, L. (1998), „Sensorimotor learning in bumblebees: long term retention and reversal training". *Journal of Experimental Biology* 201: 515–24. DOI: 10.1242/jeb.201.4.515; Chittka, L. (2002), „The influence of intermittent rewards on learning to handle flowers in bumblebees". *Entomologia Generalis* 26: 85–91.

134) Einen Überblick über die Aufmerksamkeitsbiologie bei Tieren liefern: Dukas, R. (2004), „Causes and consequences of limited attention". *Brain Behavior and Evolution* 63 (4): 197–210. DOI: 10.1159/000076781; Nityananda, V. (2016), „Attention-like processes in insects". *Proceedings of the Royal Society B–Biological Sciences* 283 (1842). DOI: 10.1098/rspb.2016.1986.

134) Grenzen der Detektion von Blumen: Lehrer, M., Bischof, S. (1995), „Detection of model flowers by honeybees: the role of chromatic and achromatic contrast". *Naturwissenschaften* 82: 145–47. DOI: 10.1007/BF01177278; Giurfa, M., Vorobyev, M., Kevan, P., Menzel. R. (1996), „Detection of coloured stimuli by honeybees: minimum visual angles and receptor specific contrasts". *Journal of Comparative Physiology A* 178: 699–709. DO: 10.1007/BF00227381.

135) Eine jüngere Studie lässt darauf schließen, dass die Auflösung im Insektenauge unter Umständen höher ist, als die einfache Optik der Ommatidien vermuten lässt. Aufgrund der Kontraktion von Fotorezeptoren und winzigen Augenbewegungen (Sakkaden) haben Insekten vielleicht eine viel bessere Auflösung als ursprünglich gedacht: Juusola, M., Dau, A., Song, Z. Y., Solanki, N., Rien, D., Jaciuch, D., Dongre, S., Blanchard, F., de Polavieja, G. G., Hardie, R. C., Jouni, T. (2017), „Micro-saccadic sampling of moving image information provides *Drosophila* hyperacute vision". *eLife* 6. DOI: 10.7554/eLife.26117.

136) Zu den zwei (unterschiedlich schnellen) Verarbeitungskanälen der optischen Information bei Hummeln siehe: Spaethe, J., Tautz, J., Chittka, L. (2001), „Visual constraints in foraging bumblebees: flower size and color affect search time and flight behavior“. *Proceedings of the National Academy of Sciences of the USA* 98 (7): 3898–903. DOI: 10.1073/pnas.071053098.

137) Zur seriellen Suche bei Honigbienen: Spaethe, J., Tautz, J., Chittka, L. (2006), „Do honeybees detect colour targets using serial or parallel visual search?“. *Journal of Experimental Biology* 209: 987–93. DOI: 10.1242/jeb.02124; im Vergleich zu Hummeln: Morawetz, L., Spaethe, J. (2012), „Visual attention in a complex search task differs between honeybees and bumblebees“. *Journal of Experimental Biology* 215 (14): 2515–23. DOI: 10.1242/jeb.066399.

139) Nityananda, V., Skorupski, P., Chittka, L. (2014), „Can bees see at a glance?“. *Journal of Experimental Biology* 217 (11): 1933–39. DOI: 10.1242/jeb.101394.

140 f.) Charles Turner wies als Erster auf einen möglichen Schnelligkeit-Genauigkeits-Abgleich bei der Entscheidungsfindung der Insekten hin: Turner, C. H. (1913), „Behavior of the common roach (*Periplaneta orientalis* L.) on an open maze“. *Biological Bulletin* 25: 348–65. Unsere diesbezügliche Arbeit findet sich in: Chittka, L., Dyer, A. G., Bock, F., Dornhaus, A. (2003), „Bees trade off foraging speed for accuracy“. *Nature* 424: 388. DOI: 10.1038/424388a; eine etwas ausführlichere Übersicht über derartige Kompromisse, ihre Gründe und Folgen, findet sich bei: Chittka, L., Skorupski, P., Raine, N. E. (2009), „Speed-accuracy tradeoffs in animal decision making“. *Trends in Ecology & Evolution* 24: 400–407. DOI: 10.1016/j.tree.2009.02.010.

142) Zu Hongbienen, die menschliche Gesichter erkennen, siehe: Dyer, A. G., Neumeyer, C., Chittka, L. (2005), „Honeybee (*Apis mellifera*) vision can discriminate between and recognise images of human faces“. *Journal of Experimental Biology* 208 (24): 4709–14. DOI: 10.1242/jeb.01929; weitere Informationen zu den psychologischen Mechanismen bei der Verarbeitung derartiger Reize bei Bienen finden sich bei Avarguès-Weber, A., Portelli, G., Benard, J., Dyer, A. G., Giurfa, M. (2010), „Configural processing enables discrimination and categorization of face-like stimuli in honeybees“. *Journal of Experimental Biology* 213 (4): 593–601. DOI: 10.1242/jeb.039263.

142) Zu Gesichtserkennung bei Menschen siehe: Kanwisher, N. (2000), „Domain-specificity in face perception“. *Nature Neuroscience* 3: 759–63. DOI: 10.1038/77664; Tsao, D. Y., Freiwald, W. A., Tootell, R. B. H., Livingstone, M. S. (2006), „A cortical region consisting entirely of face-selective cells“. *Science* 311: 670–74. DOI: 10.1126/science.1119983.

142 f.) Zur Gesichtserkennung bei Wespen siehe: Sheehan, M. J., Tibbetts, E. A. (2011), „Specialized face learning is associated with individual recognition in paper wasps“. *Science* 334 (6060): 1272–75. DOI: 10.1126/science.1211334 – eine populärwissenschaftliche Zusammenfassung dieser Studie liefern: Chittka, L., Dyer, A. (2012), „Cognition: your face looks familiar“. *Nature* 481 (7380): 154–55. DOI: 10.1038/481154a.

143) Zur Interaktion von Bienen und Blumenoberfläche: Whitney, H. M., Chittka, L., Bruce, T. J. A., Glover, B. J. (2009), „Conical epidermal cells allow bees to grip flowers and increase foraging efficiency“. *Current Biology* 19: 948–53. DOI: 10.1016/j.cub.2009.04.051; Whitney, H. M., Bennet, K. M. V., Dorling, M., Sandbach, L., Prince, D., Chittka, L., Glover, B. J. (2011), „Why do so many pe-

tals have conical epidermal cells?". *Annals of Botany* 108 (4): 609–16. DOI: 10.1093/aob/mcr065. Bereits in den 1980er-Jahren experimentierten die kanadischen Wissenschaftler Peter Kevan und Meredith Lane mit goldüberzogenen Blumenblättern und fanden heraus, dass Bienen mithilfe ihrer Antennen die Mikrostrukturen der Blütenblätter erkannten.

144) Zur Wärmeregulation der Insekten siehe die Schriften von Bernd Heinrich: Heinrich, B. (1993), *The Hot-Blooded Insects: Strategies and Mechanisms of Thermoregulation*, Berlin; Heinrich, B., Esch, H. (1994), „Thermoregulation in bees". *American Scientist* 82 (2); 164–70; Heinrich, B. (1996), *The Thermal Warriors– Strategies of Insect Survival*, Cambridge, MA.

144 f.) Zu Hummeln, die lernen, wärmere Blumen zu besuchen, siehe Dyer, A. G., Whitney, H. M., Arnold, S. E. J., Glover, B. J., Chittka, L. (2006), „Bees associate warmth with floral colour". *Nature* 442 (7102): 525. DOI: 10.1038/442525a; Whitney, H. M., Dyer, A., Chittka, L., Rands, S. A., Glover, B. J. (2008), „The interaction of temperature and sucrose concentration on foraging preferences in bumblebees". *Naturwissenschaften* 95: 845–50. DOI: 10.1007/s00114-008-0393-9; eine populärwissenschaftliche Darstellung findet sich bei: Whitney H., Chittka, L. (2007), „Warm flowers, happy pollinators". *Biologist* 54: 154–59.

146 f.) Zu Bienen, die lernen, Schillern als Reiz zu verstehen, siehe: Whitney, H. M., Kolle, M., Andrew, P., Chittka., L., Steiner, U., Glover, B. J. (2009), „Floral iridescence, produced by diffractive optics, acts as a cue for animal pollinators". *Science* 323 (5910): 130–33. DOI: 10.1126/science.1166256.

146) Schillern erhöht die Chance einer Blume, entdeckt zu werden. Siehe dazu: Whitney, H. M., Reed, A., Rands, S. A., Chittka, L., Glover, B. J. (2016), „Flower iridescence increases object detection in the insect visual system without compromising object identity". *Current Biology* 26 (6): 802–8. DOI: 10.1016/j.cub.2016.01.026.

147) Zu Hummeln, die lernen, Polarisationsmuster auf Blumen zu erkennen, siehe: Foster, J. J., Sharkey, C. R., Gaworska, A. V. A., Roberts, N. W., Whitney, H. M., Partridge, J. C. (2014), „Bumblebees learn polarization patterns". *Current Biology* 24 (12): 1415–20. DOI: 10.1016/j.cub.2014.05.007.

147) Zur Vorliebe von Honigbienen für Farben im Violett-Blau-Bereich siehe Giurfa, M., Nunez, J., Chittka, L., Menzel, R. (1995), „Colour preferences of flower-naive honeybees". *Journal of Comparative Physiology A* 177; 247–59. DOI: 10.1007/BF00192415, zu Vorlieben bei einer Vielfalt an Hummel-Arten und -Populationen: Raine, N. E., Ings, T. C., Dornhaus, A., Saleh, N., Chittka, L. (2006), „Adaption, genetic drift, pleiotropy, and history in the evolution of bee foraging behavior". *Advances in the Study of Behavior* 36: 305–54. DOI: 10.1016/S0065-3454(06)36007-X; Raine, N. E., Chittka, L. (2007), „The adaptive significance of sensory bias in a foraging context: floral colour preferences in the bumblebee *Bombus terrestris*". *PLoS One* 2: e556. DOI: 10.1371/journal.pone.0000556.

147 f.) Zu Bienen, die lernen, Blumen aufgrund von Symmetrie zu klassifizieren: Giurfa, M., Eichmann, B., Menzel, R. (1996), „Symmetry perception in an insect". *Nature* 382: 458–61. DOI: 10.1038/382458a0.

148 ff.) Zu Bienen, die gleiche und ungleiche Muster lernen: Giurfa, M., Zhang, S., Jenett, A., Menzel, R., Srinivasan, M. V. (2001), „The concepts of ‚sameness' and ‚difference' in an insect". *Nature* 410: 930–33. DOI: 10.1038/35073582.

150) Christof Koch über das Bewusstsein der Bienen: Koch, C. (2008), „Exploring consciousness through the study of bees". *Scientific American,* December 1. http://www.scientificamerican.com/article/exploring-consciousness/.

151 f.) Zu Hummeln, die lernen, Intervalle zwischen Belohnungen einzuschätzen: Boisvert, M. J., Sherry, D. F. (2006), „Interval timing by an invertebrate, the bumble bee *Bombus impatiens*". *Current Biology* 16 (16): 1636–40. DOI: 10.1016/j.cub.2006.06.064. Eine populärwissenschaftliche Darstellung liefern Skorupski, P., Chittka, L. (2006), „Animal cognition: an insect's sense of time?". *Current Biology* 16 (19): R851–53. DOI: 10.1016/j.cub.2006.08.069.

151) Zu Bienen, die imstande sind, ihre Reaktionen eine Zeitlang im Zaum zu halten, siehe: Shamosh, N. A., DeYoung, C. G., Green, A. E., Reis, D. L., Johnson, M. R., Conway, A. R. A., Engle, R. W., Braver, T. S., Gray, J. R. (2008), „Individual differences in delay discounting relation to intelligence, working memory, and anterior prefrontal cortex". *Psychological Science* 19 (9); 904–11. DOI: 10.1111/j.1467-9280.2008.02175.x; außerdem MacLean, E. L., Hare, B., Nunn, C. L., Addessi, E., Amici, F., Anderson, R. C., Aureli, F., Baker, J. M., Bania, A. E., Barnard, A. M., et al. (2014), „The evolution of self-control". *Proceedings of the National Academy of Sciences of the USA* 111 (20): E2140–48. DOI: 10.1073/pnas.1323533111.

151) Zur Sinnhaftigkeit, in Intervallen Nektar zu sammeln, siehe: Williams, N. M., Thomson, J. D. (1998), „Trapline foraging by bumble bees: III. Temporal patterns of visitation and foraging success at single plants". *Behavioral Ecology* 9 (6): 612–21. DOI: 10.1093/beheco/9.6.612.

153) Zur Vermutung, dass Bienen räumliche Konzepte entwickeln können, siehe: Avarguès-Weber, A., Dyer, A. G., Giurfa, M. (2011), „Conceptualization of above and below relationships by an insect". *Proceedings of the Royal Society B–Biological Sciences* 278 (1707): 898–905. DOI: 10.1098/rspb.2010.1891; eine populärwissenschaftliche Darstellung findet sich bei Chittka, L., Jensen, K. (2011), „Animal cognition: concepts from apes to bees". *Current Biology* 21 (3): R116–19. DOI: 10.1016/j.cub.2010.12.045.

153 f.) Eine alternative Erklärung, wie Bienen unter Umständen ein Raumkonzept lernen, liefern Guiraud, M., Roper, M., Chittka, L. (2018), „High-speed videography reveals how honeybees can turn a spatial concept learning task into a simple discrimination task by stereotyped flight movements and sequential inspection of pattern elements". *Frontiers in Psychology* 9: 1347. DOI: 10.3389/fpsyg.2018.01347.

Kapitel 8

157) Charles Darwin zitiert nach Romanes, G. J. (1884), *Mental Evolution in Animals,* New York; Darwin, C. R. (1841), Brief Nr. 607, von Charles Darwin an *The Gardeners' Chronicle,* 21. August 1841. In *The Correspondence of Charles Darwin,* Cambridge, UK, 1986, Bd. 2, 1837–43.

158) Zu Hummeln, die durch Beobachtung lernen, siehe Leadbeater, E., Chittka, L. (2005), „A new mode of information transfer in foraging bumblebees?". *Current Biology* 15 (12): R447–48. DOI: 10.1016/j.cub.2005.06.011.

159) Eine Studie der University of Arizona über Hummeln, die lernen, indem sie andere Bienen durch eine Scheibe beobachten: Worden, B. D., Papaj, D. R. (2005), „Flower choice copying in bumblebees". *Biology Letters* 1: 504–7. DOI: 10.1098/rsbl.2005.0368.

159 f.) Konditionierung zweiter Ordnung beim sozialen Lernen von Hummeln: Dawson, E. H., Avarguès-Weber, A., Chittka, L., Leadbeater, E. (2013), „Learning by observation emerges from simple associations in an insect model“. *Current Biology* 23 (8): 727–30. DOI: 10.1016/j.cub.2013.03.035.

161) Bienen lernen, wie „Warnlichter“ zu interpretieren sind: Dawson, E. H., Chittka, L., Leadbeater, E. (2016), „Alarm substances induce associative social learning in honeybees, *Apis mellifera*“. *Animal Behaviour* 122: 17–22. DOI: 10.1016/j.anbehav.2016.08.006.

161) Von anderen Arten lernen: Dawson, E. H., Chittka, L. (2012), „Conspecific and heterospecific information use in bumble bees“. *PLoS One* 7 (2): e31444. DOI: 10.1371/journal.pone.0031444; Romero Gonzalez, E. R., Solvi, C., Chittka, L. (2020), „Honeybees adjust colour preferences in response to concurrent social information from conspecifics and heterospecifics“. *Animal Behaviour* 170: 219–28. DOI: 10.1016/j.anbehav.2020.10.008.

162) Zu Honigbienen, die korrekt auf den Tanzdialekt einer anderen Art reagieren: Su, S., Cai, F., Si, A., Zhang, S., Tautz, J., Chen, S. (2008), „East learns from west: Asiatic honey bees can understand dance language of european honey bees“. *PLoS One* 3 (6): 1–9. DOI: 10.1371/journal.pone.0002365.

162) Zu heterospezifischem sozialen Lernen bei stachellosen Bienen siehe Nieh, J. C., Barreto, L. S., Contrera, F. A. L., Imperatriz-Fonseca, V. L. (2004), „Olfactory eavesdropping by a competitively foraging stingless bee, *Trigona spinipes*“. *Proceedings of the Royal Society B–Biological Sciences* 271 (1548): 1633–40. DOI: 10.1098/rspb.2004.2717.

163 ff.) Zum Lernen von diebischen Tricks siehe Leadbeater, E., Chittka, L. (2008), „Social transmission of nectar-robbing behaviour in bumble-bees“. *Proceedings of the Royal Society B–Biological Sciences* 275 (1643): 1669–74. DOI: 10.1098/rspb.2008.0270.

164) Zum Nektarraub bei alpinen Hummeln: Goulson, D., Park, K. J., Tinsley, M. C., Bussière, L. F., Vallejo-Marin, M. (2013), „Social learning drives handedness in nectar-robbing bumblebees“. *Behavioral Ecology and Sociobiology* 67 (7): 1141–50. DOI: 10.1007/s00265-013-1539-0.

164 f.) Zu Traditionen bei Honigbienen siehe Lindauer, M. (1985), „The dance language of honeybees: the history of a discovery“. In *Experimental Behavioral Ecology*, hrsg. v. B. Hölldobler u. M. Lindbauer, 129–40. Stuttgart. Siehe auch: Kirchner, W. H. (1987), „Tradition im Bienenstaat. Kommunikation zwischen Imagines und der Brut der Honigbiene durch Vibrationssignale.“ Dissertation, Universität Würzburg.

165 ff.) Zur Fähigkeit der Hummeln, an einer Schnur zu ziehen, um eine Nahrungsquelle zu erschließen: Alem, S., Perry, C. J., Zhu, X. F., Loukola, O. J., Ingraham, T., Sovik, E., Chittka, L. (2016), „Associative mechanisms allow for social learning and cultural transmission of string pulling in an insect“. *PLoS Biology* 14 (10): e1002564. DOI: 10.1371/journal.pbio.1002564. (Anmerkung: Die zweitgenannte Studienautorin heißt jetzt Cwyn Solvi.)

168) Zu Bienen, die besser von sich bewegenden Individuen als von statischen Reizen lernen: Avarguès-Weber, A., Chittka, L. (2014), „Observational conditioning in flower choice copying by bumblebees (*Bombus terrestris*): influence of observer distance and demonstrator movement“. *PLoS One* 9 (2): e88415. DOI: 10.1371/journal.pone.0088415.

169 ff.) Zu Bienen, die voneinander lernen, einen Ball zu bugsieren: Loukola, O. J., Solvi, C., Coscos, L., Chittka, L. (2017), „Bumblebees show cognitive flexibility by improving on an observed complex behavior". *Science* 355 (6327): 833–36. DOI: 10.1126/science.aag2360.

171) Charles Turners Vermutung, Insekten und andere Tiere hätten ein Bewusstsein für des Ergebnis ihrer Handlungen: Turner, C. H. (1907), „Do ants form practical judgments?". *Biological Bulletin* 13: 333–43. DOI: 10.2307/1535609; Turner, C. H. (1909), „Behavior of a snake". *Science* 30: 563–64. DOI: 10.1126/science.30.773.563.

171 ff.) Einen umfassenden Überblick des Schwarmverhaltens der Bienen liefert Seeley, T. D. (2014), *Bienendemokratie. Wie Bienen kollektiv entscheiden und was wir davon lernen können*. Frankfurt a. M.

172) Maeterlinck, M., *Das Leben der Bienen,* op. cit., S. 72. Das Zitat lautet weiter: „Einige Minuten schwebt dieses Netz über dem Bienenstock wie ein durchsichtiges, knisterndes Seidengewebe, das tausend und abertausend elektrisch bewegte Hände unaufhörlich zerreissen und wieder zusammenfügen; es schwankt hin und her, stockt und wallt von neuem zwischen den Blumen der Erde und dem Blau des Himmels auf und nieder, wie ein Schleier der Freude, den unsichtbare Hände beständig schwenken, zusammenraffen und wieder entfalten, als feierten sie die Ankunft oder das Scheiden eines hohen Gastes. Endlich senkt sich einer der Zipfel, ein anderer hebt sich, die vier sonnenglänzenden Enden des schimmernden Mantels stossen zusammen, und wie ein Zaubertuch im Märchen, das den Horizont durchsegelt, um irgendwelche Wünsche zu erfüllen, steigt der Schwarm, bereits wieder geballt, nach dem nächsten Linden-, Birnen- oder Weidenbaum auf, um die heilige Trägerin der Zukunft wieder mit seinen Leibern zu bedecken. Denn die Königin hat sich dort bereits angesetzt, wie ein goldener Nagel, an den sich nun die brausenden Wellen des Schwarmes eine nach der anderen anhängen, bis rings herum sich ein flügelglänzender Perlenmantel schlingt. Dann wird es plötzlich still, und das laute Brausen dieser sonnenverfinsternden Wolke, die aus unendlichem Zorn und unzähligen Drohungen gewebt schien, der betäubende Goldhagel, der unaufhörlich über der ganzen Umgebung schwebte und tönte, verwandelt sich eine Minute darauf zu einer grossen, harmlosen und friedlichen Traube von tausend und abertausend kleinen, lebenden Beeren, die unbeweglich an einem Baumzweige hängt und geduldig auf die Rückkehr der Spürbienen wartet, die eine neue Wohnung auskundschaften."

173) Buttel-Reepen über den geistigen Zustand der ausschwärmenden Bienen: Buttel-Reepen, H. (1900), „Sind die Bienen Reflexmaschinen?". *Experimentelle Beiträge zur Biologie der Honigbiene* 20: 1–84. Er überlegt sogar (S. 72), ob es eine Form von spielerischem Verhalten gibt.

174) Maeterlinck, op. cit.

175) Zitat des „Bienenbarons": zit. nach Buttel-Reepen, op. cit.

176) Zu Lindauers Beobachtungen der tanzenden Bienen im Schwarm: Lindauer, M. (1955), „Schwarmbienen auf Wohnungssuche". *Zeitschrift für Vergleichende Physiologie* 37: 263–324. Der Begriff „dirty dancers" stammt aus T. D. Seeleys *Bienendemokratie*, op. cit.

176) Zu Ethomik siehe Reiser, M. (2009), „The ethomics era?". *Nature Methods* 6 (6): 413–14. DOI: 10.1038/nmeth0609-413.

178) Das Zitat von von Frisch findet sich in Lindauer, M. (1985), „Personal recollections of Karl von Frisch“. In *Experimental Behavioral Ecology,* hrsg. v. B. Hölldobler u. M. Lindauer, 5–7. Stuttgart.

178) Abgesehen von Seeleys *Bienendemokratie* sind folgende Quellen hilfreich: Seeley, T. D. (1982), „How honeybees find a home“. *Scientific American* 247: 158–68; Seeley, T. D., Levien, R. A. (1987), „A colony of mind–the beehive as thinking machine“. *Sciences* 27: 38–43. DOI: 10.1002/j.2326-1951.1987.tb02955.x; Seeley, T. D., Buhrman, S. C. (1999), „Group decision making in swarms of honey bees“. *Behavioral Ecology and Sociobiology* 45: 19–31. DOI: 10.1007/s002650050536; Seeley, T. D., Visscher, P. K. (2003), „Choosing a home: how the scouts in a honey bee swarm perceive the completion of their group decision making“. *Behavioral Ecology and Sociobiology* 54 (5): 511–20. DOI: 10.1007/s00265-003-0664-6; Seeley; T. D., Visscher, P. K. (2004), „Quorum sensing during nestsite selection by honeybee swarms“. *Behavioral Ecology and Sociobiology* 56 (6): 594–601. DOI: 10.1007/s00265-004-0814-5; Passino, K. M., Seeley, T. D., Visscher, P. K. (2008), „Swarm cognition in honey bees“. *Behavioral Ecology and Sociobiology* 62 (3): 401–14. DOI: 10.1007/s00265-007-0468-1.

179) Zu Stoppsignalen innerhalb des Schwarms: Seeley, T. D., Visscher, P. K., Schlegel, T., Hogan, P. M., Franks, N. R., Marshall, J. A. R. (2012), „Stop signals provide cross inhibition in collective decision-making by honeybee swarms“. *Science* 335 (6064): 108–11. DOI: 10.1126/ science.1210361.

179 f.) Zum menschlichen „Schwarmverhalten“ siehe: Dyer, J. R. G., Ioannou, C. C., Morrell, L. J., Croft, D. P., Couzin, I. D., Waters, D. A., Krause, J. (2008), „Consensus decision making in human crowds“. *Animal Behaviour* 75: 461–70. DOI: 10.1016/j.anbehav.2007.05.010; Moffatt, M. W. (2019), *The Human Swarm: How Our Societies Arise, Thrive, and Fall,* New York.

Kapitel 9

183) Das Zitat von Cajal und Sánchez stammt aus Ramón y Cajal, S., Sánchez, D. (1915), *Contribución al conocimiento de los centros nerviosos de los insectos.* Madrid.

184) Zu Cajals Kanone: Rapport, R. (2005), *Nerve Endings: The Discovery of the Synapse.* New York.

184) Zur Geschichte der Neuronenlehre: Strausfeld, N. J. (2012), *Arthropod Brains: Evolution, Functional Elegance, and Historical Significance.* Cambridge, MA.

184) Zur Anzahl der Neuronen im Bienenhirn: Witthöft, W. (1967), „Absolute Anzahl und Verteilung der Zellen im Hirn der Honigbiene“. *Zeitschrift für Morphologie der Tiere* 61: 160–84. DOI: 10.1007/BF00298776; aktuelle Zahlen für vielerlei Arten finden sich bei: Godfrey, R. K., Swartzlander, M., Gronenberg, W. (2021), „Allometric analysis of brain cell number in Hymenoptera suggests ant brains diverge from general trends“. *Proceedings of the Royal Society B–Biological Sciences* 288 (1947). DOI: 10.1098/rspb.2021.0199; zur Schätzung der Anzahl der Zellen im menschlichen Hirn siehe Herculano-Houzel, S. (2009), „The human brain in numbers: a linearly scaled-up primate brain“. *Frontiers in Human Neuroscience* 3 (31). DOI: 10.3389/neuro.09.031.2009.

184) Die Anzahl der Neuronen ist kein brauchbarer Hinweis auf Komplexität: Siehe dazu Chittka, L., Niven, J. (2009), „Are bigger brains better?“. *Current Biology* 19: R995–1008. DOI: 10.1016/j.cub.2009.08.023.

186 f.) Die Beschreibung Félix Dujardins der Hirnstrukturen findet sich in Dujardin, F. (1850), „Mémoire sur le systeme nerveux des insectes". *Annales des Sciences Naturelles B–Zoologie* 14: 195–206.

188) Zur nicht nachweisbaren Verbindung zwischen Bienentanz und allgemeiner Hirnstruktur siehe: Brockmann, A., Robinson, G. E. (2007), „Central projections of sensory systems involved in honey bee dance language communication". *Brain, Behavior and Evolution* 70 (2): 125–36. DOI: 10.1159/000102974.

188 ff.) Zu Frederick Kenyons Pionierarbeit zum Bienengehirn siehe: Kenyon, F. C. (1896), „The brain of the bee–a preliminary contribution to the morphology of the nervous system of the Arthropoda". *Journal of Comparative Neurology* 6: 134–210. DOI: 10.1002/cne.910060302.

188 ff.) Die biografischen Details zu Kenyon stammen aus Strausfeld, *Arthropod Brains*, op. cit.

191 f.) Zur Vielfalt der Neuronen im Sehsystem der Insekten: Stirling, P., Laughlin, S. (2015), *Principles of Neural Design*. Cambridge, MA; Fischbach, K. F., Dittrich, A. P. M. (1989), „The optic lobe of *Drosophila melanogaster*: 1. Golgi analysis of wild-type structure". *Cell and Tissue Research* 258 (3): 441–75. DOI: 10.1007/BF00218858; Otsuna, H., Ito, K. (2006), „Systematic analysis o the visual projection neurons of *Drosophila melanogaster*: I. Lobula-specific pathways". *Journal of Comparative Neurology* 497 (6): 928–58. DOI: 10.1002/cne.21015.

193 ff.) Zu Neuronenarten im optischen System der Bienen siehe Paulk, A. C., Phillips-Portillo, J., Dacks, A. M., Fellous, J. M., Gronenberg, W. (2008), „The processing of color, motion and stimulus timing are anatomically segregated in the bumblebee brain". *Journal of Neuroscience* 28 (25): 6319–32. DOI: 10.1523/JNEUROSCI.1196-08.2008.

193) Kantenerkennungsneuronen im optischen System der Bienen: Yang, E.-C., Maddess, T. (1997), „Orientation-sensitive neurons in the brain of the honey bee (*Apis mellifera*)". *Journal of Insect Physiology* 43 (4): 329–36. DOI: 10.1016/s0022-1910(96)00111-4.

194) Komplexe Mustererkennung mit einfachen Kantenerkennungsneuronen: Roper, M., Fernando, C., Chittka, L. (2017), „Insect bio-inspired neural network provides new evidence on how simple feature detectors can enable complex visual generalization and stimulus location invariance in the miniature brain of honeybees". *PLoS Computational Biology* 13 (2): e1005333. DOI: 10.1371/journal.pcbi.1005333.

195) Zum Zählen mithilfe einfacher neuronaler Netzwerke: Vasas, V., Chittka, L. (2019), „Insect-inspired sequential inspection strategy enables an artificial network of four neurons to estimate numerosity". *Science* 11: 85–92. DOI: 10.1016/j.isci.2018.12.009; auf Grundlage einer sequenziellen Scanning-Strategie, wie man sie bei Hummeln gefunden hat: MaBouDi, H., Dona, H. S. G., Gatto, E., Loukola, O. J., Buckley, E., Onoufriou, P. D., Skorupski, P., Chittka, L. (2020), „Bumblebees use sequential scanning of countable items in visual patterns to solve numerosity tasks". *Integrative and Comparative Biology* 60 (4): 929–42. DOI: 10.1093/icb/icaa025.

195) Komplexe kognitive Aufgaben können oft mithilfe einer sehr geringen Anzahl an Neuronen gelöst werden. Siehe dazu z. B. Beer, R. D. (2003), „The dynamics of active categorical perception in an evolved model agent". *Adaptive Behavior* 11 (4): 209–43. DOI: 10.1177/1059712303114001; Goldenberg, E., Garcowski, J.,

Beer, R. D. (2004), „May we have your attention: analysis of a selective attention task." In *From Animals to Animats 8: Proceedings of the Eighth International Conference on the Simulation of Adapative Behavior,* hrsg. v. S. Schaal, A. Ijspeert, A. Billard, S. Vijayakumar, J. Hallam, J.-A. Meyer, 49–56. Cambridge, MA; Cruse, H. (2003), „A recurrent neural network for landmark based navigation". *Biological Cybernetics* 88: 425–37. DOI: 10.1007/s00422-003-0395-9; Cruse, H., Hübner, D. (2008), „Selforganizing memory: active learning of landmarks used for navigation". *Biological Cybernetics* 99: 219–36. DOI: 10.1007/s00422-008-0256-7; Dehaene, S., Changeux, J. P. (1993), „Development of elementary numerical abilities: a neuronal model". *Journal of Cognitive Neuroscience* 5: 390–407. DOI: 11.1162/jocn.1993.5.4.390; Dehaene, S., Changeux, J.-P., Nadal, J. P. (1987), „Neural networks that learn temporal sequences by selection". *Proceedings of the National Academy of Sciences of the USA* 84 (9): 2727–31. DOI: 10.1073/pnas.84.9.2727; Vickerstaff, R. J., Di Paolo, E. A. (2005), „Evolving neural models of path integration". *Journal of Experimental Biology* 208: 3349–66. DOI: 10.1242/jeb.01772; Shanahan, M. (2006), „A cognitive architecture that combines internal simulation with a global workspace". *Consciousness and Cognition* 15: 433–49. DOI: 10.1016/j.concog.2005.11.005.

195 ff.) Ein identifiziertes Lernneuron: Hammer, M. (1993), „An identified neuron mediates the unconditioned stimulus in associative olfactory learning in honeybees". *Nature* 366: 59–63. DOI: 10.1038/366059a0.

198 ff.) Pilzkörper als Gedächtnisspeicher: Heisenberg, M. (2003), „Mushroom body memoir: From maps to models". *Nature Reviews Neuroscience* 4 (4): 266–75. DOI: 10.1038/nrn1074; Menzel, R. (2019), „Search strategies for intentionality in the honeybee brain". In *The Oxford Handbook of Invertebrate Neurobiology*, hrsg. v. J. H. Byrne, 663–84, Oxford. DOI: 10.1093/oxfordhb/ 9780190456757.013.27.

198) Fan-out-fan-in-Architektur in den Pilzkörpern: Menzel, R. (2012), „The honeybee as a model for understanding the basis of cognition". *Nature Reviews Neuroscience* 13: 758–68. DOI: 10.1038/nrn3357; Szyszka, P., Ditzen, M., Galkin, A., Galizia, C. G., Menzel, R. (2005), „Sparsening and temporal sharpening of olfactory representations in the honeybee mushroom bodies". *Journal of Neurophysiology* 94 (5): 3303–13. DOI: 10.1152/jn.00397.2005.

198 ff.) Zu Computermodellen der Gedächtniskapazität von Bienen- und Ameisenhirnen: Peng, F., Chittka, L. (2017), „A simple computational model of the bee mushroom body can explain seemingly complex forms of olfactory learning and memory". *Current Biology* 27 (2): 224–30. DOI: 10.1016/j.cub.2016.10.054; Ardin, P., Peng, F., Mangan, M., Lagogiannis, K., Webb, B. (2016), „Using an insect mushroom body circuit to encode route memory in complex natural environments". *PLoS Computational Biology* 12 (2): e1004683. DOI: 10.1371/journal.pcbi.1004683.

199) Zu relativ einfachen neuronalen Modellen mit beeindruckender Verhaltenskapazität siehe z. B. Montague, P. R., Dayan, P., Person, C., Sejnowski, T. J. (1995), „Bee foraging in uncertain environments using predictive Hebbian learning". *Nature* 377 (6551), 725–28. DOI: 10.1038/377725a0; Shlizerman, E., Phillips-Portillo, J., Forger, D. B., Reppert, S. M. (2016), „Neural integration underlying a time-compensated sun compass in the migratory monarch butterfly". *Cell Reports* 15 (4); 683–91. DOI: 10.1016/j.celrep.2016.03.057.

201 ff.) Zu Aufbau und Funktion des Zentralkomplexes siehe: Honkanen, A., Adden, A., Freitas, J. D., Heinze, S. (2019), „The insect central complex and the neural basis of navigational strategies". *Journal of Experimental Biology* 222. DOI: 10.1242/jeb.188854; Homberg, U., Heinze, S., Pfeiffer, K., Kinoshita, M., El Jundi, B. (2011), „Central neural coding of sky polarization in insects". *Philosophical Transactions of the Royal Society B–Biological Sciences* 366 (1565): 680–87. DOI: 10.1098/rstb.2010.0199; Heinze, S., Homberg, U. (2007), „Maplike representation of celestial E-vector orientations in the brain of an insect". *Science* 315 (5814): 995–97. DOI: 10.1126/science.1135531; Turner-Evans, D. B., Jayaraman, V. (2016), „The insect central complex". *Current Biology* 26 (11): R453–57. DOI: 10.1016/j.cub.2016.04.006; Gkanias, E., Risse, B., Mangan, M., Webb, B. (2019), „From skylight input to behavioural output: a computational model of the insect polarised light compass". *PLoS Computational Biology* 15 (7). DOI: 10.1371/journal.pcbi.1007123; Fisher, Y. E., Lu, F. J., D'Alessandro, I., Wilson, R. I. (2019), „Sensorimotor experience remaps visual input to a heading-direction network". *Nature* 576 (7785): 121–25. DOI: 10.1038/s41586-019-1772-4; Stone, T., Webb, B., Adden, A., Ben Weddig, N., Honkanen, A., Templin, R., Wcislo, W., Scimeca, L., Warrant, E., Heinze, S. (2017), „An anatomically constrained model for path integration in the bee brain". *Current Biology* 27 (20): 3069–85. DOI: 10.1016/j.cub.2017.08.052.

204 f.) Zu Zentralkomplex und Bewusstsein: Barron, A. B., Klein, C. (2016), „What insects can tell us about the origins of consciousness". *Proceedings of the National Academy of Sciences of the USA* 113 (18): 4900–4908. DOI: 10.1073/pnas.1520084113.

204 f.) Juwelenwespen und Küchenschaben: Arvidson, R., Kaiser, M., Lee, S. S., Urenda, J. P., Dai, C., Mohammed, H., Nolan, C., Pan, S. Q., Stajich, J. E., Libersat, F., Adams, M. E. (2019), „Parasitoid jewel wasp mounts multipronged neurochemical attack to hijack a host brain". *Molecular & Cellular Proteomics* 18 (1): 99–114. DOI: 10.1074/mcp.RA118.000908; Hughes, D. P., Libersat, F. (2019), „Parasite manipulation of host behavior". *Current Biology* 29 (2): R45–47. DOI: 10.1016/j.cub.2018.12.001.

205) Zu elementaren bewusstseinsähnlichen Phänomenen, die mit niedrigen Neuronenzahlen simuliert werden können: Shanahan, „A cognitive architecture that combines internal simulation with a global workspace", op. cit.

205 f.) Zu Bienen in der virtuellen Welt: Paulk, A. C., Stacey, J. A., Pearson T. W. J., Taylor, G. J., Moore, R. J. D., Srinivasan, M. V., van Swinderen, B. (2014), „Selective attention in the honeybee optic lobes precedes behavioral choices". *Proceedings of the National Academy of Sciences of the USA* 111 (13): 5006–11. DOI: 10.1073/pnas.1323297111.

206) Zu neuronalen Oszillationen im Bienenhirn: Yap, M. H. W., Grabowska, M. J., Rohrscheib, C., Jeans, R., Troup, M., Paulk, A. C., van Alphen, B., Shaw, P. J., van Swinderen, B. (2017), „Oscillatory brain activity in spontaneous and induced sleep stages in flies". *Nature Communications* 8: 1815. DOI: 10.1038/s41467-017-02024-y; Schuppe, H. (1995), „Rhythmic brain activity in sleeping bees". *Wiener Medizinische Wochenschrift* 145: 463–64.

206) Zur Synchronisation der Aktivität verschiedener Hirnareale: Engel, A. K., Fries, P. (2010), „Beta-band oscillations–signalling the status quo?". *Current Opinion in Neurobiology* 20 (2): 156–65. DOI: 10.1016/j.conb.2010.02.015.

206) Zur Erforschung des Schlafs bei Bienen: Kaiser, W. (1988), „Busy bees need rest, too–behavioural and electromyographical sleep signs in honeybees". *Journal of Comparative Physiology A* 163: 565–84. DOI: 10.1007/BF00603841; Kaiser, W., Steiner-Kaiser, J. (1988), „Behavioral and physiological changes occurring during sleep in the honey bee." In *Sleep 1986,* hrsg. v. W. Koella, F. Obál, H. Schulz, P. Visser, 157–59. Stuttgart; Eban-Rothschild, A. D., Bloch, G. (2008), „Differences in the sleep architecture of forager and young honeybees (*Apis mellifera*)". *Journal of Experimental Biology* 211 (15): 2408–16. DOI: 10.1242/jeb.016915.

206) Zu Schlaf und der Verfestigung von Erinnerung bei Bienen: Klein, B. A., Klein, A., Wray, M. K., Mueller, U. G., Seeley, T. D. (2010), „Sleep deprivation impairs precision of waggle dance signaling in honey bees". *Proceedings of the National Academy of Sciences of the USA* 107 (52); 22705–9. DOI: 10.1073/pnas.1009439108; Zwaka, H., Bartels, R., Gora, J., Franck, V., Culo, A., Gotsch, M., Menzel, R. (2015), „Context odor presentation during sleep enhances memory in honeybees". *Current Biology* 25 (21); 2869–74. DOI: 10.1016/j.cub.2015.09.069.

207) Zu Elizabeth Tibbetts und ihrer Teamarbeit zur Gesichtserkennung bei *Polistes*-Wespen siehe z. B: Sheehan, M. J., Tibbetts, E. A. (2008), „Robust long-term social memories in a paper wasp". *Current Biology* 18 (18): R851–52. DOI: 10.1016/j.cub.2008.07.032; Sheehan, M. J., Tibbetts, E. A. (2011), „Specialized face learning is associated with individual recognition in paper wasps". *Science* 334 (6060): 1272–75. DOI: 10.1126/science.1211334; eine populärwissenschaftliche Darstellung der letztgenannten Studien findet sich bei: Chittka, L., Dyer, A. (2012), „Your face looks familiar". *Nature* 481: 154–55. DOI: 10.1038/481154a; Tibbetts, E. A., Pardo-Sanchez, J., Ramirez-Matias, J., Avarguès-Weber, A. (2021), „Individual recognition is associated with holistic face processing in *Polistes* paper wasps in species-specific way". *Proceedings of the Royal Society B–Biological Sciences* 288 (1943). DOI: 10.1098/rspb.2020.3010; Tibbetts, E. A., Wong, E., Bonello, S. (2020), „Wasps use social eavesdropping to learn about individual rivals". *Current Biology* 30 (15): 3007–10.e2. DOI: 10.1016/j.cub.2020.05.053.

207) Zu transitiver Interferenz bei Papierwespen: Tibbetts, E. A., Agudelo, J., Pandit, S., Riojas, J. (2019), „Transitive inference in *Polistes* paper wasps". *Biology Letters* 15 (5). DOI: 10.1098/rsbl.2019.0015.

207) Bei gesichtserkennenden und nicht-gesichtserkennenden Wespen gibt es keine Unterschiede in der Makro-Gehirnstruktur. Siehe dazu: Gronenberg, W., Ash, L. E., Tibbetts, E. A. (2008), „Correlation between facial pattern recognition and brain composition in paper wasps". *Brain, Behavior and Evolution* 71 (1): 1–14. DOI: 10.1159/000108607; der vordere optische Tuberkel, eine Schaltstelle für die Verarbeitung optischer Informationen im Hirn, entwickelt sich bei Wespen, die schon früh mit Artgenossen zu tun hatten, anders als bei isolierten Individuen: Jernigan, C. M., Zaba, N. C., Sheehan M. J. (2021), „Age and social experience induced plasticity across brain regions of the paper wasp *Polistes fuscatus*". *Biology Letters* 17 (4). DOI: 10.1098/rsbl.2021.0073.

207) Das menschliche Hirn im Vergleich zu anderen Primatenhirnen: Herculano-Houzel, S. (2012), „The remarkable, yet not extraordinary, human brain as a scaled-up primate brain and its associated cost". *Proceedings of the National Academy of Sciences of the USA* 109: 10661–68. DOI: 10.1073/pnas.1201895109.

207 f.) Zu kleinen Änderungen im neuronalen Schaltkreis, die zu großen Verhaltensänderungen führen: Katz, P. S. (2011), „Neural mechanisms underlying the evolvability of behaviour". *Philosophical Transactions of the Royal Society B* 366: 2086–99. DOI: 10.1098/rstb.2010.0336; Chittka, L., Rossiter, S. J., Skorupski, P., Fernando, C. (2012), „What is comparable in comparative cognition?". *Philosophical Transactions of the Royal Society B–Biological Sciences* 367 (1603): 2677–85. DOI: 10.1098/rstb.2012.0215 (samt Quellenangaben).

Kapitel 10

209) Christy, R. M. (1884), „On the methodic habits of insects when visiting flowers". *Journal of the Linnean Society* 17: 186–94.

209 f.) Beispiele für Charles Turners Studien über individuelle Unterschiede: Turner, C. H. (1907), „The homing of ants: an experimental study of ant behavior". *Journal of Comparative Neurology and Psychology* 17: 367–434. DOI: 10.1002/cne.920170502; Turner, C. H. (1913), „Behavior of the common roach (*Periplaneta orientalis* L.) on an open maze". *Biological Bulletin* 25: 380–97.

210) Zu individuellen Verhaltens- und Intelligenzunterschieden siehe die folgenden Übersichtsarbeiten: Thomson, J. D., Chittka, L. (2001), „Pollinator individuality: when does it matter?". In *Cognitive Ecology of Pollination,* hrsg. v. L. Chittka u. J. D. Thomson, 191–213, Cambridge, UK; Jandt, J. M., Bengston, S., Pinter-Wollman, N., Pruitt, J. N., Raine, N. E., Dornhaus, A., Sih, A. (2014), „Behavioural syndromes and social insects: personality at multiple levels". *Biological Reviews* 89 (1): 48–67. DOI: 10.1111/brv.12042.

210 f.) Zu Verhaltensunterschieden und Effizienz der Arbeitsteilung: Mattila, H. R., Seeley, T. D. (2007), „Genetic diversity in honey bee colonies enhances productivity and fitness". *Science* 317: 362–64. DOI: 10.1126/science.1143046; Chittka, L., Muller, H. (2009), „Learning, specialization, efficiency and task allocation in social insects". *Communicative & Integrative Biology* 2: 151–54. DOI: 10.4161/cib.7600; Burns, J. G., Dyer, A. G. (2008), „Diversity of speed-accuracy strategies benefits social insects". *Current Biology* 18: R953–54. DOI: 10.1016/j.cub.2008.08.028; Muller, H., Chittka, L. (2008), „Animal personalities: the advantage of diversity". *Current Biology* 20: R961–63. DOI: 10.1016/jcub.2008.09.001; Cook, C. N., Lemanski, N. J., Mosqueiro, T., Ozturk, C., Gadau, J., Pinter-Wollman, N., Smith, B. H. (2020), „Individual learning phenotypes drive collective behavior". *Proceedings of the National Academy of Sciences of the USA* 117 (30): 17949–56. DOI: 10.1073/pnas.1920554117.

212) Zu Hummeln, die im ständigen Tageslicht der Mitternachtssonne Nektar und Pollen sammeln: Stelzer, R. J., Chittka, L. (2010), „Bumblebee foraging rhythms under the midnight sun measured with radiofrequency identification". *BMC Biology* 8: 93. DOI: 10.1186/1741-7007-8-93.

212) Zu mit Mikrochips markierten Hummeln und individuellen Unterschieden: Stelzer, R. J., Stanewsky, R., Chittka, L. (2010), „Circadian foraging rhythms of bumblebees monitored by radio-frequency identification". *Journal of Biological Rhythms* 25: 257–67. DOI: 10.1177/0748730410371750.

213) Zum „Todestanz" der Hummeln siehe Stelzer et al., op. cit. – und Fruchtfliegen: Tower, J., Agrawal, S., Alagappan, M. P., Bell, H. S., Demeter, M., Havanoor, N., Hedge, V. S., Jia, Y. D., Kothawade, S., Lin, X. Y. et al. (2019), „Behavioral and molecular markers of death in *Drosophila melanogaster*". *Experimental Gerontology* 126. DOI: 10.1016/j.exger.2019.110707.

214 ff.) Zu physiologischen und Verhaltensunterschieden zwischen Bienenköniginnen und Arbeiterinnen: Chittka, A., Chittka, L. (2010), „Epigenetics of royalty". *PLoS Biology* 8 (11). DOI: 10.1371/journal.pbio.1000532 (und Quellenangaben).

216) Zur veränderlichen Größe des Pilzkörpers im Leben einer Honigbiene: Durst, C., Eichmüller, S., Menzel, R. (1994), „Development and experience lead to increased volume of subcompartments of the honeybee mushroom body". *Behavioral and Neural Biology* 62: 259–63. DOI: 10.1016/S0163-1047(05)80025-1; Fahrbach, S. E., Moore, D., Capaldi, E. A., Farris, S. M., Robinson, G. E. (1998), „Experience-expectant plasticity in the mushroom bodies of the honeybee". *Learning & Memory* 5: 115–23.

216 f.) François Huber über Selbstorganisation und Klimakontrolle: Huber, F. (1856), *Neue Beobachtungen über die Bienen,* op. cit.

217) Zu individueller Sensibilität und Spezialisierung in einer Insektenkolonie siehe: Beshers, S. N., Fewell, J. H. (2001), „Models of division of labor in social insects". *Annual Review of Entomology* 46: 413–40. DOI: 10.1146/annurev.ento.46.1.413; Jeanson, R., Clark, R. M., Holbrook, C. T., Bertram, S. M., Fewell, J. H., Kukuk, P. F. (2008), „Division of labour and socially induced changes in response thresholds in associations of solitary halictine bees". *Animal Behaviour* 7 (3): 593–602. DOI: 10.1016/j.anbehav.2008.04.007; Page, R. E., Robinson, G. E., Fondrk, M. K. (1989), „Genetic specialists, kin recognition and nepotism in honey-bee colonies". *Nature* 338: 576–79. DOI: 10.1038/338576a0; siehe ebenfalls: Ulrich, Y., Kawakatsu, M., Tokita, C. K., Saragosti, J., Chandra, V., Tarnita, C. E., Kronauer, D. J. C. (2021), „Response thresholds alone cannot explain empirical patterns of division of labor in social insects". *PLoS Biology* 19 (6). DOI: 10.1371/journal.pbio.3001269.

217 f.) Jennifer Fewell über „Abwaschexperten": Fewell, J. H. (2003), „Social insect networks". *Science* 301 (5641): 1867–70. DOI: 10.1126/science.1088945.

218) von Frisch, K. (1934), „Über den Geschmackssinn der Bienen". *Zeitschrift für Vergleichende Physiologie* 21: 1–156. DOI: 10.1007/BF00338271.

218) Robert Page und sein Team über Zuckersensibilität und Individualität: Page, R. E., Schneir, R., Erber, J., Amdam, G. V. (2006), „The development and evolution of division of labor and foraging specialization in a social insect (*Apis mellifera* L.)". *Current Topics in Developmental Biology* 74: 253–86. DOI: 10.1016/S0070-2153(06)74008-X.

218 f.) Zur Arbeitsteilung nach Körpergröße: Spaethe, J., Weidenmüller, A. (2002), „Size variation and foraging rate in bumblebees (*Bombus terrestris*)". *Insectes Sociaux* 49: 142–46. DOI: 10.1007/s00040-002-8293-z; parallel erschien eine Studie von Dave Goulsons Team: Goulson, D., Peat, J., Stout, J. C., Tucker, J., Darvill, B., Derwent, L. C., Hughes, W. O. H. (2002), „Can alloethism in workers of the bumblebee, *Bombus terrestris,* be explained in terms of foraging efficiency?". *Animal Behaviour* 64: 123–30. DOI: 10.1006/anbe.2002.3041.

219) Größere Individuen haben größere Sehkraft: Spaethe, J., Chittka, L. (2003), „Interindividual variation of eye optics and single object resolution in bumblebees". *Journal of Experimental Biology* 206 (19): 3447–53. DOI: 10.1242/jeb.00570.

219 f.) Große Individuen haben eine größere Empfindlichkeit für Gerüche: Spaethe, J., Brockmann, A., Halbig, C., Tautz, J. (2007), „Size determines antennal sensitivity and behavioral threshold to odors in bumblebee workers". *Naturwissenschaften* 94: 733–39. DOI: 10.1007/s00114-007-0251-1.

220 f.) Spezialisierung auf eine Aufgabe als Resultat von Erfahrung: Ravary, F., Lecoutey, E., Kaminski, G., Chaline, N., Jaisson, P. (2007), „Individual experience alone can generate lasting division of labor in ants". *Current Biology* 17 (15): 1308–12. DOI: 10.1016/j.cub.2007.06.047.

222 ff.) Zu individuell unterschiedlichen Sammelrouten siehe: Heinrich, B. (1976), „The foraging specializations of individual bumblebees". *Ecological Monographs* 46 (2): 105–28. DOI: 10.2307/1942246; Thomson, J. D., Maddison, W. P., Plowright, R. C. (1982), „Behavior of bumble bee pollinators on *Aralia hispida* Vent. (*Araliaceae*)". *Oecologia* 54: 326–36. DOI: 10.1007/BF00380001; Thomson und Chittka, „Pollinator individuality; when does it matter?", op. cit.; Saleh, N., Chittka, L. (2007), „Traplining in bumblebees (*Bombus impatiens*): a foraging strategy's ontogeny and the importance of spatial reference memory in short-range foraging". *Oecologia* 151 (4): 719–30. DOI: 10.1007/s00442-006-0607-9; Lihoreau, L., Chittka, L., Raine, N. E. (2010), „Travel optimization by foraging bumblebees through readjustments of traplines after discovery of new feeding locations". *American Naturalist* 176 (6): 744–57. DOI: 10.1086/657042; Lihoreau, M. D., Raine, N. E., Reynolds, A. M., Stelzer, R. J., Lim, K. S., Smith, A. D., Osborne, J. L., Chittka, L. (2012), „Radar tracking and motion-sensitive cameras on flowers reveal the development of pollinator multi-destination routes over large spatial scales". *PLoS Biology* 10: e1001392. DOI: 10/1371/journal.pbio.1001392.

224) Charles Turner äußerte als Erster die Vermutung, es gäbe einen Geschwindigkeits-Genauigkeits-Abgleich: Turner, C. H. (1913), „Behavior of the common roach (*Periplaneta orientalis* L.) on an open maze". *Biological Bulletin* 25: 348–65.

224) Zu Unterschieden zwischen einzelnen Individuen beim Geschwindigkeits-Genauigkeits-Abgleich: Chittka, L., Dyer, A. G., Bock, F., Dornhaus, A. (2003), „Bees trade off foraging speed for accuracy". *Nature* 424: 388. DOI: 10.1038/424388a; Wang, M., Chittka, L., Ings, T. C. (2018), „Bumblebees express consistent, but flexible, speed-accuracy tactics under different levels of predation threat". *Frontiers in Psychology* 9: 1601. DOI: 10.3389/fpsyg.2018.01601.

225) Individuelle Unterschiede kommen der ganzen Kolonie zugute, siehe dazu: Burns, J. G., Dyer, A. G. (2008), „Diversity of speed-accuracy strategies benefits social insects". *Current Biology* 18 (20): R953–54. DOI: 10.1016/j.cub.2008.08.028; Mattila, H. R., Seeley, T. D. (2007), „Genetic diversity in honey bee colonies enhances productivity and fitness". *Science* 317: 362–64. DOI: 10.1126/science.1143046; Chittka, L., Skorupski, P., Raine, N. E. (2009), „Speed-accuracy tradeoffs in animal decision making". *Trends in Ecology & Evolution* 24 (7): 400–407. DOI: 10.1016/j.tree.2009.02.010.

225) Bei einer Studie beobachteten wir eine Hummel, die freiwillig in eine schwarze Box hineinflog: Raine, N. E., Chittka, L. (2008), „The correlation of learning speed and natural foraging success in bumble-bees". *Proceedings of the Royal Society B–Biological Sciences* 275: 803–8. DOI: 10.1098/rspb.2007.1652.

226) Zu Verhaltensvielfalt und Problemlösung: Brembs, B. (2011), „Towards a scientific concept of free will as a biological trait: spontaneous actions and decision-making in invertebrates". *Proceedings of the Royal Society B–Biological Sciences* 278: 930–39. DOI: 10.1098/rspb.2010.2325.

226) Individuelle Unterschiede bei Hummeln, die an Schnüren ziehen: Alem, S., Perry, C. J., Zhu, X., Loukola, O. J., Ingraham, T., Søvik, E., Chittka, L. (2016), „Ass-

sociative mechanisms allow for social learning and cultural transmission of string pulling in an insect". *PLoS Biology* 14 (10). DOI: 10.1371/journal.pbio.1002564.

227) Abstufungen bei der Lerngeschwindigkeit zwischen Individuen und individuellen Lernkurven bei Insekten wurden erstmals von Charles Turner nachgewiesen, der ein und dieselben Ameisen bei vielen Experimenten zu deren Heimkehrfähigkeit beobachtete. Leider wurde seine Arbeit jahrzehntelang ignoriert, weshalb bis in die 1990er-Jahre Lernkurven für Gruppenverhalten angelegt wurden – ein grundlegender Fehler, denn definitionsgemäß können nur Individuen lernen. Siehe Turner, C. H. (1907), „The homing of ants: an experimental study of ant behavior". *Journal of Comparative Neurology and Psychology* 17: 367–434. DOI: 10.1002/cne.9201.70502.

227 f.) Zur Verwendung von mathematischen Instrumenten zur Quantifizierung von Lernleistung: Chittka, L., Thomson, J. D. (1997), „Sensori-motor learning and its relevance for task specialization in bumble bees". *Behavioral Ecology and Sociobiology* 41: 385–98. DOI: 10.1007/s002650050400; Raine, N. E., Chittka, L. (2008), „The correlation of learning speed and natural foraging success in bumblebees". *Proceedings of the Royal Society B–Biological Sciences* 275: 803–8.

227 f.) Zur Korrelation von Lernleistung bei verschiedenen Aufgaben: Muller, H., Chittka, L. (2012), „Consistent interindividual difference in discrimination performance by bumblebees in colour, shape and odour learning tasks (Hymenoptera: Apidae: *Bombus terrestris*)". *Entomologia Generalis* 34: 1–8.

228) Zur generellen Intelligenz: Burkart, J. M., Schubiger, M. N., van Schaik, C. P. (2017), „The evolution of general intelligence". *Behavioral and Brain Sciences* 40: E195. DOI: 10.1017/s0140525x16000959.

228) Die biografischen Details über Oskar Vogt stammen aus: Klatzo, I. (2002), *Cécile and Oskar Vogt: The Visionaries of Modern Neuroscience.* Berlin. Die Biografie der Vogts verfolgt die Entwicklung ihres Denkens von der frühen Beobachtung an Hummeln bis zu den späteren Studien an Variationen des menschlichen Hirns: „Da zeitgenössische genetische Studien beweisen, dass Veränderungen bei äußeren Merkmalen von Insekten (z. B. das Pelzkleid bei Hummeln) mitunter auf … *Umweltfaktoren* zurückzuführen sind, kamen die Vogts allmählich zu der Überzeugung, dass auch die Variabiltität bei der ontogenetischen Entwicklung unterschiedlicher Hirnregionen ähnlichen Ursprungs ist."

228 f.) Zu konzeptuellen Verbindungen zwischen Variationen bei tierischen und menschlichen Hirnen: Vogt, C., Vogt, O. (1937), „Sitz und Wesen der Krankheiten im Lichte der topistischen Hirnforschung und des Variierens der Tiere. Erster Teil. Befunde der topistischen Hirnforschung als Beitrag zur Lehre vom Krankheitssitz". *Journal für Psychologie und Neurologie* 47: 237–457; Vogt, C., Vogt, O. (1938), „Sitz und Wesen der Krankheiten … Zweiter Teil, 1. Hälfte. Zur Einführung in das Variieren der Tiere. Die Erscheinungsseiten der Variation". *Journal für Psychologie und Neurologie* 48: 169–324.

228 f.) Zu Oskar Vogts Werk über Variation bei Hummeln und Hummeln als Modell für das Verständnis evolutionärer Prozesse: Vogt, O. (1911), „Studien über das Artproblem. Über das Variieren der Hummeln. 2. Teil". *Sitzungsberichte der Gesellschaft Naturforschender Freunde zu Berlin* 1911: 31–74.

230 ff.) Zu Unterschieden in der Hirnstruktur der Hummeln und Lern- bzw. Erinnerungsleistung: Li, L., MaBouDi, H., Egertova, M., Elphick, M. R., Chittka, L., Perry, C. J. (2017), „A possible structural correlate of learning performance on a

colour discrimination task in the brain of the bumblebee". *Proceedings of the Royal Society B–Biological Sciences* 284 (1864). DOI: 10.1098/rspb.2017.1323.

232 f.) Selektionsexperimente zur Lernleistung von Honigbienen und früheren Arbeiten bei Fliegen: Brandes, C., Frisch, B., Menzel, R. (1988), „Time-course of memory formation differs in honey bee lines selected for good and poor learning". *Animal Behaviour* 36: 981–85, McGuire, T. R., Hirsch, J. (1977), „Behavior-genetic analysis of *Phormia regina*: conditioning, reliable individual differences, and selection". *Proceedings of the National Academy of Sciences of the USA* 74: 5193–97; Lofdahl, K. L., Holliday, M., Hirsch, J. (1992), „Selection for conditionability in *Drosophila melanogaster*". *Journals of Comparative Psychology* 106: 172–83.

233 ff.) Zu Lernkurven für jedes Individuum und der Leistung der ganzen Kolonie in freier Natur: Raine, N. E., Chittka, L. (2008), „The correlation of learning speed and natural foraging success in bumble-bees". *Proceedings of the Royal Society B–Biological Sciences* 275: 803–8. DOI: 10.1098/rspb.2007.1652.

234) Zu schnell lernenden Individuen, die sich bei verschiedenen Aufgaben gut bewähren: Muller, H., Chittka, L. (2012), „Consistent interindividual differences in discrimination performance by bumblebees in colour, shape and odour learning tasks (Hymenoptera: Apidae*: Bombus terrestris*)". *Entomologia Generalis* 34: 1–8; Raine, N. E., Chittka, L. (2012), „No trade-off between learning speed and associative flexibility in bumblebees: A reversal learning test with multiple colonies". *PLoS One* 7: e45096. DOI: 10.1371/journal.pone.0045096.

235) Zum Energieaufwand des Lernens: Dukas, R. (1999), „Costs of memory: ideas and predicitions". *Journal of Theoretical Biology* 197: 41–50. DOI: 10.1006/jtbi.1998.0856; Snell-Rood, E. C., Papaj, D. R., Gronenberg, W. (2009), „Brain size: a global or induced cost of learning?". *Brain, Behavior and Evolution* 73 (2): 111–28. DOI: 10.1159/000213647; Evans, L. J., Smith, K. E., Raine, N. E. (2017), „Fast learning in free-foraging bumble bees is negatively correlated with lifetime resource collection". *Scientific Reports* 7: 496. DOI: 10.1038/s41598-017-00389-0; siehe dazu außerdem: Liefting, M., Rohmann, J. L., Le Lann, C., Ellers, J. (2019), „What are the costs of learning? Modest trade-offs and constitutive costs do not set the price of fast associative learning ability in a parasitoid wasp". *Animal Cognition* 22: 851–61. DOI: 10.1007/s10071-019-01281-2.

Kapitel 11

237) Georges-Louis Leclerc, Comte de Buffon (1753), *Histoire Naturelle – Discours sur la Nature des Animaux,* Band IV, Imprimerie Royale, Paris, S. 94 und 96. Merkwürdigerweise will Buffon mit diesen Bemerkungen erklären, dass die Honigwabe aufgrund einfacher Vorgänge entsteht, und degradiert die Bienen zu Automaten; gleichzeitig gesteht er ihnen jedoch Bewusstsein und Gefühle zu.

239) Karl von Frisch über das Fehlen von Schmerz bei Honigbienen: „Eine Biene sitzt am Futterschälchen und schlürft Zuckerwasser. Man trennt mit einem Scherenschnitt durch ihre schlanke Taille den Hinterleib ab. Kopf und Brust bleiben sitzen, und die Mahlzeit nimmt ihren Fortgang, nur dass – wie bei Münchhausens Pferd – hinten alles wieder herausläuft. Es entsteht ein kleiner See von Zuckerwasser da, wo der Hinterleib hingehört, und er wird allmählich größer, denn die Biene wird nicht satt und saugt über die übliche Zeit hinaus, bis sie ermattet umsinkt und im Genießen ihr Dasein beschließt. Derartiges Verhalten ist mit einer Schmerzwahrnehmung schwer vereinbar. Eine solche wäre ja auch bei Tieren, die

in einem harten Hautpanzer stecken, kaum sinnvoll. Nur bei unserer weichen Haut ist der Schmerz der lebenswichtige Warner, der gebieterisch dafür sorgt, dass wir uns vor Verletzungen gehörig in Acht nehmen." von Frisch, K. (1959), „Insekten – die Herren der Erde". *Naturwissenschaftliche Rundschau* 10: 369–75.

240) Zu getrennten Bahnen für Nozizeption und Mechanorezeption siehe Burrell, B. D. (2017), „Comparative biology of pain: what invertebrates can tell us about how nociception works". *Journal of Neurophysiology* 117 (4): 1461–73. DOI: 10.1152/jn.00600.2016.

240 f.) Zur Nozizeption bei Bienen und anderen Wirbellosen: Tobin, D. M., Bargmann C. I. (2004), „Invertebrate nociception: behaviors, neurons and molecules". *Journal of Neurobiology* 61 (1): 161–74. DOI: 10.1002/neu.20082; Junca, P., Sandoz, J.-C. (2015), „Heat perception and aversive learning in honey bees: putative involvement of the thermal/chemical sensor AmHsTRPA". *Frontiers in Physiology* 6: 316. DOI: 10.3389/fphys.2015.00316.

241) Zur Wundheilung bei Insekten: Frank, E. T., Wehrhahn, M., Linsenmair, K. E. (2018), „Wound treatment and selective help in a termite-hunting ant". *Proceedings of the Royal Society B–Biological Sciences* 285 (1872). DOI: 10.1098/rspb.2017.2457; Frank, E. T., Schmitt, T., Hovestadt, T., Mitesser, O., Stiegler, J., Linsenmair, K. E. (2017), „Saving the injured: rescue behavior in the termite-hunting ant *Megaponera analis*". *Science Advances* 3 (4). DOI: 10.1126/sciadv.1602187.

241 f.) Zur Unterscheidung von Nozizeption und Schmerz: Elwood, R. W. (2019), „Discrimination between nociceptive reflexes and more complex responses consistent with pain in crustaceans". *Philosophical Transactions of the Royal Society B–Biological Sciences* 374 (1785). DOI: 10.1098/rstb.2019.0368.

242) Zur Unmöglichkeit, Schmerz oder Leiden objektiv zu messen: Mendl, M., Paul, E. S., Chittka, L. (2011), „Animal behaviour: emotion in invertebrates?". *Current Biology* 21 (12) R463–65. DOI: 10.1016/j.cub.2011.05.028 (mit weiteren Verweisen).

243) Zu Experimenten bezüglich der Auswirkungen des Alarmpheromons auf Reaktionen auf gefährliche Reize: Nuñez, J., Almeida, L., Balderrama, N., Giurfa, M. (1997), „Alarm pheromone induces stress analgesia via an opioid system in the honeybee". *Physiology & Behavior* 63 (1): 75–80. DOI: 10.1016/s0031-9384(97)00391-0.

244) Zum nicht vorhandenen endogenen Opiatsystem bei Insekten: Elphick, M. R., Mirabeau, O., Larhammar, D. (2018), „Evolution of neuropeptide signalling systems". *Journal of Experimental Biology* 221 (3). DOI: 10.1242/jeb.151092.

244) Möglicherweise binden sich Opiate bei Insekten an Nicht-Opiat-Rezeptoren: Koyyada, R., Latchooman, N., Jonaitis, J., Ayoub, S. S., Corcoran, O., Casalotti, S. O. (2018), „Naltrex-one reverses ethanol preference and protein kinase C activation in *Drosophila melanogaster*". *Frontiers in Physiology* 9: 175. DOI: 10.3389/fphys.2018.00175.

244) Zu Allatostatinen bei Honigbienen: Urlacher, E., Devaud, J. M., Mercer, A. R. (2019), „Changes in responsiveness to allatostatin treatment accompany shifts in stress reactivity in young worker honey bees". *Journal of Comparative Physiology A–Neuroethology, Sensory, Neural, and Behavioral Physiology* 205 (1): 51–59. DOI: 10.1007/s00359-018-1302-0; Urlacher, E., Devaud, J. M., Mercer, A. R. (2017), „C-type allatostatins mimic stress-related effects of alarm pheromone on honey

bee learning and memory recall". *PLoS One* 12 (3). DOI: 10.1371/journal.pone.0174321; Urlacher, E., Soustelle, L., Parmentier, M. L., Verlinden, H., Gherardi, M. J., Fourmy, D., Mercer, A. R., Devaud, J. M., Massou, I. (2016), „Honey bee allatostatins target galanin/somatostatin-like receptors and modulate learning: a conserved function?". *PLoS One* 11 (1). DOI: 10.1371/journal.pone.0146248.

244 ff.) Zu psychischen Reaktionen von Hummeln auf Angriffe von Krabbenspinnen; Ings, T. C., Chittka, L. (2008), „Speed-accuracy tradeoffs and false alarms in bee responses to cryptic predators". *Current Biology* 18: 1520–24. DOI: 10.1016/j.cub.2008.07.074; siehe ebenfalls: Jones, E. I., Dornhaus, A. (2011), „Predation risk makes bees reject rewarding flowers and reduce foraging activity". *Behavioral Ecology and Sociobiology* 65 (8): 1505–11. DOI: 10.1007/s00265-011-1160-z; Huey, S., Nieh, J. C. (2017), „Foraging at a safe distance: crab spider effects on pollinators". *Ecological Entomology* 42 (4): 469–76. DOI. 10.1111/een.12406.

247 f.) Melissa Bateson und Geraldine Wright haben zur kognitiven Verzerrung bei Honigbienen geforscht: Bateson, M., Desire, S., Gartside, S. E., Wright, G. A. (2011), „Agitated honeybees exhibit pessimistic cognitive biases". *Current Biology* 21 (12): 1070–73. DOI: 10.1016/j.cub.2011.05.017.

248) Zum Effekt von Überraschungsbelohnungen auf gefühlsähnliche Zustände: Solvi, C., Baciadonna, L., Chittka, L. (2016), „Unexpected rewards induce dopamine-dependent positive emotion-like state changes in bumblebees". *Science* 353 (6307): 1529–31. DOI: 10.1126/science.aaf4454.

249) Zu Insekten mit einer Vorliebe für stimmungaufhellende Substanzen: Chittka, L., Wilson, C. (2019), „Expanding consciousness". *American Scientist* 107 (6): 364–69. DOI: 10.1511/2019.107.6.364 (mit weiteren Angaben).

249) Zu männlichen Fruchtfliegen, die Ejakulation als Belohnung empfinden, und deren Vorliebe für Alkohol: Shir Zer-Krispil, S., Zak, H., Shao, L., Bentzur, A., Shmueli, A., Shohat-Ophir, G. (2018), „Ejaculation induced by the activation of Crz neurons is rewarding to *Drosophila* males". *Current Biology* 28 (9): 1445–52. DOI: 10.1016/j.cub.2018.03.039; Shohat-Ophir, G., Kaun, K. R. Azanchi, R., Heberlein, U. (2012), „Sexual deprivation increases ethanol intake in *Drosophila*". *Science* 335 (6074): 1351–55. DOI: 10.1126/science.1215932.

249) Zu Bienen mit einer Vorliebe für Koffein oder Nikotin im Nektar: Wright, G. A., Baker, D. D., Palmer, M. J., Stabler, D., Mustard, J. A., Power, E. F., Borland, A. M., Stevenson, P. C. (2013), „Caffeine in floral nectar enhances a pollinator's memory of reward". *Science* 339 (6124): 1202–4. DOI: 10.1126/science.1228806. Eine populärwissenschaftliche Darstellung findet sich bei Chittka, L., Peng, F. (2013), „Caffeine boosts bees' memories". *Science* 339 (6124): 1157–59. DOI: 10.1126/science.1234411; Baracchi, D., Marples, A., Jenkins, A. J., Leitch, A. R., Chittka, L. (2017), „Nicotine in floral nectar pharmacologically influences bumblebee learning of floral features". *Scientific Reports* 7: 1951. DOI: 10.1038/s41598-017-01980-1.

250) Philosophische Gedanken über die frühe Entwickung von Bewusstsein finden sich bei Godfrey-Smith, P. (2017), *Other Minds: The Octopus and the Evolution of Intelligent Life.* London; Bronfman, Z. Z., Ginsburg, S., Jablonka, E. (2016), „The evolutionary origins of consciousness suggesting a transition marker". *Journal of Consciousness Studies* 23 (9–10): 7–34.

251) Zum Erkennen des Selbst im Spiegel: Gallup, G. G., Povinelli, D. J., Suarez, S. D., Anderson, J. R., Lethmate, J., Menzel, E. W. (1995), „Further reflections on self-recognition in primates". *Animal Behaviour* 50: 1525–32. DOI: 10.1016/0003-3472(95)80008-5; Reiss, D., Marino, L. (2001), „Mirror self-recognition in the bottlenose dolphin: a case of cognitive convergence". *Proceedings of the National Academy of Sciences of the USA* 98 (10): 5937–42. DOI: 10.1073/pnas.101086398; Plotnik, J. M., de Waal, F. B. M., Reiss, D. (2006), „Self-recognition in an Asian elephant". *Proceedings of the National Academy of Sciences of the USA* 103 (45): 17053–57. DOI: 10.1073/pnas.0608062103.

252 f.) Zu Hummeln, die sich ihrer Körpergröße bewusst sind: Ravi, S., Siesenop, T., Bertrand, O., Li, L., Doussot, C., Warren, W. H., Combes, S. A., Egelhaaf, M. (2020), „Bumblebees perceive the spatial layout of their environment in relation to their body size and form to minimize inflight collisions". *Proceedings of the National Academy of Sciences of the USA* 117 (49); 31494–99. DOI: 10.1073/pnas.2016872117; populärwissenschaftliche Darstellung in: Brebner, J., Chittka, L. (2021), „Animal cognition: the self-image of a bumblebee". *Current Biology* 31: R207–9. DOI: 10.1016/j.cub.2020.12.027.

253) Die Kenntnis ihrer eigenen Köpermaße gilt bei Säugetieren als Indiz für Bewusstsein; siehe dazu: Dale, R., Plotnik, J. M. (2017), „Elephants know when their bodies are obstacles to success in a novel transfer task". *Scientific Reports* 7. DOI: 10.1038/srep46309; Brownell, C. A., Zerwas, S., Ramani, G. B. (2007), „'So big': The development of body self-awareness in toddlers". *Child Development 78* (5): 1426–40. DOI: 10.1111/j.1467-8624.2007.010175.x; Warren, W. H., Whang, S. (1987), „Visual guidance of walking through apertures–body-scaled information for affordances". *Journal of Experimental Psychology–Human Perception and Performance* 13 (3): 371–83. DOI: 10.1037/0096-1523.13.3.371.

253) Zur eventuellen Beziehung von Selbst-Bewusstsein und der Vermeidung von Inzucht: Capodeanu-Nagler, A., Rapkin, J., Sakaluk, S. K., Hunt, J., Steiger, S. (2014), „Self-recognition in crickets via on-line processing". *Current Biology* 24 (23): R1117–18. DOI: 10.1016/j.cub.2014.10.050.

254) Zum Erkennen biologischer Bewegung bei einem Wirbellosen: De Agrò, M., Rößler, D. C., Kim, K., Shamble, P. S. (2021), „Perception of biological motion by jumping spiders". *PLoS Biology* 19 (7): e3001172. DOI: 10.1371/journal.pbio.3001172.

255) Zur Einschätzung, ob es sicher ist, über einen Bach zu springen: Es gibt Beweise, dass manche Insekten tatsächlich die Breite einer Lücke sorgfältig prüfen, dass sie sogar überlegen, ob sie fähig sind, die Lücke zu überqueren: Krause, T., Spindler, L., Poeck, B., Strauss, R. (2019), „*Drosophila* acquires a long-lasting body-size memory from visual feedback". *Current Biology* 29 (11): 1833–41.e3. DOI: 10.1016/j.cub.2019.04.037; Niven, J. E., Buckingham, C. J., Lumley, S., Cuttle, M. F., Laughlin, S. B. (2010), „Visual targeting of forelimbs in ladder-walking locusts". *Current Biology* 20 (1): 86–91. DOI: 10.1016/j.cub.2009.10.079; Niven, J. E., Ott, S. R., Rogers, S. M. (2012), „Visually targeted reaching in horse-head grasshoppers". *Proceedings of the Royal Society B–Biological Sciences* 279 (1743): 3697–705. DOI: 10.1098/rspb.2012.0918.

256) Mark Roper hat erforscht, wie Bienen auf Formen richtig reagieren, ohne sie im Gedächtnis zu speichern: Roper, M., Fernando, C., Chittka, L. (2017), „Insect bio-inspired neural network provides new evidence on how simple feature detectors

can enable complex visual generalization and stimulus location invariance in the miniature bain of honeybees". *PLoS Computational Biology* 13 (2): e1005333. DOI: 10.1371/journal.pcbi.1005333.

256) Zur Reaktion auf optische Reize ohne Bewusstsein bei Menschen: Lau, H. C., Passingham, R. E. (2006), „Relative blindsight in normal observers and the neural correlate of visual consciousness". *Proceedings of the National Academy of Sciences of the USA* 103 (49): 18763–68. DOI: 10.1073/pnas.0607716103; Schmid, M. C., Mrowka, S. W., Turchi, J., Saunders, R. C., Wilke M., Peters, A. J., Ye, F. Q., Leopold, D. A. (2010), „Blindsight depends on the lateral geniculate nucleus". *Nature* 466 (7304): 373–77. DOI: 10.1038/nature09179.

257) Zum Molyneux-Problem: Degenaar, M., Lokhorst, G. J. (2017), „Molyneux's problem". In *The Stanford Encyclopedia of Philosophy*, hrsg. v. E. N. Zalta. Stanford, CA.

258 f.) Zur intermodalen Objekterkennung in Dunkelheit und Licht bei Hummeln: Solvi, C., Gutierrez Al-Khudhairy, S., Chittka, L. (2020), „Bumble bees display cross-modal object recognition between visual and tactile senses". *Science* 367 (6480): 910–12. DOI: 10.1126/science.aay8064. Ein ähnliches, von Forschern der University of Bristol durchgeführtes Experiment lässt ebenfalls darauf schließen, dass Hummeln fähig sind, die räumliche Anordnung von Merkmalen in einem Muster zu erkennen. Dabei wurden die Tiere zuerst darauf trainiert, zwei Arten künstlicher Blumen zu unterscheiden, die optisch identisch waren, jedoch „unsichtbare Muster" trugen, die aus kleinen, duftenden, entweder kreis- oder kreuzförmig angeordneten Löchern bestanden. Hummeln konnten mithilfe ihrer Fühler diese Muster erkennen. Wenn die Muster plötzlich von den Forschern sichtbar gemacht wurden (sodass die Blumen Kreise oder Kreuze aufwiesen, jedoch nicht mehr dufteten), erkannten die Tiere augenblicklich das Arrangement, das zuvor nur ein Muster flüchtiger Stoffe in der Luft gewesen war. Das lässt darauf schließen, dass sie ein inneres Bild der gelernten Formen haben; siehe dazu Lawson, D. A., Chittka, L., Whitney, H. M., Rands, S. A. (2018), „Bumblebees distinguish floral scent patterns, and can transfer these to corresponding visual patterns". *Proceedings of the Royal Society B–Biological Sciences* 285 (1880). DOI: 10.1098/rspb.2018.0661.

259) Metakognition bei Honigbienen? Siehe dazu Perry, C. J., Barron, A. B. (2013), „Honey bees selectively avoid difficult choices". *Proceedings of the National Academy of Sciences of the USA* 110 (47): 1915559. DOI: 10.1073/pnas.1314571110. (Beachte: Der erstgenannte Autor der Studie heißt jetzt Cwyn Solvi.)

260 f.) Bienen als Zauberbrunnen: von Frisch, K. (1950), *Bees: Their Vision, Chemical Senses and Language*, Ithaka, NY, zitiert nach Tautz, J. (2007), *Phänomen Honigbiene,* Heidelberg.

261) Zu unterschiedlichen Formen des Bewusstseins bei verschiedenen Tierarten: Birch, J., Schnell, A. K., Clayton, N. S. (2020), „Dimensions of animal consciousness". *Trends in Cognitive Sciences* 24 (10): 789–801. DOI: 10.1016/j.tics.2020.07.007.

Kapitel 12

264) Zu Bienen, die zum Nisten Plastik und Polystyrol verwenden: Prendergast, K. S. (2020), „Scientific note: mass-nesting of a native bee *Hylaeus (Euprosopoides) ruficeps kalamundae* (Cockerell, 1915) (Hymenoptera: Colletidae: Hylaeinae) in polystyrene“. *Apidologie* 51 (1): 107–11. DOI: 10.1007/s13592-019-00722-8; Allasino, M. L., Marrero, H. J., Dorado, J., Torretta, J. P. (2019), „Scientific note: first global report of a bee nest built only with plastic“. *Apidologie* 50 (2): 230–33. DOI: 10.1007/s13592-019-00635-6.

264) In Dave Goulsons Büchern gibt es viele nützliche Hinweise, wie jeder zum Bienenschutz beitragen kann: siehe u. a. Goulson, D. (2019), *Wildlife Gardening: Die Kunst, im eigenen Garten die Welt zu retten*. München; (2021), *Bienenweide und Hummelparadies: eine praktische Anleitung für Bienenliebhaber*. München. Siehe auch die Webseite des Bumblebee Conservation Trust: https://www.bumblebeeconservation.org/.

264 f.) Über die negativen Auswirkungen von Honigbienen auf in freier Natur lebende Bestäuber in vielen Habitaten: Geldmann, J., González-Varo, J. P. (2018), „Conserving honey bees does not help wildlife“. *Science* 359 (6374): 392–93. DOI: 10.1126/science.aar2269; Ropars, L., Dajoz, I., Fontaine, C., Muratet, A., Geslin, B. (2019), „Wild pollinator activity negatively related to honey bee colony densities in urban context“. *PLoS One* 14 (9). DOI: 10.1371/journal.pone.0222316; Fürst, M. A., McMahon, D. P., Osborne, J. L., Paxton, R. J., Brown, M. J. F. (2014), „Disease association between honeybees and bumblebees as a threat to wild pollinators“. *Nature* 506 (7488): 364–66. DOI: 10.1038/nature12977; Angelella, G. M., McCullough, C. T., O’Rourke, M. E. (2021), „Honey bee hives decrease wild bee abundance, species richness, and fruit count on farms regardless of wildflower strips“. *Scientific Reports* 11 (1): 3202. DOI: 10.1038/s41598-021-81967-1; Herrera, C. M. (2020), „Gradual replacement of wild bees by honeybees in flowers of the Mediterranean Basin over the last 50 years“. *Proceedings of the Royal Society B–Biologcial Sciences* 287 (1921). DOI: 10.1098/rspb.2019.2657.

Bildnachweis

1.1. Foto von Helga Heilmann: Abb. 1 aus Gallo, V., Chittka, L. (2018), „Cognitive aspects of comb-building in the honeybee?". *Frontiers in Psychology* 9: 900. DOI: 10.3389/fpsyg.2018.00900.

1.2. A. Elektronenmikroskopische Aufnahme von Johannes Spaethe. B. und C. Fotos von Andrew Giger.

1.3. Foto von Lars Chittka.

1.4. Nach Abb. 1 aus *Animal Behaviour*, Bd. 36, Laverty, T. M., Plowright, R. C., „Flower handling by bumblebees–a comparison between specialists and generalists", 733–40. © 1988 mit freundlicher Genehmigung des Elsevier Verlags.

1.5. Foto und Bilddesign von Helga Heilmann, ursprünglich Coverdesign von: Roper, M., Fernando, C., Chittka, L. (2017), „Insect bio-inspired neural network provides new evidence on how simple feature detectors can enable complex visual generalization and stimulus location invariance in the miniature brain of honeybees". *PLoS Computational Biology* 13 (2): e1005333. DOI: 10.1371/journal.pcbi.1005333.

2.1. Fotos von Klaus Schmitt, nach Abb. 1b aus Stelzer, R. J., Raine, N. E., Schmitt, K. D., Chittka, L. (2010), „Effects of aposematic coloration on predation risk in bumblebees? A comparison between differently coloured populations, with consideration of the ultraviolet". *Journal of Zoology* 282: 75–83. DOI: 10.1111/j.1469-7998.2010.00709.x.

2.2. Foto von Karl von Frisch, Abb. 1 aus von Frisch, K. (1914), „Der Farbensinn und Formensinn der Biene". *Zoologische Jahrbücher (Physiologie)* 37: 1–238. DOI: 10.5962/bhl.title.11736.

2.3. Abbildung von Lars Chittka.

2.4. Nach Abb. 1 aus Waser, N. M., Chittka, L. (1998), „Bedazzled by flowers". *Nature* 394: 835–36. DOI: 10.1038/29657.

2.5. Abbildung von Lars Chittka.

3.1. Nach Abb. 11 aus Wolf, E. (1927), „Über das Heimkehrvermögen der Bienen II". *Zeitschrift für Vergleichende Physiologie* 6: 221–54. DOI: 10.1007/BF00339256.

3.2. Nach Wehner, R. (1997), „The ant's celestial compass system: spectral and polarization channels". In *Orientation and Communication in Arthropods*, hrsg. v. M. Lehrer, Basel, 145–85; Evangelista, C., Kraft, P., Dacke, M., Labhart, T., Srinivasan, M. V. (2014), „Honeybee navigation: critically examining the role of the polarization compass". *Philosophical Transactions of the Royal Society B–Biological Sciences* 369. DOI: 10.1098/rstb.2013.0037.

3.3. Nach Srinivasan, M. V. (2011), „Honeybees as a model for the study of visually guided flight, navigation, and biologically inspired robotics". *Physiological Reviews* 91 (2): 413–60. DOI: 10.1152/physrev.00005.2010.

3.4. Nach Abb. 4A aus Liang, C. H., Chuang, C. L., Jiang, J. A., Yang, E. C. (2016), „Magnetic sensing through the abdomen of the honey bee". *Scientific Reports* 6. DOI: 10.1038/srep23657.

3.5. Abb. 1.1 aus Goodman, L. (2003), *Form and Function in the Honeybee.* Cardiff. © International Bee Research Association, mit freundlicher Genehmigung.

4.1. Nach Abb. 28 aus Baerends, G. P. (1941), „Fortpflanzungsverhalten und Orientierung der Grabwespe *Ammophila campestris*". *Tijdschrift voor Entomologie* 84: 71–248.

4.2. Computergrafik von Vince Gallo, abgedruckt als Abb. 4 in Gallo, V., Chittka, L. (2018), „Cognitive aspects of comb-building in the honey-bee?". *Frontiers in Psychology* 9: 900. DOI: 10.3389/fpsyg.2018.00900.

4.3. Fotos von Florian Schiestl (Hummel, weiße Blume), Steve Johnson (Schwärmer), Scott Hodges (rote Blume), Rob Raguso (Prunkwinde); nach Abb. 1 aus Clare, E. L., Schiestl, F. P., Leitch, A. R., Chittka, L. (2013), „The promise of genomics in the study of plant-pollinator interactions". *Genome Biology* 14: 207. DOI: 10.1186/gb-2013-14-6-207.

5.1. Foto von Jeremy Early, nach Abb. 1A in Collett, M., Chittka, L., Collett, T. S. (2013), „Spatial memory in insect navigation". *Current Biology* 23 (17): R789–800. DOI: 10.1016/j.cub.2013.07.020.

5.2. A. und B. (Leicht modifizierte) Zeichnung von Jürgen Tautz und Marco Kleinhenz, abgedruckt in Chittka, L. (2004), „Dances as windows into insect perception". *PLoS Biology* 2: 898–900. DOI: 10.1371/journal.pbio.0020216.

5.2. C. nach Barron, A. B., Plath, J. A. (2017), „The evolution of honey bee dance communication: a mechanistic perspective". *Journal of Experimental Biology* 220: 4339–46. DOI: 10.1242/jeb.142778.

6.1. Nach Abb. 1 aus Collett, T., Kelber, A. (1988), „The retrieval of visuospatial memories by honeybees". *Journal of Comparative Physiology* A 163: 145–50. DOI: 10.1007/BF00612004.

6.2. Nach Abb. 1 aus Bennett, A. T. D. (1996), „Do animals have cognitive maps?". *Journal of Experimental Biology* 199: 29–24. DOI: 10.1242/jeb.199.1.219.

6.3. Foto von Lars Chittka, abgedruckt als Abb. 1 in Skorupski, P., MaBouDi, H., Galpayage Dona, H. S., Chittka, L. (2018), „Counting insects". *Philosophical Transactions of the Royal Society B–Biological Sciences* 373: 20160513. DOI: 10.1098/ rstb.2016.0513.

6.4. Abbildung von HaDi MaBouDi, abgedruckt als Abb. 5 in Skorupski, P., MaBou Di, H., Galpayage Dona, H. S., Chittka, L. (2018), „Counting insects". *Philosophical Transactions of the Royal Society B–Biological Sciences* 373: 20160513. DOI: 10.1098/rstb.2016.0513.

6.5. A. nach Abb. 1 in Muller, M., Wehner, R. (1988), „Path integration in desert ants, *Cataglyphis fortis*". *Proceedings of the National Academy of Sciences of the USA* 85; 5287–90. DOI: 10.1073/pnas.85.14.5287. B.–D. Nach Abb. 2 in Chittka, L., Kunze, J., Shipman, C., Buchmann, S. L. (1995), „The significance of landmarks for path integration of homing honey bee foragers". *Naturwissenschaften* 82: 341–43. DOI: 10.1007/BF01131533.

6.6. Links: Foto von Joseph Woodgate, aus Woodgate, J. L., Makinson, J. C., Rossi, N., Lim, K. S., Reynolds, A. M., Rawlings, C. J., Chittka, L. (2021), „Harmonic radar tracking reveals that honeybee drones navigate between multiple aerial leks". *iScience* 24 (6): 102499. DOI: 10.1016/j.isci.2021.102499. Rechts: Foto von

Lars Chittka. Abgedruckt als Abb. 2A in Chittka, L. (2017), „Bee cognition". *Current Biology* 27 (19): R1049–53. DOI: 10.1016/j.cub.2017.08.008.

6.7. Bilderserie von Joseph Woodgate, abgedruckt als Abb. 2B in Chittka, L. (2017), „Bee cognition". *Current Biology* 27 (19). R1049–53. DOI: 10.1016/j. cub.2017. 08.008, basierend auf Daten aus: Woodgate, J. L., Makinson, J. C., Lim, K. S., Reynolds, A. M., Chittka, L. (2016), „Life-long radar tracking of bumblebees". *PLoS One* 11 (8): e0160333. DOI: 10.1371/journal.pone.0160333.

7.1. Links: Abbildung von Beau Lotto, abgedruckt als Abb. 4A in Lotto, R. B., Chittka, L. (2005), „Seeing the light: illumination as a contextual cue to color choice behavior in bumblebees". *Proceedings of the National Academy of Sciences of the USA* 102: 3852–56. DOI: 10.1073/pnas.0500681102.

7.1. Rechts: Foto von Klaus Lunau.

7.2. Oben: Foto von Lars Chittka. Unten: Daten und Abb. 4 aus Chittka, L., Thomson, J. D. (1997), „Sensori-motor learning and its relevance for task specialization in bumble bees". *Behavioral Ecology and Sociobiology* 41: 385–98. DOI: 10.1007/ s002650050400.

7.3. Nach Theobald, J. (2014), „Insect neurobiology: how small brains perform complex tasks". *Current Biology* 24: R528–29. DOI: 10.1016/j.cub.2014.04.015, basierend auf Nityananda, V., Skorupski, P., Chittka, L. (2014), „Can bees see at a glance?". *Journal of Experimental Bio*logy 217: 1933–39. DOI: 10.1242/jeb.101394.

7.4. Fotos und elektronenmikrografische Darstellungen stammen von Beverley Glover, ursprünglich abgedruckt als Abb. 1 in Whitney, H., Chittka, L. (2007), „Warm flowers, happy pollinators". *Biologist* 54: 154–59.

7.5. Bild von Brigitte Bujok, Marco Kleinhenz, Jürgen Tautz, ursprünglich abgedruckt in Dyer, A. G., Whitney, H. M., Arnold, S. E. J., Glover, B. J., Chittka, L. (2006), „Bees associate warmth with flower colour". *Nature* 442: 525. DOI: 10.1038/442525a.

7.6. Nach Abb. 4 in Chittka, L., Niven, J. (2009), „Are bigger brains better?". *Current Biology* 19: R995–1008. DOI: 10.1016/j.cub.2009.08.023, basierend auf einer Abbildung aus Giurfa, M., Zhang, S., Jenett, A., Menzel, R., Srinivasan, M. V. (2001), „The concepts of ‚sameness' and ‚difference' in an insect". *Nature* 410: 930–33. DOI: 10.1038/35073582.

7.7. Nach Abb. 1 in Chittka, L., Jensen, K. (2011), „Animal cognition: concepts from apes to bees". *Current Biology* 21: R116–19. DOI: 10.1016/j.cub.2010.12.045, mit Darstellung des Experiments, in: Avarguès-Weber, A., Dyer, A. G., Giurfa, M. (2011), „Conceptualization of above and below relationships by an insect". *Proceedings of the Royal Society of London B–Biological Sciences* 278 (1707): 898–905. DOI: 10.1098/rspb.2010.1891.

8.1. Nach Abb. 1 aus Leadbeater, E., Dawson, E. H. (2017), „A social insect perspective on the evolution of social learning mechanisms". *Proceedings of the National Academy of Sciences of the USA* 114: 7838–45. DOI: 10.1073/pnas.1620744114, basierend auf einer Darstellung des Experiments bei Dawson, E. H., Avarguès-Weber, A., Chittka, L., Leadbeater, E. (2013), „Learning by observation emerges from simple associations in an insect model". *Current Biology* 23: 727–30. DOI: 10.1016/j.cub.2013.03.035.

8.2. Fotos von Ellouise Leadbeater.

8.3. Links: Fotoserie von Sylvain Alem; ursprünglich abgedruckt als Abb. 3 in Chittka, L. (2017), „Bee cognition". *Current Biology* 27 (19): R1049–53. DOI: 10.1016/j.

cub.2017.08.008. Rechts: nach Abb. 5A aus Alem, S. Perry, C. J., Zhu, X., Loukola, O. J., Ingraham, T., Søvik, E., Chittka, L. (2016), „Associative mechanisms allow for social learning and cultural transmission of string pulling in an insect". *PLoS Biology* 14 (10): e1002564. DOI: 10.1371/journal.pbio.1002564.

8.4. Foto von Iida Loukola; die anderen Bilder sind Abb. 2 nach Loukola, O. J., Solvi C., Coscos, L., Chittka, L. (2017), „Bumblebees show cognitive flexibility by improving on an observed complex behavior". *Science* 355 (6327): 833–36. DOI: 10.1126/science.aag2360.

8.5. Oben: Foto von Rotraut Sachs, abgedruckt als Abb. 7A in Leadbeater, E., Chittka, L. (2007), „Social learning in insects–from miniature brains to consensus building". *Current Biology* 17: R703–13. DOI: 10.1016/j.cub.2007.06.012. Unten: nach Abb. 5 in Seeley, T., Buhrman, S. (1999), „Group decision making in swarms of honey bees". *Behavioral Ecology Sociobiology* 45: 19–31. DOI: 10.10077/s002650050536. © 1999 Springer Nature, mit freundlicher Genehmigung.

9.1. Oben: Abb. 2 und 5 aus Dujardin, F. (1850), „Mémoire sur le systeme nerveux des insectes". *Annales des Sciences Naturelles B–Zoologie* 14: 195–206. Unten: nach Abb. 1D aus Rother, L., Kraft, N., Smith, D. B., el Jundi, B., Gill, R. J., Pfeiffer, K. (2021), „A micro-CT-based standard brain atlas of the bumblebee". *Cell and Tissue Research* 386: 29–45. DOI: 10.1007/s00441-021-03482-z.

9.2. Originalzeichnung von Kenyon, F. C. (1896), „The brain of the bee–a preliminary contribution to the morphology of the nervous system of the Arthropoda". *Journal of Comparative Neurology* 6: 134–210. DOI: 10.1002/cne.910060302.

9.3. Links: Originalzeichnung aus Ramón y Cajal, S., Sánchez, D. (1915), „Contribución al conocimiento de los centros nerviosos de los insectos". *Trabajos del Laboratorio de Investigaciones Biológicas de la Universidad de Madrid* 13: 1–68. Rechts: Tafeln A–F nach Abb. 4 aus Paulk, A. C., Phillips-Portillo, J., Dacks, A. M., Fellous, J. M., Gronenberg, W. (2008), „The processing of color, motion and stimulus timing are anatomically segregated in the bumblebee brain". *Journal of Neuroscie*nce 28 (25): 6319–32. DOI: 10.1523/JNEUROSCI.1196-08.2008. © 2008 Society for Neuroscience.

9.4. Nach Abb. 1A aus Hammer, M. (1993), „An identified neuron mediates the unconditioned stimulus in associative olfactory learning in honeybees". *Nature* 366: 59–63. DOI: 10.1038/366059a0. © 1993 *Springer Nature*, mit freundlicher Genehmigung.

9.5. Nach Honkanen, A., Adden, A., Freitas, J. D., Heinze, S. (2019), „The insect central complex and the neural basis of navigational strategies". *Journal of Experimental Biology* 222 (Suppl.1): jeb188854. DOI: 10.1242/jeb.188854.

10.1. Links, oben und unten: Fotos von Lars Chittka. Rechts: nach Abb. 5 aus Stelzer, R. J., Stanewsky, R., Chittka, L. (2010), „Circadian foraging rhythms of bumblebees monitored by radio-frequency identification". *Journal of Biological Rhythms* 25: 257–67. DOI: 10.1177/0748730410371750.

10.2. Foto von Helga Heilmann, ursprünglich abgedruckt als Abb. 1 in Chittka, A., Chittka, L. (2010), „Epigenetics of royalty". *PLoS Biology* 8: e1000532. DOI: 10.1371/journal.pbio.1000532.

10.3. Elektronenmikrografische Darstellung von Johannes Spaethe, abgedruckt als Abb. 1A in Spaethe, J., Chittka, L. (2003), „Interindividual variation of eye optics and single object resolution in bumblebees". *Journal of Experimental Biology* 206: 3447–53. DOI: 10.1242/jeb.00570.

10.4. Oben: nach Abb. 1 aus Saleh, N., Chittka, L. (2007), „Traplining in bumblebees *(Bombus impatiens):* a foraging strategy's ontogeny and the importance of spatial reference memory in short range foraging". *Oecologia* 151: 719–30. DOI: 10.1007/s00442-006-0607-9. Unten: Zeichnungen von Joseph Woodgate, ursprünglich abgedruckt als Abb. 1 in Woodgate, J. L., Makinson, J. C., Lim, K. S., Reynolds, A. M., Chittka, L. (2016), „Life-long radar tracking of bumblebees". *PLoS One* 11 (8): e0160333. DOI: 10.1371/journal.pone.0160333.

10.5. Nach Daten aus Chittka, L., Dyer, A. G., Bock, F., Dornhaus, A. (2003), „Bees trade off foraging speed for accuracy". *Nature* 424: 388. DOI: 10.1038/424388a.

10.6. Basierend auf Daten aus Raine, N. E., Chittka, L. (2008), „The correlation of learning speed and natural foraging success in bumble-bees". *Proceedings of the Royal Society of London B–Biological Sciences* 275: 803–8. DOI: 10.1098/rspb.2007.1652.

10.7. Nach Abb. 1 in Li, L., MaBouDi, H., Egertová, M., Elphick, M. R., Chittka, L., Perry, C. J. (2017), „A possible structural correlate of learning performance on a colour discrimination task in the brain of the bumblebee". *Proceedings of the Royal Society of London B–Biological Sciences* 284 (1864): 20171323. DOI: 10.1098/rspb.2017.1323.

11.1. Foto von Lars Chittka, ursprünglich abgedruckt als Abb. 1 in Mendl, M., Paul, E. S., Chittka, L. (2011), „Animal behaviour: emotion in invertebrates?". *Current Biology* 21: R463–65. DOI: 10.1016/j.cub.2011.05.028.

11.2. Fotos und Bilder von Thomas Ings. Grafiken aus Ings, T. C., Wang, M. Y., Chittka, L. (2012), „Colour independent shape recognition of cryptic predators by bumblebees". *Behavioral Ecology and Sociobiology* 66: 487–96. DOI: 10.1007/s00265-011-1295-y, basierend auf Daten aus Ings, T. C., Chittka, L. (2008), „Speed-accuracy tradeoffs and false alarms in bee responses to cryptic predators". *Current Biology* 18: 1520–24. DOI: 10.1016/j.cub.2008.07.074.

11.3. Abb. von Cwyn Solvi, basierend auf Daten aus Solvi, C., Baciadonna, L., Chittka, L. (2016), „Unexpected rewards induce dopamine-dependent positive emotion–like state changes in bumblebees". *Science* 353 (6307): 1529–31. DOI: 10.1126/science.aaf4454.

11.4. Abb. von Joanna Brebner, ursprünglich abgedruckt als Abb. 1 in Brebner, J. S., Chittka, L. (2021), „Animal cognition: the self-image of a bumblebee". *Current Biology* 31 (4): R207–9. DOI: 10.1016/j.cub.2020.12.027.

11.5. Fotos von Lars Chittka.

12.1. Fotos von Joseph Wilson.

Index

Die kursiv gedruckten Seitenzahlen beziehen sich auf die Abbildungen.

Die Drucklegung erfolgte mit freundlicher Unterstützung durch die Abteilung für deutsche Kultur in der Südtiroler Landesregierung.

Die Originialausgabe ist 2022 bei Princeton University Press unter dem Titel
The mind of a bee erschienen.

Covermotiv: mauritius images

Lektorat: Susanne Eversmann
Indexerstellung: Lea Ebnicher

3. Auflage 2025

Grafische Gestaltung: Dall'O & Freunde
Druckvorbereitung: Typoplus, Frangart
Printed in Europe

ISBN 978-3-85256-897-3

www.folioverlag.com

E-Book ISBN 978-3-99037-156-5